Vetores e Matrizes
Uma Introdução à Álgebra Linear

Dados Internacionais de Catalogação na Publicação (CIP)
(Câmara Brasileira do Livro, SP, Brasil)

Santos, Nathan Moreira dos
  Vetores e matrizes: uma introdução à álgebra
linear / Nathan Moreira dos Santos; [colaboradores]
Doherty Andrade, Nelson Martins Garcia. - 4. ed.
rev. e ampl. - São Paulo : Cengage Learning, 2018. -
(Vetores e matrizes)

  6. reimpr. da 4 ed. de 2007.
  Bibliografia
  ISBN 978-85-221-0584-7

  1. Álgebra linear 2. Cálculo vetorial 3. Matrizes
(Matemática) I. Andrade, Doherty. II. Garcia, Nelson
Martins. III. Título. IV. Série.

07-1581   CDD-512.5

Índices para catálogo sistemático:

1. Matrizes : Matemática 512.5
2. Vetores : Matemática 512.5

Vetores e Matrizes
Uma Introdução à Álgebra Linear

$$\begin{bmatrix} cos\theta & -sen\theta & 0 \\ sen\theta & cos\theta & 0 \\ 0 & 0 & \lambda \end{bmatrix}$$

Nathan Moreira dos Santos
Professor Titular do Instituto de Matemática
da Universidade Federal Fluminense e
Ph.D. pelo Massachusetts Institute of Technology

4ª Edição
Texto revisto e ampliado com a inclusão de um capítulo
sobre álgebra linear computacional, elaborado por:

Doherty Andrade   e   **Nelson Martins Garcia**
Professor Associado do   Professor Associado do
Departamento de Matemática da   Departamento de Matemática da
Universidade Estadual de Maringá,   Universidade Estadual de Maringá,
Doutor em Matemática pela USP   Doutor em Matemática pela PUC/RIO

CENGAGE

Austrália • Brasil • México • Cingapura • Reino Unido • Estados Unidos

CENGAGE

Vetores e Matrizes Uma Introdução à Álgebra Linear

Nathan Moreira dos Santos

Gerente Editorial: Patricia La Rosa

Editora de Desenvolvimento: Ligia Cosmo Cantarelli

Supervisor de Produção Editorial: Fábio Gonçalves

Supervisora de Produção Gráfica: Fabiana Alencar Albuquerque

Copidesque: Maria Alice da Costa

Revisão: Mônica Di Giacomo, Silvana Gouveia

Composição: Segmento & Co. Produções Gráficas Ltda.

Capa: FZ. Dáblio Design Studio

Impresso no Brasil
Printed in Brazil
6. reimpr. – 2018

©2007 Cengage Learning Edições Ltda.

Todos os direitos reservados. Nenhuma parte deste livro poderá ser reproduzida, sejam quais forem os meios empregados, sem a permissão, por escrito, da Editora.
Aos infratores aplicam-se as sanções previstas nos artigos 102, 104, 106 e 107 da Lei nº 9.610, de 19 de fevereiro de 1998.

Esta editora empenhou-se em contatar os responsáveis pelos direitos autorais de todas as imagens e de outros materiais utilizados neste livro. Se porventura for constatada a omissão involuntária na identificação de algum deles, dispomo-nos a efetuar, futuramente, os possíveis acertos.

A editora não se responsabiliza pelo funcionamento dos links contidos neste livro que possam estar suspensos.

Para informações sobre nossos produtos, entre em contato pelo telefone **0800 11 19 39**

Para permissão de uso de material desta obra, envie seu pedido para **direitosautorais@cengage.com**

©2007 Cengage Learning. Todos os direitos reservados.

ISBN 10: 85-221-0584-7
ISBN 13: 978-85-221-0584-7

Cengage Learning
Condomínio E-Business Park
Rua Werner Siemens, 111 – Prédio 11
Torre A – Conjunto 12 – Lapa de Baixo
CEP 05069-900 – São Paulo – SP
Tel.: (11) 3665-9900 – Fax: (11) 3665-9901
SAC: 0800 11 19 39

Para suas soluções de curso e aprendizado, visite **www.cengage.com.br**

Para

meus filhos
Alexandre e André

e

meus netos
Lucas, Bernardo e Rafael

Nathan Moreira dos Santos

Sumário

Prefácio à quarta edição, ix

CAPÍTULO 1 – Vetores, 1
   1.1 Preliminares, 1
   1.2 Vetores, 2
   1.3 Adição de Vetores, 3
   1.4 Produto por Escalares, 6
   1.5 Dependência e Independência Lineares, 9
   1.6 O Produto Interno, 13
   1.7 Bases Ortonormais, 17
   1.8 O Produto Vetorial, 23
   1.9 O Produto Misto, 24

CAPÍTULO 2 – Retas e Planos, 31
   2.1 Coordenadas Cartesianas, 31
   2.2 Equações do Plano, 33
   2.3 Ângulo entre dois Planos, 40
   2.4 Equações de uma Reta, 42
   2.5 Ângulo entre duas Retas, 47
   2.6 Distância de um Ponto a um Plano, 49
   2.7 Distância de um Ponto a uma Reta, 51
   2.8 Distância entre duas Retas, 53
   2.9 Interseção de Planos – Regra de Cramer, 57

CAPÍTULO 3 – Cônicas e Quádricas, 63
   3.1 Cônicas, 63
   3.2 Superfícies Quádricas, 69
   3.3 Mudanças de Coordenadas, 78
   3.4 A Equação Geral do Segundo Grau, 80

CAPÍTULO 4 – Espaços Euclidianos, 87
   4.1 Os Espaços Euclidianos $\mathbb{R}^n$, 87
   4.2 Produto Interno, 91
   4.3 A Norma de um Vetor, 93

4.4 Retas e Hiperplanos, 98
4.5 Subespaços, 100
4.6 Dependência e Independência Lineares, 102
4.7 Bases Ortonormais, 103

CAPÍTULO 5 – Matrizes e Sistemas de Equações Lineares, 109

5.1 Corpos, 109
5.2 Os Espaços $\mathbb{K}^n$, 110
5.3 Matrizes, 112
5.4 Produto de Matrizes, 116
5.5 Sistemas de Equações Lineares, 122
5.6 Operações Elementares, 126
5.7 Matrizes Escalonadas, 134
5.8 Sistemas Não-Homogêneos, 136
5.9 Matrizes Elementares, 140
5.10 Matrizes Invertíveis, 142

CAPÍTULO 6 – Funções Lineares, 149

6.1 Funções, 149
6.2 Funções Lineares, 151
6.3 Matriz de uma Função Linear, 156
6.4 Mudança de Base, 160
6.5 O Teorema do Posto e da Nulidade, 161
6.6 Autovalores e Autovetores, 163
6.7 O Teorema Espectral, 167
6.8 Diagonalização de Formas Quadráticas, 172
6.9 Uma Introdução à Álgebra Linear, 175

CAPÍTULO 7 – Noções de Álgebra Linear Computacional, 179

7.1 Introdução ao Maple, 180
7.2 Vetores e Operações, 187
7.3 Retas e Planos, 193
7.4 Cônicas e Quádricas, 212
7.5 Espaços Euclidianos, 223
7.6 Matrizes e Sistemas de Equações Lineares, 234
7.7 Funções Lineares, 248

CAPÍTULO 8 – Exercícios Suplementares, 265

Sugestões, Respostas e Soluções de Exercícios, 273

Bibliografia, 287

Prefácio à Quarta Edição

A primeira versão deste livro foi publicada como monografia pelo Instituto de Matemática Pura e Aplicada do CNPq (IMPA) em 1970. A primeira edição foi publicada pela editora Ao Livro Técnico S.A. em 1972, com duas reimpressões em 1973. A segunda edição apareceu em 1975 por Livros Técnicos e Científicos Editora S.A., com reimpressões em 1976 e 1977, seguindo-se da terceira edição em 1988. Um total de mais de 50 mil exemplares foi impresso, atestando a boa aceitação que o livro teve. À medida que meu envolvimento em pesquisa em matemática crescia, descuidei-me em preparar uma quarta edição de *Vetores e Matrizes*. Isso esclarece o lapso de anos ocorrido entre a terceira edição e esta quarta edição que tenho o prazer de lançar.

A idéia de publicar esta edição é resultado dos muitos pedidos recebidos de colegas e do encorajamento e "convocação" que recebi do professor Nelson Martins Garcia que em colaboração com o professor Doherty Andrade contribuíram também com um capítulo sobre álgebra linear computacional. Ambos são professores associados no Departamento de Matemática da Universidade Estadual de Maringá (UEM), no Paraná. Como professor do Departamento de Matemática da PUC-RIO, coordenei no período de 1973 a 1978 um convênio entre a PUC-RIO e a UEM, objetivando capacitar o corpo docente desta instituição para o ensino e a pesquisa em matemática. Hoje vejo que esse convênio foi um sucesso: além de ter propiciado a formação de vários mestres e doutores, tem contribuído para o ensino da matemática no Brasil.

Vetores e Matrizes é uma introdução à álgebra linear. Isso é alcançado por meio do estudo da álgebra vetorial, da geometria analítica, das matrizes, dos sistemas de equações lineares e das funções lineares. Em verdade, este livro é fruto da experiência obtida ministrando cursos de introdução à álgebra linear na PUC-RIO. O Capítulo 1 introduz os vetores como classes de equivalência de segmentos orientados do espaço e estuda as operações sobre os vetores; algumas propriedades das figuras planas são demonstradas por meio do cálculo vetorial. O Capítulo 2 utiliza os vetores no estudo das retas e planos do espaço. As cônicas e quádricas são estudadas no Capítulo 3. No Capítulo 4 introduzimos os espaços euclidianos, os quais são utilizados no Capítulo 5, nos estudos das matrizes e sistemas de equações lineares, e no Capítulo 6, no estudo das funções lineares.

Os exercícios complementam uma parte essencial ao texto. Eles variam desde simples verificação de aprendizagem, até alguns mais difíceis, cujo objetivo é desenvolver a iniciativa dos estudantes. Alguns exercícios estendem o texto, apresentando resultados importantes cujo conhecimento é, às vezes, exigido nas seções seguintes. Durante as várias edições incorporei, após análise detalhada, muitas sugestões que recebi de colegas e estudantes que utilizaram o livro em cursos de geometria analítica e introdução à álgebra linear. A eles minha gratidão por terem contribuído para o aperfeiçoamento do texto.

Rio de Janeiro

Nathan Moreira dos Santos

1

$$\begin{bmatrix} cos\theta & -sen\theta & 0 \\ sen\theta & cos\theta & 0 \\ 0 & 0 & \lambda \end{bmatrix}$$

Vetores

1.1 Preliminares

Vamos começar recordando as noções da geometria do espaço que serão utilizadas para definir vetor. Outros fatos geométricos serão mencionados quando houver necessidade. Esperamos que o leitor esteja razoavelmente familiarizado com os conceitos básicos da geometria elementar.

Ponto, reta e *plano* são conceitos primitivos. As relações entre esses conceitos são estabelecidas pelos *axiomas* da geometria elementar. Recordemos alguns axiomas que nos interessam de perto:

1. Três pontos quaisquer, não situados em uma mesma reta, determinam um plano.
2. Se dois pontos de uma reta pertencem a um plano, essa reta está contida no plano.
3. Se dois planos têm um ponto em comum, eles possuem pelo menos uma reta em comum passando por esse ponto.
4. Existem pelo menos quatro pontos que não pertencem a um mesmo plano.

Duas retas são *paralelas* quando estão situadas em um mesmo plano e não se interceptam. A relação de paralelismo é *transitiva*, isto é, se as retas r_1 e r_2, bem como as retas r_2 e r_3, são paralelas, então r_1 e r_3 também são.

Se uma reta r não tem ponto em comum com um plano π, diremos que r é paralela ao plano π. Caso contrário, ou a reta r está contida em π ou r intercepta π exatamente em um ponto.

Se r intercepta π em um ponto p e, além disso, qualquer reta do plano π que passe por p é perpendicular à reta r, diremos que a reta r *é perpendicular ao plano* π. Demonstra-se que se p é um ponto de um plano π, então existe uma única reta perpendicular a π passando por p.

1.2 Vetores

Dois pontos distintos A e B do espaço determinam uma reta r. O segmento de reta r entre A e B é a parte da reta compreendida entre esses dois pontos. Podemos orientar esse segmento considerando um dos pontos como origem e o outro como extremidade.

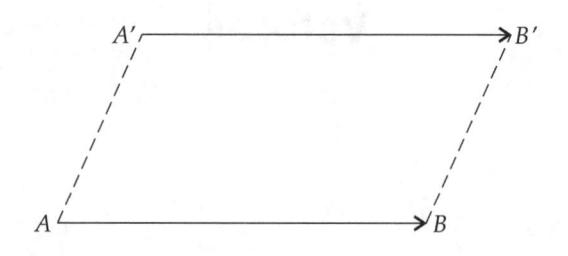

Figura 1.1

O segmento orientado com origem A e extremidade B será indicado por AB. Os pontos serão, também, considerados como segmentos orientados (nulos). Assim, o ponto A pode ser identificado com o segmento orientado AA (origem A e extremidade A).

Sejam AB e $A'B'$ segmentos orientados.

Definição 1.1 Diremos que o segmento orientado AB é *eqüipolente* ao segmento orientado $A'B'$ se uma das três afirmações a seguir for verificada:

1. $A = B$ e $A' = B'$.
2. AB e $A'B'$ estão situados sobre uma mesma reta e é possível deslizar $A'B'$ sobre essa reta de maneira que A' coincida com A e B' coincida com B.
3. A figura obtida ligando-se os pontos A a B, B a B', B' a A' e A' a A é um paralelogramo (veja a Figura 1.1).

Observe que dois pontos (quando considerados como segmentos orientados) são sempre eqüipolentes. O leitor pode mostrar facilmente que a relação de eqüipolência satisfaz às seguintes propriedades:

e_1 **Reflexividade**: Todo segmento orientado do espaço é eqüipolente a si mesmo.

e_2 **Simetria**: Se o segmento orientado AB é eqüipolente ao segmento orientado $A'B'$, então $A'B'$ é eqüipolente a AB.

e_3 **Transitividade**: Se o segmento orientado AB é eqüipolente ao segmento orientado $A'B'$ e se $A'B'$ é eqüipolente ao segmento orientado $A''B''$, então AB é eqüipolente a $A''B''$.

Em virtude das três propriedades mencionadas, é usual dizer-se que a eqüipolência é uma *relação de equivalência*.

Definição 1.2 O *vetor* determinado por um segmento orientado AB é o conjunto de todos os segmentos orientados do espaço que são eqüipolentes ao segmento orientado AB.

O vetor determinado por AB será indicado por $\overrightarrow{AB}$; o segmento orientado AB é um *representante* do vetor $\overrightarrow{AB}$. É conveniente representar tanto o segmento orientado AB como o vetor $\overrightarrow{AB}$ por uma seta com origem em A e extremidade em B. O leitor deve, entretanto, não se esquecer de que isso é um abuso de notação: o segmento orientado AB e o vetor $\overrightarrow{AB}$ são objetos matemáticos distintos, pois AB é um *segmento orientado* (isto é, um conjunto de pontos), enquanto $\overrightarrow{AB}$ é um *conjunto de segmentos orientados*.

Observe que os segmentos orientados AB e CD representam o mesmo vetor se, e somente se, esses segmentos são eqüipolentes. Portanto, um mesmo vetor pode ser representado por uma infinidade de segmentos orientados distintos. Na verdade, se AB é um segmento orientado e P, um ponto qualquer do espaço, o leitor pode ver facilmente que existe um, e somente um, segmento orientado PQ, com origem em P, tal que PQ é eqüipolente a AB. Segue-se, assim, que o vetor $\overrightarrow{AB}$ tem exatamente um representante em cada ponto do espaço.

Os vetores serão geralmente indicados por letras minúsculas com setas em cima. Por exemplo, o vetor $\overrightarrow{AB}$ pode ser indicado por $\vec{a}$. Os números reais serão indicados por letras minúsculas (sem setas em cima).

1.3 Adição de Vetores

Sejam $\vec{a}$ e $\vec{b}$ dois vetores. Vamos definir o vetor *soma* desses vetores, que indicaremos por $\vec{a}+\vec{b}$. A definição é motivada pela composição de forças em mecânica. Escolhamos um representante qualquer AB, para o vetor $\vec{a}$.

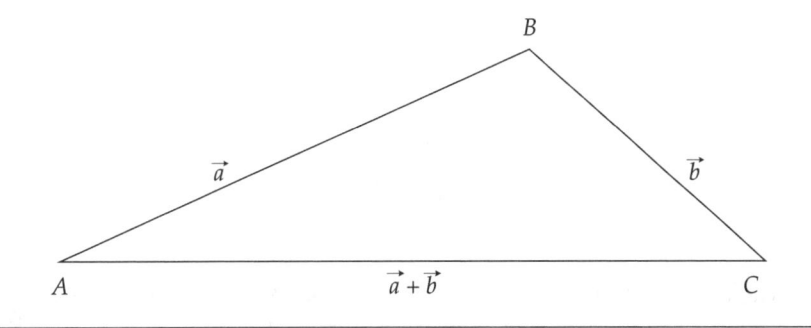

Figura 1.2

Já sabemos que existe um único segmento orientado com origem em B representando o vetor $\vec{b}$. Seja BC esse segmento. Definimos o vetor $\vec{a}+\vec{b}$ como o vetor representado pelo segmento orientado AC (veja a Figura 1.2).

É necessário verificar que a adição anterior está bem-definida, mostrando que o vetor $\vec{a}+\vec{b}$ é único, qualquer que seja a escolha dos representantes dos vetores $\vec{a}$ e $\vec{b}$. Para mostrar isso, escolhamos novos representantes $A'B'$ e $B'C'$ para os vetores $\vec{a}$ e $\vec{b}$, respectivamente.

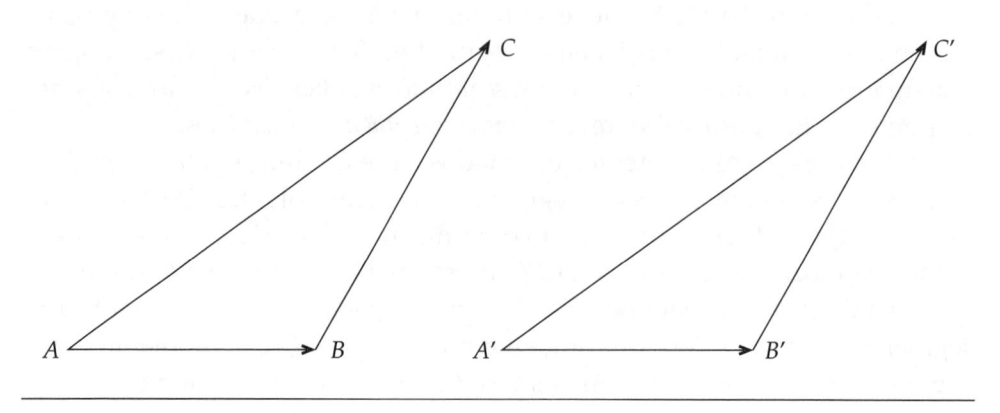

Figura 1.3

Como os segmentos orientados AC e $A'C'$ são eqüipolentes (veja a Figura 1.3), resulta $\overline{AC} = \overline{A'C'}$.

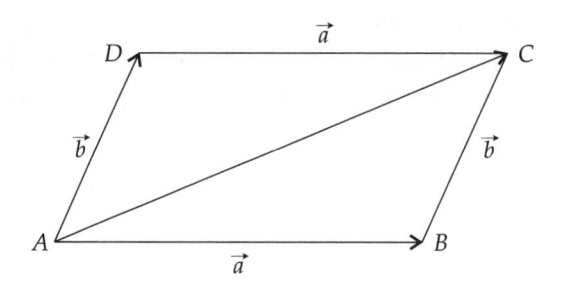

Figura 1.4

A adição de vetores é *comutativa*, isto é, se $\vec{a}$ e $\vec{b}$ são vetores quaisquer, então $\vec{a}+\vec{b} = \vec{b}+\vec{a}$. De fato, observando a Figura 1.4 vemos que $\vec{a} = \overline{AB} = \overline{DC}$ e $\vec{b} = \overline{BC} = \overline{AD}$; além disso, $\overline{AB} + \overline{BC} = \overline{AC}$, donde $\vec{a}+\vec{b} = \vec{b}+\vec{a}$.

A adição de vetores é *associativa*, isto é, se $\vec{a}$, $\vec{b}$ e $\vec{c}$ são vetores quaisquer, então

$$\vec{a}+(\vec{b}+\vec{c})=(\vec{a}+\vec{b})+\vec{c}.$$

A demonstração dessa propriedade pode ser feita facilmente, observado-se a Figura 1.5.

$$\vec{a}+(\vec{b}+\vec{c})=(\vec{a}+\vec{b})+\vec{c}.$$

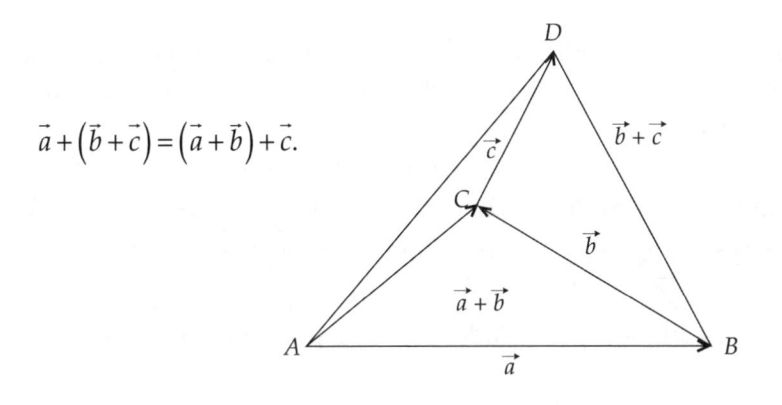

Figura 1.5

Concordamos em considerar um ponto A qualquer do espaço como um segmento orientado AA, com origem A e extremidade A (segmento nulo). Assim, por definição, todos os segmentos nulos do espaço são eqüipolentes entre si, portanto o conjunto de todos os segmentos nulos do espaço é um vetor, que será chamado *vetor nulo* e indicaremos por $\vec{0}$. Se $\vec{a}$ é um vetor qualquer, então

$$\vec{0}+\vec{a}=\vec{a}.$$

A cada vetor $\vec{a}$ associaremos da seguinte forma um vetor $-\vec{a}$, denominado *simétrico* de $\vec{a}$: se $\vec{a}=\overrightarrow{AB}$, então, $-\vec{a}=\overrightarrow{BA}$. Como $\overrightarrow{AB}+\overrightarrow{BA}=\overrightarrow{AA}$, temos que $\vec{a}+(-\vec{a})=\vec{0}$; analogamente, $-\vec{a}+\vec{a}=\vec{0}$. O vetor $-\vec{a}$, definido anteriormente, é o único vetor que satisfaz à igualdade $\vec{a}+(-\vec{a})=\vec{0}$. Com efeito, suponha que $\vec{b}$ seja um vetor tal que $\vec{a}+\vec{b}=\vec{0}$; então somando $-\vec{a}$ a ambos os membros da igualdade dada, obtemos

$$-\vec{a}+(\vec{a}+\vec{b})=-\vec{a}+\vec{0}.$$

E, pela associatividade da adição de vetores, temos

$$(-\vec{a}+\vec{a})+\vec{b}=-\vec{a}+\vec{0},$$

ou seja,

$$\vec{0}+\vec{b}=-\vec{a}+\vec{0},$$

onde

$$\vec{b}=-\vec{a}.$$

Exemplo 1.1 Qual é a condição necessária e suficiente para que os vetores $\vec{a_1}, \vec{a_2}, ..., \vec{a_n}$ possam ser representados pelos lados $A_1A_2, A_2A_3, ..., A_nA_1$ de um polígono de n lados?

Pondo $\vec{a_i} = \overrightarrow{A_iA_{i+1}}$ para $i = 1, 2, ..., n$, procuramos a condição necessária e suficiente para que $A_{n+1} = A_1$. Se $A_{n+1} = A_1$, então $\overrightarrow{A_1A_2} + \overrightarrow{A_2A_3} + ... + \overrightarrow{A_nA_{n+1}} = \overrightarrow{A_1A_1}$, ou seja, $\vec{a_1} + \vec{a_2} + ... + \vec{a_n} = \vec{0}$. Reciprocamente, se $\vec{a_1} + \vec{a_2} + ... + \vec{a_n} = \vec{0}$, então $\overrightarrow{A_1A_2} + \overrightarrow{A_2A_3} + ... + \overrightarrow{A_nA_{n+1}} = \overrightarrow{A_1A_{n+1}} = \vec{0}$ e, portanto, $A_1 = A_{n+1}$. Logo, $\vec{a_1}, \vec{a_2}, ..., \vec{a_n}$, podem ser representados pelos lados de um polígono de n lados se, e somente se, $\vec{a_1} + \vec{a_2} + ... + \vec{a_n} = \vec{0}$.

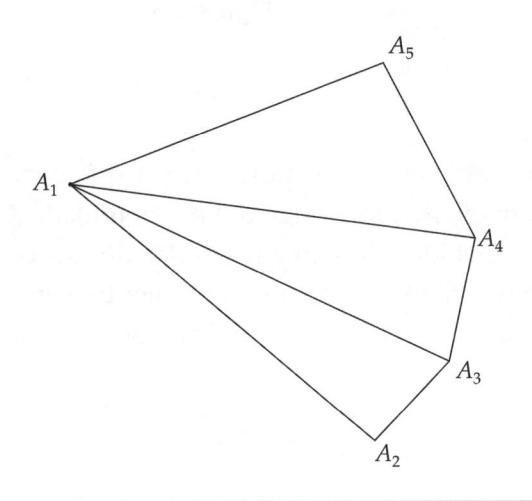

Figura 1.6

1.4 Produto por Escalares

O termo *escalar* é tradicionalmente usado com o significado de número real.

Sejam x um número real e $\vec{a}$ um vetor. Utilizaremos nossos conhecimentos de geometria para definir o vetor $x\vec{a}$, produto do vetor $\vec{a}$ pelo escalar x.

Tomemos um representante $\overrightarrow{AB}$ do vetor $\vec{a}$. Se $x=0$ ou $\vec{a}=\vec{0}$, fazemos, por definição, $x\vec{a}=\vec{0}$. Se $x\neq 0$ e $\vec{a}\neq\vec{0}$, o vetor $x\vec{a}$ é definido como o vetor que tem como representante o segmento AC cujo comprimento é $|x|$ vezes o comprimento de AB; situa-se sobre a reta que contém AB, e é tal que, se $x>0$, então C e B estão de um mesmo lado de A e, se $x<0$, então A está entre C e B (veja a Figura 1.7).

O leitor pode verificar facilmente as seguintes propriedades:

$$(x+y)\vec{a} = x\vec{a} + y\vec{a}$$
$$x(\vec{a}+\vec{b}) = x\vec{a} + x\vec{b}$$
$$x(y\vec{a}) = (xy)\vec{a}.$$

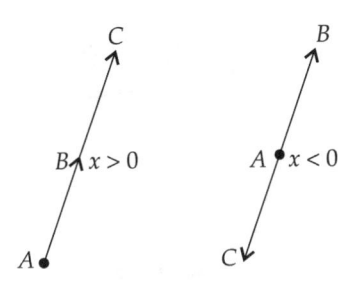

Figura 1.7

As igualdades anteriores são válidas quaisquer que sejam os escalares x, y e os vetores $\vec{a}$, $\vec{b}$. É claro, também, que $1\vec{a}=\vec{a}$ e $(-1)\vec{a}=-\vec{a}$.

Observe que $0\vec{a}=\vec{0}$ e $x\vec{0}=\vec{0}$ são, na verdade, conseqüências das propriedades da adição de vetores e da multiplicação de vetores por escalares. Realmente:

$$0\vec{a} = [1+(-1)]\vec{a} = 1\vec{a} + (-1)\vec{a} = \vec{a} + (-\vec{a}) = \vec{0}$$

e

$$x\vec{0} = x\left[\vec{a}+(-\vec{a})\right] = x\vec{a} + x(-1\vec{a}) = x\vec{a} + (-x\vec{a}) = \vec{0}.$$

A seguir, daremos um resumo das propriedades da adição de vetores e da multiplicação de vetores por escalares.

1. $(\vec{a}+\vec{b})+\vec{c} = \vec{a}+(\vec{b}+\vec{c})$
2. $\vec{0}+\vec{a} = \vec{a}+\vec{0} = \vec{a}$
3. $\vec{a}+(-1)\vec{a} = \vec{0}$
4. $\vec{a}+\vec{b} = \vec{b}+\vec{a}$
5. $x(\vec{a}+\vec{b}) = x\vec{a}+x\vec{b}$
6. $(x+y)\vec{a} = x\vec{a}+y\vec{a}$
7. $(xy)\vec{a} = x(y\vec{a})$
8. $1\vec{a} = \vec{a}$

Exemplo 1.2 Em um quadrilátero qualquer (não necessariamente convexo), $ABCD$, os pontos médios E, F, G e H dos lados são os vértices de um paralelogramo.

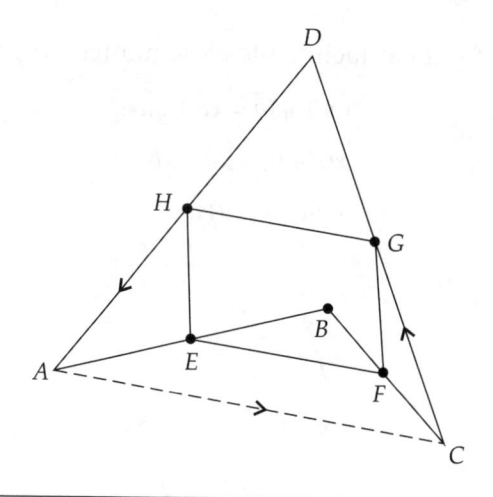

Figura 1.8

De fato, observando a figura, vemos que

$$\overrightarrow{HG} = \frac{1}{2}\overrightarrow{DA} + \overrightarrow{AC} + \frac{1}{2}\overrightarrow{CD}$$
$$= \frac{1}{2}(\overrightarrow{DA} + \overrightarrow{AC} + \overrightarrow{CD}) + \frac{1}{2}\overrightarrow{AC}$$

pelo Exemplo 1.1,

$$\overrightarrow{DA} + \overrightarrow{AC} + \overrightarrow{CD} = \vec{0},$$

portanto

$$\overrightarrow{HG} = \frac{1}{2}\overrightarrow{AC}$$
$$= \frac{1}{2}\overrightarrow{AB} + \frac{1}{2}\overrightarrow{BC}$$
$$= \overrightarrow{EB} + \overrightarrow{BF}$$
$$= \overrightarrow{EF}.$$

Então, *HG* e *EF* são equipolentes, portanto, *EFGH* é um paralelogramo.

1.5 Dependência e Independência Lineares

Sejam $\vec{a}$ e $\vec{b}$ vetores dados. Fixe um ponto qualquer, *P*, do espaço. Sejam *PA* e *PB* representantes de $\vec{a}$ e $\vec{b}$, respectivamente.

Podemos, então, encontrar uma das seguintes situações:

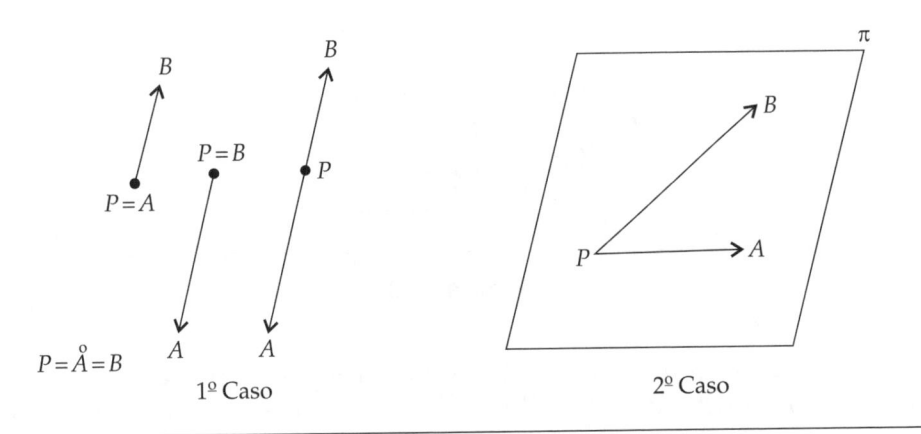

Figura 1.9

Caso 1

PA e *PB* situados sobre uma mesma reta *r*; isso acontece se, e somente se, existe um número real *x* tal que $\vec{a} = x\vec{b}$ ou $\vec{b} = x\vec{a}$. Diremos, então, que os vetores $\vec{a}$ e $\vec{b}$ são *linearmente dependentes* ou *colineares* (veja a Figura 1.9).

Caso 2

PA e *PB* não situados sobre uma mesma reta. Desse modo, *PA* e *PB* determinam um plano π. Diremos, então, que os vetores $\vec{a}$ e $\vec{b}$ são *linearmente independentes*.

Sejam x e y escalares quaisquer. Uma expressão da forma $x\vec{a}+y\vec{b}$ chama-se uma *combinação linear* dos vetores $\vec{a}$ e $\vec{b}$. Se $\vec{a}$ e $\vec{b}$ são linearmente dependentes e não simultaneamente nulos, então eles *geram uma reta*, isto é, todos os vetores da forma $x\vec{a}+y\vec{b}$ podem ser representados sobre uma mesma reta r. Reciprocamente, se C é um ponto qualquer de r, então existem escalares x e y tais que $x\vec{a}+y\vec{b}=\overrightarrow{PC}$; por exemplo, se $\vec{a}\neq 0$, então existe um escalar x tal que $x\vec{a}=\overrightarrow{PC}$ (a rigor, existe uma infinidade de escalares x e y tais que $x\vec{a}+y\vec{b}=\overrightarrow{PC}$).

Se $\vec{a}$ e $\vec{b}$ são linearmente independentes, então, todos os vetores da forma $x\vec{a}+y\vec{b}$ podem ser representados sobre um mesmo plano π.

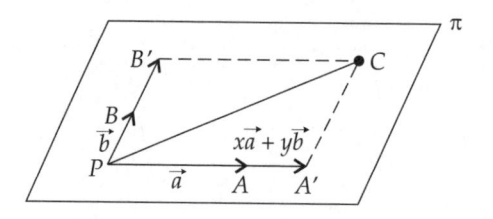

Figura 1.10

De modo recíproco, se C é um ponto qualquer do plano π, então a Figura 1.10 nos mostra que $\overrightarrow{PC}=\overrightarrow{PA'}+\overrightarrow{PB'}$, onde $\overrightarrow{PA'}=x\vec{a}$ e $\overrightarrow{PB'}=y\vec{b}$. Vemos, assim, que todo vetor $\vec{v}$ que possua representante no plano π pode ser escrito como uma combinação linear dos vetores $\vec{a}$ e $\vec{b}$; e que toda combinação linear dos vetores $\vec{a}$ e $\vec{b}$ pode ser representada sobre o plano π. Por essa razão, se os vetores $\vec{a}$ e $\vec{b}$ são linearmente independentes, diremos que eles *geram um plano*.

Se um vetor $\vec{v}$ se escreve como uma combinação linear $x\vec{a}+y\vec{b}$, diremos que os vetores $x\vec{a}$ e $y\vec{b}$ são componentes do vetor $\vec{v}$ na direção dos vetores $\vec{a}$ e $\vec{b}$, respectivamente. Os escalares x e y são as *coordenadas* de $\vec{v}$ em termos dos vetores $\vec{a}$ e $\vec{b}$. Observe que, se $\vec{a}$ e $\vec{b}$ são linearmente independentes, cada vetor $\vec{v}$ que possua representante em π se escreve de maneira única como uma combinação linear dos vetores $\vec{a}$ e $\vec{b}$.

Sejam $\vec{a}$, $\vec{b}$ e $\vec{c}$ vetores não simultaneamente nulos. Então, pode ocorrer um dos dois casos a seguir:

Caso 1

Os vetores $\vec{a}$, $\vec{b}$ e $\vec{c}$ são *linearmente dependentes*, isto é,

i) ou $\vec{a}, \vec{b}, \vec{c}$ possuem representantes em uma mesma reta (nesse caso, diremos que esses vetores são *colineares*);

ii) ou $\vec{a}, \vec{b}, \vec{c}$ possuem representantes em um mesmo plano; nesse caso, diremos que eles são *coplanares* (observe que a colinearidade de três vetores é um caso particular da coplanaridade, isto é, o item (i) é um caso particular do item (ii)).

Caso 2

Os vetores $\vec{a}, \vec{b}$ e $\vec{c}$ são *linearmente independentes* ou *não-coplanares*, isto é, não possuem representantes em um mesmo plano.

Sejam x, y e z escalares quaisquer. Uma expressão da forma $x\vec{a} + y\vec{b} + z\vec{c}$ chama-se uma *combinação linear* dos vetores $\vec{a}, \vec{b}$ e $\vec{c}$.

É fácil ver que, se $\vec{a}, \vec{b}$ e $\vec{c}$ são vetores colineares, não todos nulos, então eles geram uma reta, isto é, todos os vetores da forma $x\vec{a} + y\vec{b} + z\vec{c}$ possuem representantes em uma mesma reta; reciprocamente, se r é uma reta sobre a qual existem representantes PA, PB e PC para os vetores $\vec{a}, \vec{b}$ e $\vec{c}$, respectivamente, e D é um ponto qualquer de r, então existe uma infinidade de escalares x, y e z, tais que $\overrightarrow{PD} = x\vec{a} + y\vec{b} + z\vec{c}$. É igualmente fácil ver que, se $\vec{a}, \vec{b}$ e $\vec{c}$ são vetores coplanares, mas não-colineares, todos os vetores da forma $x\vec{a} + y\vec{b} + z\vec{c}$ possuem representantes sobre um mesmo plano. Reciprocamente, se π é um plano que contém os representantes PA, PB e PC de $\vec{a}, \vec{b}$ e $\vec{c}$, respectivamente, e D é um ponto qualquer de π, então existe uma infinidade de escalares x, y e z, tais que $\overrightarrow{PD} = x\vec{a} + y\vec{b} + z\vec{c}$. Por essa razão, diremos que três vetores coplanares, mas não-colineares, *geram um plano*. Do exposto anteriormente, concluímos que *três vetores linearmente dependentes, não simultaneamente nulos, ou geram uma reta ou um plano*.

Mostraremos agora que, se $\vec{a}, \vec{b}$ e $\vec{c}$ são linearmente independentes, eles *geram o espaço*, isto é, se $\vec{v}$ é um vetor qualquer, então existe um (único) terno ordenado (x, y, z) de escalares, tais que $\vec{v} = x\vec{a} + y\vec{b} + z\vec{c}$. Para isso, escolhamos os representantes PA, PB, PC e PM para os vetores $\vec{a}, \vec{b}, \vec{c}$ e $\vec{v}$, respectivamente, com origem no ponto P (veja a Figura 1.11).

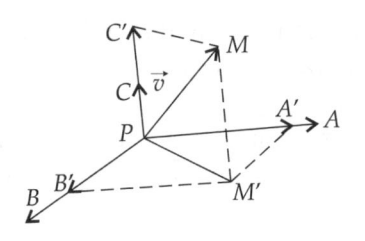

Figura 1.11

Por M, tracemos a paralela a PC. Seja M' o ponto de encontro dessa paralela com o plano determinado pelos segmentos PA e PB. O ponto M' existe, pois, caso contrário, PC estaria no plano determinado por PA e PB, o que contraria a hipótese de que $\vec{a}$, $\vec{b}$ e $\vec{c}$ são não-coplanares. Vemos, assim, que $\overline{PM} = \overline{PM'} + \overline{M'M} = \overline{PM'} + \overline{PC'}$, onde $\overline{PC'} = z\overline{PC}$, para algum escalar z. Além disso, $\overline{PM'}$ está no plano determinado por PA e PB e, portanto, existem escalares x e y, tais que $\overline{PM'} = x\overline{PA} + y\overline{PB}$. Logo, $\vec{v} = x\vec{a} + y\vec{b} + z\vec{c}$.

Chamaremos os vetores $x\vec{a}$, $y\vec{b}$ e $z\vec{c}$ componentes do vetor $\vec{v}$ na direção dos vetores $\vec{a}$, $\vec{b}$ e $\vec{c}$; os números x, y e z são as coordenadas de $\vec{v}$ em termos dos vetores $\vec{a}$, $\vec{b}$ e $\vec{c}$. Um conjunto de três vetores linearmente independentes denomina-se uma *base* para o espaço dos vetores. A base que consiste nos vetores $\vec{a}$, $\vec{b}$ e $\vec{c}$, nessa ordem, será indicada por $\{\vec{a},\vec{b},\vec{c}\}$. Se escolhermos uma base $\{\vec{a},\vec{b},\vec{c}\}$, a cada vetor $\vec{v}$ corresponde um único terno ordenado (x,y,z) de escalares, a saber, as coordenadas de $\vec{v}$ em termos dessa base. Reciprocamente, a cada terno ordenado (x,y,z) de números reais corresponde o vetor

$$\vec{v} = x\vec{a} + y\vec{b} + z\vec{c}.$$

Exercícios

1. Sejam P, A e B pontos do espaço. Seja C o ponto no segmento AB tal que $\dfrac{AC}{CB} = \dfrac{m}{n}$. Escreva o vetor $\overline{PC}$ como combinação linear dos vetores $\overline{PA}$ e $\overline{PB}$.
2. Demonstre que as diagonais de um paralelogramo se cortam no meio.
3. Demonstre que a relação de eqüipolência é reflexiva, simétrica e transitiva.
4. Sejam AB e CD segmentos orientados. Demonstre que $\overline{AB} = \overline{CD}$ se, e somente se, AB e CD são eqüipolentes.
5. a) Seja ABC um triângulo qualquer com medianas AD, BE e CF. Demonstre que

   $$\overline{AD} + \overline{BE} + \overline{CF} = \vec{0}.$$

   b) Seja ABC um triângulo qualquer. Mostre que existe um triângulo com lados paralelos às medianas de ABC e com os comprimentos destas.
6. Demonstre que os vetores $\vec{a}$, $\vec{b}$ e $\vec{c}$ são linearmente independentes se, e somente se, a equação $x\vec{a} + y\vec{b} + z\vec{c} = \vec{0}$ só possui a solução nula $x = y = z = 0$.
7. Considere a equação

   $$x_1\vec{a} + y_1\vec{b} + z_1\vec{c} = x_2\vec{a} + y_2\vec{b} + z_2\vec{c}.$$

a) Mostre que se $\vec{a}$, $\vec{b}$ e $\vec{c}$ são linearmente independentes, então

$$x_1 = x_2, y_1 = y_2 \text{ e } z_1 = z_2$$

b) Mostre que se $\vec{a}$, $\vec{b}$ e $\vec{c}$ são linearmente dependentes, *não* podemos concluir que $x_1 = x_2, y_1 = y_2$ e $z_1 = z_2$.

1.6 O Produto Interno

Motivados na expressão do trabalho em mecânica, vamos definir o produto interno de dois vetores. Essa operação associa a cada par $\vec{a}$, $\vec{b}$ de vetores um número real que será indicado por $\vec{a} \cdot \vec{b}$.

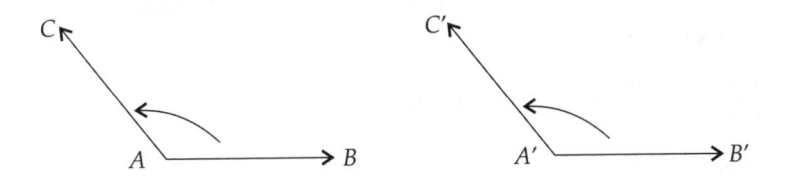

Figura 1.12

A fim de definirmos o produto interno, necessitamos do conceito de ângulo entre dois vetores. O *ângulo* entre os vetores não-nulos $\vec{a}$ e $\vec{b}$, indicado por $(\vec{a}, \vec{b})$, é definido como o ângulo entre seus representantes. Mais precisamente, se $\vec{a} = \overrightarrow{AB}$ e $\vec{b} = \overrightarrow{AC}$, então o ângulo entre $\vec{a}$ e $\vec{b}$ é, por definição, o ângulo entre os segmentos AB e AC. Para que essa definição faça sentido, devemos mostrar que $(\vec{a}, \vec{b})$ não depende da escolha dos representantes AB e AC. Especificamente, o leitor deverá mostrar que se $A'B'$ e $A'C'$ são também representantes dos vetores $\vec{a}$ e $\vec{b}$, respectivamente (veja a Figura 1.12), o ângulo entre os segmentos orientados AB e AC é igual ao ângulo entre os segmentos orientados $A'B'$ e $A'C'$.

Observe que o ângulo (AB, AC) é o menor segundo o qual AB deve girar para se tornar colinear com AC. Esse ângulo é positivo se a rotação estiver no sentido anti-horário e negativo, caso contrário. Rigorosamente, essa escolha da orientação deveria ser como na definição de triedro positivo do próximo parágrafo. Isso nos permite associar a cada ângulo $(\vec{a}, \vec{b})$ seu ângulo *negativo* ou *oposto* $(\vec{b}, \vec{a})$.

Outro conceito que será também necessário é o de *comprimento* ou *norma* de um vetor. Escolhamos um segmento orientado não-nulo qualquer AB e vamos chamá-lo *segmento orientado unitário*. Todo segmento orientado congruente a AB será também chamado segmento orientado unitário. Um vetor é *unitário* se um de seus representantes (e então todos) for um segmento orientado unitário.

Dado o vetor $\vec{a}$, seja $\vec{v}$ um unitário colinear com $\vec{a}$. Pela colinearidade, existe um número t, conforme a Seção 1.5, positivo, nulo ou negativo, tal que

$$\vec{a} = t\vec{v}.$$

Chama-se *norma* ou *comprimento* de $\vec{a}$, e se indica por $\|\vec{a}\|$, o módulo desse número t. Então,

$$\|\vec{a}\| = |t|.$$

Dessa definição fica claro que um vetor é unitário se, e somente se, sua norma for igual a um. O leitor poderá facilmente demonstrar as seguintes propriedades da norma:

1. $\|\vec{a}\| \geq 0$; $\|\vec{a}\| = \vec{0}$ se, e somente se, $\vec{a} = \vec{0}$.
2. $\|x\vec{a}\| = |x|\|\vec{a}\|$.

As propriedades dadas se verificam quaisquer que sejam o vetor $\vec{a}$ e o escalar x.

Passemos agora à definição do produto interno.

Sejam $\vec{a}$ e $\vec{b}$ vetores não-nulos. O *produto interno* do vetor $\vec{a}$ pelo vetor $\vec{b}$, indicado por $\vec{a} \cdot \vec{b}$, é definido por

$$\vec{a} \cdot \vec{b} = \|\vec{a}\|\|\vec{b}\|\cos(\vec{a},\vec{b}).$$

Se um dos vetores $\vec{a}$ ou $\vec{b}$ for o vetor nulo, definimos:

$$\vec{a} \cdot \vec{b} = 0.$$

O produto interno satisfaz às seguintes propriedades:

1. $\vec{a} \cdot \vec{b} = \vec{b} \cdot \vec{a}$ (simetria)
2. $x(\vec{a} \cdot \vec{b}) = (x\vec{a}) \cdot \vec{b} = \vec{a} \cdot (x\vec{b})$ (homogeneidade)
3. $\vec{c} \cdot (\vec{a} + \vec{b}) = \vec{c} \cdot \vec{a} + \vec{c} \cdot \vec{b}$ (distributividade)

(quaisquer que sejam os vetores $\vec{a}$, $\vec{b}$, $\vec{c}$ e qualquer que seja o escalar x). Observe que essas propriedades são verificadas trivialmente se um dos vetores for o vetor nulo. Na verdade, $\vec{a} \cdot \vec{0} = \vec{0} \cdot \vec{b} = 0$ é a única definição compatível com elas, pois, pela segunda propriedade descrita, temos

$$0 = 0(\vec{a} \cdot \vec{b}) = (0\vec{a}) \cdot \vec{b} = \vec{a} \cdot (0\vec{b}),$$

onde

$$\vec{0}\cdot\vec{b}=\vec{a}\cdot\vec{0}=0,$$

pois $0\vec{a}=0\vec{b}=\vec{0}$.

Passemos agora à demonstração das propriedades do produto interno.

a) Se $\vec{a}$ e $\vec{b}$ são vetores não-nulos, temos:

$$\vec{a}\cdot\vec{b}=\|\vec{a}\|\,\|\vec{b}\|\cos(\vec{a},\vec{b})$$
$$=\|\vec{b}\|\,\|\vec{a}\|\cos(\vec{b},\vec{a})$$
$$=\vec{b}\cdot\vec{a}$$

b) Se $\vec{a}$ e $\vec{b}$ são vetores não-nulos e $x \neq 0$, resulta:

$$x(\vec{a}\cdot\vec{b})=x\|\vec{a}\|\,\|\vec{b}\|\cos(\vec{a},\vec{b})$$
$$=\|x\vec{a}\|\,\|\vec{b}\|\cos(\overrightarrow{xa},\vec{b})$$
$$=(x\vec{a})\cdot\vec{b}$$

c) Consideraremos primeiro o caso em que $\vec{c}=\vec{u}$ é unitário. Escolhamos um representante PQ para o vetor $\vec{u}$ e seja r a reta que contém o segmento PQ (Figura 1.13).

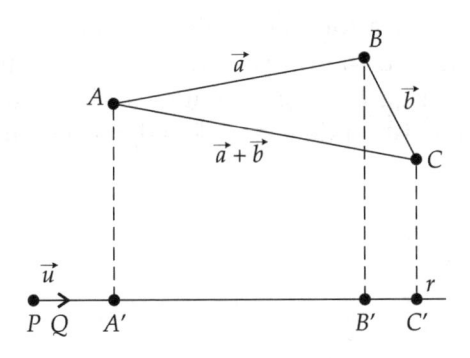

Figura 1.13

Vamos escolher representantes AB e BC para os vetores $\vec{a}$ e $\vec{b}$, respectivamente. Consideremos as projeções ortogonais A', B' e C' dos pontos A, B e C, respectivamente, sobre a reta r. Sejam x, y e z os escalares, tais que $\overrightarrow{PA'}=x\vec{u}$, $\overrightarrow{PB'}=y\vec{u}$ e $\overrightarrow{PC'}=z\vec{u}$.

Observemos agora que $\vec{u} \cdot \vec{a} = \|\vec{a}\| \cos(\vec{u},\vec{a}) = y - x$ e analogamente $\vec{u} \cdot \vec{b} = z - y$, $\vec{u} \cdot (\vec{a} + \vec{b}) = z - x$. Portanto,

$$\vec{u} \cdot (\vec{a} + \vec{b}) = \vec{u} \cdot \vec{a} + \vec{u} \cdot \vec{b}.$$

O caso geral se reduz ao anterior. Se $\vec{c}$ for um vetor qualquer, não-nulo, usando homogeneidade do produto interno e a distributividade para vetores unitários, obtemos:

$$\vec{c} \cdot (\vec{a} + \vec{b}) = \left(\|\vec{c}\| \frac{\vec{c}}{\|\vec{c}\|} \right) \cdot (\vec{a} + \vec{b})$$

$$= \|\vec{c}\| \left(\frac{\vec{c}}{\|\vec{c}\|} \cdot \vec{a} + \frac{\vec{c}}{\|\vec{c}\|} \cdot \vec{b} \right)$$

$$= \vec{c} \cdot \vec{a} + \vec{c} \cdot \vec{b}.$$

Obviamente, $\vec{a} \cdot \vec{a} = \|\vec{a}\|^2$, pois, $\cos(\vec{a},\vec{a}) = 1$. Isso nos leva a indicar $\vec{a} \cdot \vec{a}$ por $\vec{a}^2$, às vezes. Observe que, se $\vec{a}$ e $\vec{b}$ são vetores não-nulos, então $\vec{a} \cdot \vec{b} = 0$ se, e somente se, $(\vec{a},\vec{b}) = \frac{\pi}{2} + k\pi$, onde k é um número inteiro qualquer. Por essa razão, diremos que o vetor $\vec{a}$ é perpendicular (ou ortogonal) ao vetor $\vec{b}$ quando $\vec{a} \cdot \vec{b} = 0$. O leitor deve notar que, de acordo com essa definição, o vetor $\vec{0}$ é perpendicular a todos os vetores do espaço. Na verdade, $\vec{0}$ é o único vetor que possui essa propriedade, isto é, se $\vec{a}$ for um vetor tal que $\vec{a} \cdot \vec{b} = 0$ qualquer que seja o vetor $\vec{b}$, então $\vec{a} = \vec{0}$. Para provar isso, basta tomar, em particular, $\vec{b} = \vec{a}$, onde $\vec{a} \cdot \vec{a} = \|\vec{a}\|^2 = 0$, o que implica $\vec{a} = \vec{0}$.

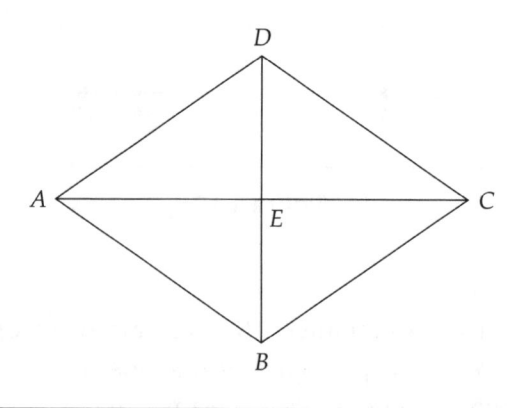

Figura 1.14

Exemplo 1.3 Demonstrar que as diagonais de um losango são perpendiculares.

Mostrar que $\overrightarrow{AC} \cdot \overrightarrow{BD} = 0$. Observe que

$$\begin{aligned}\overrightarrow{AC} \cdot \overrightarrow{BD} &= (\overrightarrow{AB} + \overrightarrow{BC}) \cdot (\overrightarrow{BA} + \overrightarrow{AD}) \\ &= \overrightarrow{AB} \cdot \overrightarrow{BA} + \overrightarrow{AB} \cdot \overrightarrow{AD} + \overrightarrow{BC} \cdot \overrightarrow{BA} + \overrightarrow{BC} \cdot \overrightarrow{AD} \\ &= -\|\overrightarrow{AB}\|^2 + \overrightarrow{AB} \cdot \overrightarrow{AD} - \overrightarrow{AB} \cdot \overrightarrow{AD} + \|\overrightarrow{AD}\|^2 \\ &= 0,\end{aligned}$$

pois $\|\overrightarrow{AD}\| = \|\overrightarrow{BC}\|$ e $\overrightarrow{BA} = -\overrightarrow{AB}$.

1.7 Bases Ortonormais

Uma base $\{\vec{a}, \vec{b}, \vec{c}\}$ chama-se *ortogonal* se os seus vetores são mutuamente ortogonais, isto é, se $\vec{a} \cdot \vec{b} = \vec{a} \cdot \vec{c} = \vec{b} \cdot \vec{c} = 0$. Se, além disso, os vetores são unitários, a base $\{\vec{a}, \vec{b}, \vec{c}\}$ chama-se *ortonormal*.

Os exemplos que daremos a seguir mostram a conveniência do uso de bases ortonormais.

Exemplo 1.4 Se $\{\vec{a}, \vec{b}, \vec{c}\}$ é uma base ortonormal e $\vec{u}$, um vetor qualquer, então

$$\vec{u} = (\vec{a} \cdot \vec{u})\vec{a} + (\vec{b} \cdot \vec{u})\vec{b} + (\vec{c} \cdot \vec{u})\vec{c}.$$

O que sabemos é que $\vec{u}$ pode ser escrito de maneira única como uma combinação linear $\vec{u} = x\vec{a} + y\vec{b} + z\vec{c}$. Calculando, então, o produto interno $\vec{a} \cdot \vec{u}$, obtemos $\vec{a} \cdot \vec{u} = x(\vec{a} \cdot \vec{a}) + y(\vec{a} \cdot \vec{b}) + z(\vec{a} \cdot \vec{c}) = x$, pois $\vec{a} \cdot \vec{a} = \|a\|^2 = 1$ e $\vec{a} \cdot \vec{b} = \vec{a} \cdot \vec{c} = 0$. Analogamente, demonstramos que $y = \vec{b} \cdot \vec{u}$ e $z = \vec{c} \cdot \vec{u}$.

Observemos que, se $\{\vec{a}, \vec{b}, \vec{c}\}$ fosse uma base qualquer, não necessariamente ortonormal, as coordenadas x, y e z do vetor $\vec{u}$ seriam solução do sistema

$$\begin{cases} x(\vec{a} \cdot \vec{a}) + y(\vec{a} \cdot \vec{b}) + z(\vec{a} \cdot \vec{c}) = \vec{a} \cdot \vec{u} \\ x(\vec{b} \cdot \vec{a}) + y(\vec{b} \cdot \vec{b}) + z(\vec{b} \cdot \vec{c}) = \vec{b} \cdot \vec{u} \\ x(\vec{c} \cdot \vec{a}) + y(\vec{c} \cdot \vec{b}) + z(\vec{c} \cdot \vec{c}) = \vec{c} \cdot \vec{u} \end{cases}$$

Exemplo 1.5 Se $\{\vec{a}, \vec{b}, \vec{c}\}$ é uma base ortonormal e $\vec{u} = x_1\vec{a} + y_1\vec{b} + z_1\vec{c}$, $\vec{v} = x_2\vec{a} + y_2\vec{b} + z_2\vec{c}$ são vetores quaisquer, então

$$\vec{u} \cdot \vec{v} = x_1 x_2 + y_1 y_2 + z_1 z_2.$$

Realmente,

$$\vec{u}\cdot\vec{v} = (x_1\vec{a}+y_1\vec{b}+z_1\vec{c})\cdot(x_2\vec{a}+y_2\vec{b}+z_2\vec{c}) =$$
$$= (x_1x_2)\vec{a}\cdot\vec{a}+(x_1y_2)\vec{a}\cdot\vec{b}+(x_1z_2)\vec{a}\cdot\vec{c}+$$
$$+(x_2y_1)\vec{b}\cdot\vec{a}+(y_1y_2)\vec{b}\cdot\vec{b}+(y_1z_2)\vec{b}\cdot\vec{c}+$$
$$+(x_2z_1)\vec{c}\cdot\vec{a}+(y_2z_1)\vec{c}\cdot\vec{b}+(z_1z_2)\vec{c}\cdot\vec{c}.$$

Como $\{\vec{a},\vec{b},\vec{c}\}$ é uma base ortonormal, seus vetores satisfazem às relações

$$\vec{a}\cdot\vec{b}=\vec{a}\cdot\vec{c}=\vec{b}\cdot\vec{c}=0;\ \vec{a}\cdot\vec{a}=\vec{b}\cdot\vec{b}=\vec{c}\cdot\vec{c}=1.$$

Assim, a expressão dada se reduz a

$$\vec{a}\cdot\vec{b} = x_1x_2+y_1y_2+z_1z_2.$$

Veremos agora que, após escolhida uma orientação para o espaço, será possível distinguir duas classes de bases ortonormais: as positivas e as negativas. Para a adição de vetores, a multiplicação de vetores por escalares, o produto interno, a orientação do espaço não tem importância alguma, podendo ser dispensada. A escolha de uma orientação para o espaço é, entretanto, indispensável para a introdução do produto vetorial, que faremos na próxima seção.

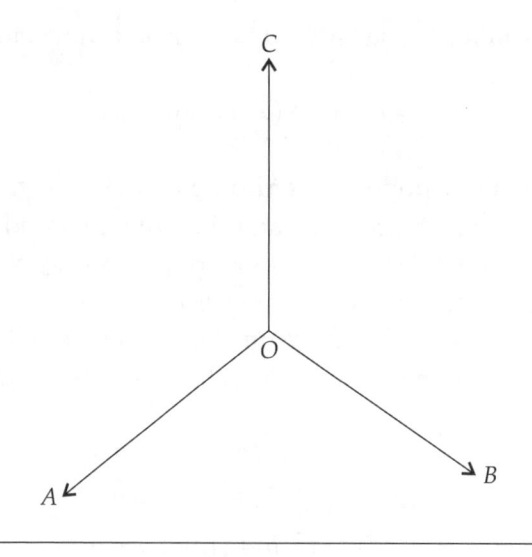

Figura 1.15

Escolhamos um ponto, O, do espaço que chamaremos *origem*. Um *triedro* é um terno ordenado (OA, OB, OC) de segmentos orientados OA, OB, OC não-coplanares. Esses três segmentos dão origem, permutando a ordem dos segmentos, a seis ternos ordenados distintos. Consideremos qualquer um desses ternos e o observemos de uma posição tal que o terceiro segmento orientado esteja dirigido para os nossos olhos. A seguir, consideremos a rotação (de menor ângulo) do primeiro segmento até que ele fique colinear com o segundo segmento (veja a Figura 1.15). Diremos que o triedro é *positivo* se a rotação for no sentido contrário ao dos ponteiros de um relógio e *negativo*, caso contrário.

Por exemplo, o triedro (OA, OB, OC) da Figura 1.15 é positivo, enquanto (OB, OA, OC) é negativo.

Consideremos três vetores $\vec{a}=\overrightarrow{OA}$, $\vec{b}=\overrightarrow{OB}$ e $\vec{c}=\overrightarrow{OC}$. Diremos que o terno ordenado $(\vec{a},\vec{b},\vec{c})$ é positivo (ou negativo) se o triedro (OA, OB, OC) for positivo (ou negativo).

É possível mostrar que, se $(\vec{a},\vec{b},\vec{c})$ é um terno positivo e PM, PN e PQ são representantes quaisquer dos vetores $\vec{a}$, $\vec{b}$ e $\vec{c}$, respectivamente, então o triedro (PM, PN, PQ) é positivo. Uma base $\{\vec{a},\vec{b},\vec{c}\}$ diz-se *positiva* se o terno $(\vec{a},\vec{b},\vec{c})$ for positivo.

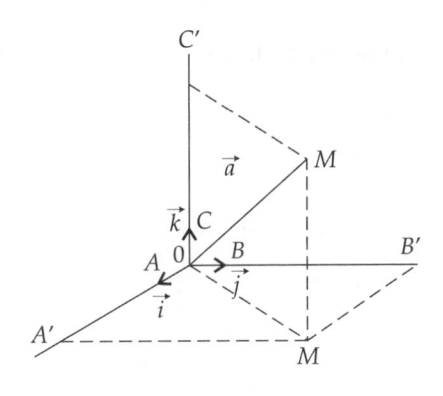

Figura 1.16

Fixemos um triedro positivo (OA, OB, OC) de segmentos orientados unitários e mutuamente ortogonais (veja a Figura 1.16). Sejam $\vec{i}=\overrightarrow{OA}$, $\vec{j}=\overrightarrow{OB}$ e $\vec{k}=\overrightarrow{OC}$. Assim, a base $\{\vec{i},\vec{j},\vec{k}\}$ é ortonormal e positiva. Portanto, os vetores $\vec{i}$, $\vec{j}$ e $\vec{k}$ satisfazem às seguintes relações:

$$\vec{i}\cdot\vec{j}=\vec{i}\cdot\vec{k}=\vec{j}\cdot\vec{k}=0 \qquad \vec{i}^{\,2}=\vec{j}^{\,2}=\vec{k}^{\,2}=1$$

onde $\vec{i}^{\,2}=\vec{i}\cdot\vec{i}$ etc. Além disso, o Exemplo 1.4 nos diz que, se $\vec{a}=\overrightarrow{OM}$ é um vetor qualquer, então $\vec{a}$ pode ser decomposto de maneira única como combinação linear

$$\vec{a}=a_1\vec{i}+a_2\vec{j}+a_3\vec{k}.$$

onde as coordenadas a_1, a_2 e a_3 são dadas por

$$a_1 = \vec{a} \cdot \vec{i} = \|\vec{a}\| \cos(\vec{a},\vec{i})$$
$$a_2 = \vec{a} \cdot \vec{j} = \|\vec{a}\| \cos(\vec{a},\vec{j})$$
$$a_3 = \vec{a} \cdot \vec{k} = \|\vec{a}\| \cos(\vec{a},\vec{k}).$$

Os números reais a_1, a_2 e a_3 são as *coordenadas cartesianas* (retangulares) do ponto M. Além disso, o Exemplo 1.5 nos diz que, se

$$\vec{b} = b_1\vec{i} + b_2\vec{j} + b_3\vec{k}$$

então,

$$\vec{a} \cdot \vec{b} = a_1 b_1 + a_2 b_2 + a_3 b_3$$

e

$$\|\vec{a}\| = \sqrt{a_1^2 + a_2^2 + a_3^2}.$$

Se o ponto M tem coordenadas cartesianas a_1, a_2 e a_3, indicaremos isso escrevendo $M(a_1, a_2, a_3)$.

Exercícios

1. **a)** Sejam $\vec{u}$ e $\vec{v}$ vetores quaisquer. Demonstre que

$$(\vec{u} \pm \vec{v})^2 = \vec{u}^2 \pm 2\vec{u} \cdot \vec{v} + \vec{v}^2$$

e

$$(\vec{u} + \vec{v}) \cdot (\vec{u} - \vec{v}) = \vec{u}^2 - \vec{v}^2.$$

   b) Use o resultado do item (a) para demonstrar a lei dos co-senos em um triângulo ABC:

$$a^2 = b^2 + c^2 - 2bc \cos \hat{A}$$

onde

$$a = \|\overline{BC}\|, \ b = \|\overline{AC}\|, \ c = \|\overline{AB}\| \text{ e}$$
$$\hat{A} = (AB, AC).$$

2. Sejam $\vec{a} = 2\vec{i} + 3\vec{j}$, $\vec{b} = \vec{i} + \vec{k}$, $\vec{c} = \vec{j} + 2\vec{k}$ e $\vec{v} = \vec{i} + \vec{j} + \vec{k}$.
   a) Mostre que $\{\vec{a}, \vec{b}, \vec{c}\}$ é uma base;
   b) Determine x, y e z tais que $\vec{v} = x\vec{a} + y\vec{b} + z\vec{c}$.

3. Demonstre que as diagonais de um paralelogramo se cortam no meio.

4. Calcule as seguintes somas e diferenças:
   a) $(\vec{i}+2\vec{j}-3\vec{k})+(2\vec{i}-\vec{j}+5\vec{k})$;
   b) $(-\vec{i}+5\vec{j}-6\vec{k})+(2\vec{i}+\vec{j}-\vec{k})+(\vec{i}-2\vec{j}+6\vec{k})$;
   c) $(2\vec{i}+\vec{j}-3\vec{k})-(6\vec{i}+2\vec{j}+\vec{k})$;
   d) $(\vec{i}+2\vec{j}-4\vec{k})-(2\vec{i}+5\vec{j}+6\vec{k})+(3\vec{i}-5\vec{j}+7\vec{k})$.

5. Sejam $\vec{a}=\vec{i}+2\vec{j}-3\vec{k}$ e $\vec{b}=2\vec{i}+\vec{j}-2\vec{k}$. Determine vetores unitários paralelos aos vetores:
   a) $\vec{a}+\vec{b}$;   b) $\vec{a}-\vec{b}$;   c) $2\vec{a}-3\vec{b}$.

6. Calcule as normas de cada um dos seguintes vetores:
   a) $\vec{a}=\vec{i}-2\vec{j}+4\vec{k}$;
   b) $\vec{b}=\cos\theta\vec{i}+\sen\theta\vec{j}$;
   c) $\vec{c}=2\vec{i}-\vec{j}+3\vec{k}$.

7. Demonstre que os pontos $A(1, 2, 2)$, $B(3, 3, 4)$, $C(4, 5, 3)$ e $D(2, 4, 1)$ são vértices de um paralelogramo.

8. Dados os pontos $A(2, 1, 5)$ e $B(3, 6, 2)$, escreva o vetor $\overrightarrow{AB}$ como combinação linear dos vetores $\vec{i}$, $\vec{j}$, $\vec{k}$. Qual é a norma de $\overrightarrow{AB}$?

9. Calcule os seguintes produtos internos:
   a) $(\vec{i}-2\vec{j}+3\vec{k})\cdot(2\vec{i}+2\vec{j}-5\vec{k})$;
   b) $(3\vec{i}+3\vec{j}-4\vec{k})\cdot(-\vec{i}-2\vec{j}+6\vec{k})$;
   c) $(-2\vec{i}+3\vec{j}-\vec{k})\cdot(3\vec{i}-2\vec{j}+7\vec{k})$.

10. Ache o vetor unitário da bissetriz do ângulo entre os vetores $2\vec{i}+3\vec{j}+\vec{k}$ e $3\vec{i}+2\vec{j}-3\vec{k}$.

11. Determine o valor de x para o qual os vetores $x\vec{i}+3\vec{j}+4\vec{k}$ e $3\vec{i}+\vec{j}+2\vec{k}$ são perpendiculares.

12. Demonstre que não existe um número real x tal que os vetores $x\vec{i}+2\vec{j}+4\vec{k}$ e $x\vec{i}-2\vec{j}+3\vec{k}$ sejam perpendiculares.

13. Ache os ângulos entre os seguintes pares de vetores:
    a) $2\vec{i}+\vec{j}$, $\vec{j}-\vec{k}$;
    b) $\vec{i}+\vec{j}+\vec{k}$, $-2\vec{j}-2\vec{k}$;
    c) $3\vec{i}+3\vec{j}$, $2\vec{i}+\vec{j}-2\vec{k}$.

14. Determine os ângulos do triângulo cujos vértices são os pontos $A(3, 2, 1)$, $B(3, 2, 2)$ e $C(3, 3, 2)$.

15. Verifique se os seguintes vetores são linearmente independentes:
    a) $2\vec{i}+\vec{j}-\vec{k}$, $2\vec{i}+3\vec{j}-2\vec{k}$, $\vec{i}+2\vec{j}+\vec{k}$;
    b) $3\vec{i}+2\vec{j}+\vec{k}$, $2\vec{i}+\vec{j}+3\vec{k}$, $4\vec{i}+3\vec{j}+6\vec{k}$.

16. Verifique se os seguintes pontos são coplanares:
    a) $A(2, 2, 1)$, $B(3, 1, 2)$, $C(2, 3, 0)$ e $D(2, 3, 2)$;
    b) $A(2, 0, 2)$, $B(3, 2, 0)$, $C(0, 2, 1)$ e $D(1, 2, 0)$.

17. Sejam $\vec{v}$ um vetor não-nulo qualquer e α, β, γ os ângulos que $\vec{v}$ forma com vetores $\vec{i}$, $\vec{j}$, $\vec{k}$, respectivamente. Demonstre que
$$\cos^2 \alpha + \cos^2 \beta + \cos^2 \gamma = 1.$$

18. Demonstre que, se $\vec{a}$ e $\vec{b}$ são vetores quaisquer, então:
    a) $\vec{a} \cdot \vec{b} = \dfrac{1}{4}\left[\|\vec{a}+\vec{b}\|^2 - \|\vec{a}-\vec{b}\|^2\right]$;
    b) $\|\vec{a}+\vec{b}\|^2 + \|\vec{a}-\vec{b}\|^2 = 2\left(\|\vec{a}\|^2 + \|\vec{b}\|^2\right)$.

    (O item (a) mostra que é possível definir o produto interno apenas em termos da norma, sem usar ângulos. O item (b) corresponde à lei do paralelogramo, isto é, a soma dos quadrados dos comprimentos dos lados de um paralelogramo é igual à soma dos quadrados dos comprimentos das diagonais.)

19. Demonstre que, se $\vec{a}$ e $\vec{b}$ são vetores quaisquer, então:
    a) $|\vec{a} \cdot \vec{b}| \leq \|\vec{a}\|\|\vec{b}\|$ (desigualdade de Schwarz);
    b) $\|\vec{a}+\vec{b}\| \leq \|\vec{a}\| + \|\vec{b}\|$ (desigualdade triangular);

    Sugestão: Desenvolva $(\vec{a}+\vec{b})^2$ e utilize a desigualdade de Schwarz.

    c) $\left|\|\vec{a}\| - \|\vec{b}\|\right| \leq \|\vec{a}-\vec{b}\|$.

    (A desigualdade de Schwarz tem muitas aplicações em matemática. A desigualdade triangular corresponde ao seguinte fato geométrico: o comprimento de um dos lados de um triângulo é menor que ou igual à soma dos comprimentos dos outros dois lados.)

20. Se $\vec{a} = a_1\vec{i} + a_2\vec{j} + a_3\vec{k}$ e $\vec{b} = b_1\vec{i} + b_2\vec{j} + b_3\vec{k}$, utilize a expressão $\vec{a} \cdot \vec{b} = a_1b_1 + a_2b_2 + a_3b_3$ como definição do produto interno e demonstre as propriedades usuais:
    a) $\vec{a} \cdot \vec{b} = \vec{b} \cdot \vec{a}$;
    b) $\vec{a} \cdot (\vec{b}+\vec{c}) = \vec{a} \cdot \vec{b} + \vec{a} \cdot \vec{c}$;
    c) $x(\vec{a} \cdot \vec{b}) = (x\vec{a}) \cdot \vec{b} = \vec{a} \cdot (x\vec{b})$.

21. Demonstre a desigualdade de Schwarz utilizando apenas a definição do produto interno do Exercício 20.
    Sugestão: Faça $x = \vec{b} \cdot \vec{b}$, $y = -\vec{a} \cdot \vec{b}$ e observe que $(x\vec{a}+y\vec{b})^2 \geq 0$.

22. Se $\vec{a}$ e $\vec{b}$ são vetores não-nulos, utilize a expressão
$$\cos(\vec{a},\vec{b}) = \frac{\vec{a} \cdot \vec{b}}{\|\vec{a}\|\|\vec{b}\|}$$
como definição de $\cos(\vec{a},\vec{b})$ e mostre que $-1 \leq \cos(\vec{a},\vec{b}) \leq 1$.

1.8 O Produto Vetorial

Definiremos uma nova operação tal que a cada par ordenado $(\vec{a},\vec{b})$ de vetores associe um vetor, indicado por $\vec{a}\times\vec{b}$.

Se $\vec{a}$ e $\vec{b}$ são colineares, colocamos, por definição, $\vec{a}\times\vec{b}=\vec{0}$; se $\vec{a}$ e $\vec{b}$ não são colineares, então $\vec{a}\times\vec{b}$ é definido como o único vetor que satisfaz às seguintes condições:

a) $\|\vec{a}\times\vec{b}\|=\|\vec{a}\|\,\|\vec{b}\|\,|\text{sen}(\vec{a},\vec{b})|$;
b) $\vec{a}\times\vec{b}$ é perpendicular ao plano gerado pelos vetores $\vec{a}$ e $\vec{b}$;
c) O terno ordenado $(\vec{a},\vec{b},\vec{a}\times\vec{b})$ é positivo.

A operação assim definida chama-se *produto vetorial* ou *produto externo*. Resulta imediatamente da definição que
$$\vec{a}\times\vec{a}=0 \text{ e } \vec{a}\times\vec{b}=-(\vec{b}\times\vec{a}).$$

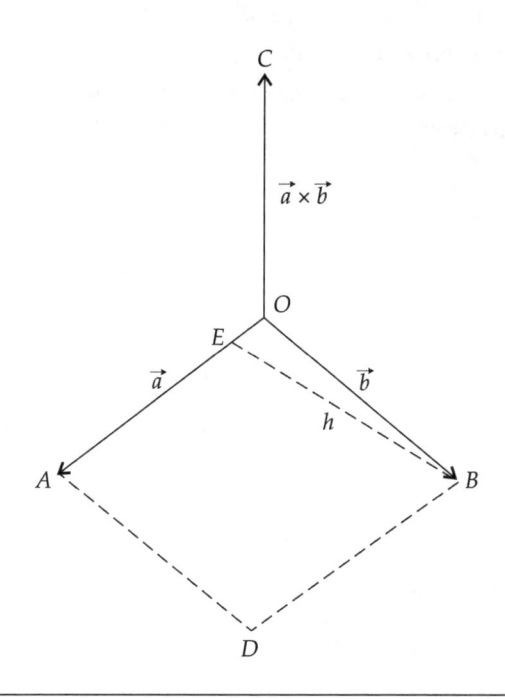

Figura 1.17

Além disso, se $\{\vec{i},\vec{j},\vec{k}\}$ é a base ortonormal positiva da seção anterior, então $\vec{i}\times\vec{j}=\vec{k}$, $\vec{j}\times\vec{k}=\vec{i}$, $\vec{k}\times\vec{i}=\vec{j}$ e $\vec{i}\times\vec{i}=\vec{j}\times\vec{j}=\vec{k}\times\vec{k}=\vec{0}$.

Examinando a Figura 1.17, vemos que a altura h do paralelogramo $OADB$ é dada por $\|\vec{b}\|\,|\text{sen}(\vec{a},\vec{b})|$ e, portanto, $\|\vec{a}\times\vec{b}\|$ é a área desse paralelogramo. Assim, $\|\vec{a}\times\vec{b}\|$ é igual à área de qualquer paralelogramo cujos lados sejam representantes dos vetores $\vec{a}$ e $\vec{b}$.

É fácil ver que, se x for um escalar qualquer, então

$$x(\vec{a}\times\vec{b}) = (x\vec{a})\times\vec{b} = \vec{a}\times(x\vec{b}).$$

O produto vetorial é distributivo em relação à adição de vetores, isto é, se $\vec{a}$, $\vec{b}$ e $\vec{c}$ são vetores quaisquer, então

$$\vec{a}\times(\vec{b}+\vec{c}) = \vec{a}\times\vec{b} + \vec{a}\times\vec{c}.$$

Para demonstrar isso, necessitaremos de propriedades do produto misto, que será definido na próxima seção.

1.9 O Produto Misto

Usaremos o produto interno e o produto vetorial para definir o *produto misto*. A cada terno ordenado de vetores, essa operação associa um número real. O número real associado ao terno ordenado $(\vec{a},\vec{b},\vec{c})$ será indicado por $\left[\vec{a},\vec{b},\vec{c}\right]$, e é definido por:

$$\left[\vec{a},\vec{b},\vec{c}\right] = (\vec{a}\times\vec{b})\cdot\vec{c}.$$

Examinemos a Figura 1.18:

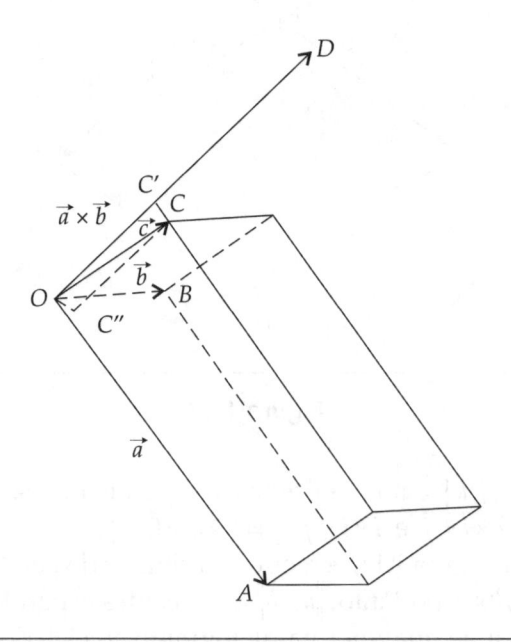

Figura 1.18

O volume do paralelepípedo é igual ao produto da altura pela área da base. Vimos, na Seção 1.8, que a área da base é igual a $\|\vec{a}\times\vec{b}\|$. Vemos, pela figura, que a altura é dada por $\|\vec{c}\|\,|\cos(\vec{c},\vec{a}\times\vec{b})|$. Portanto, o volume do paralelepípedo é dado por:

$$|[\vec{a},\vec{b},\vec{c}]| = \|\vec{a}\times\vec{b}\|\|\vec{c}\|\,\left|\cos(\vec{a}\times\vec{b},\vec{c})\right|.$$

Assim, o *valor absoluto do produto misto de três vetores é igual ao volume de qualquer paralelepípedo cujas arestas são representantes desses três vetores*. (Se $\vec{a}$ e $\vec{b}$ são colineares, então o paralelepípedo degenera-se em um conjunto plano que, por definição, tem volume zero.)

Examinando ainda a Figura 1.18, vemos que, se $(\vec{a},\vec{b},\vec{c})$ for um terno ordenado positivo, então o ângulo entre $\vec{a}\times\vec{b}$ e $\vec{c}$ é um ângulo agudo e, portanto, $[\vec{a},\vec{b},\vec{c}] = (\vec{a}\times\vec{b})\cdot\vec{c} > 0$. Analogamente, vemos que, se $(\vec{a},\vec{b},\vec{c})$ for um terno ordenado negativo, então $[\vec{a},\vec{b},\vec{c}] < 0$.

Podemos caracterizar a dependência linear de três vetores pelo anulamento do produto misto desses vetores. Mais precisamente, os vetores $\vec{a}$, $\vec{b}$ e $\vec{c}$ são linearmente dependentes se, e somente se, $[\vec{a},\vec{b},\vec{c}] = 0$. Reciprocamente, se $[\vec{a},\vec{b},\vec{c}] = 0$, então o paralelepípedo é um conjunto plano, logo, $\vec{a}$, $\vec{b}$ e $\vec{c}$ são linearmente dependentes.

Investigaremos agora a maneira como varia o produto misto quando a ordem dos vetores no terno $(\vec{a},\vec{b},\vec{c})$ é alterada. Em primeiro lugar, observemos que $\vec{a}\cdot(\vec{b}\times\vec{c}) = (\vec{b}\times\vec{c})\cdot\vec{a}$, pois o produto interno é simétrico. Os ternos ordenados $(\vec{a},\vec{b},\vec{c})$ e $(\vec{b},\vec{c},\vec{a})$ determinam o mesmo paralelepípedo, onde

$$|[\vec{a},\vec{b},\vec{c}]| = |[\vec{b},\vec{c},\vec{a}]|.$$

Além disso, esses ternos são ambos positivos ou ambos negativos. Portanto,

$$[\vec{a},\vec{b},\vec{c}] = [\vec{b},\vec{c},\vec{a}] = \vec{a}\cdot(\vec{b}\times\vec{c}).$$

Do que vimos anteriormente, resulta

$$\vec{a}\cdot(\vec{b}\times\vec{c}) = (\vec{a}\times\vec{b})\cdot\vec{c} = (\vec{b}\times\vec{c})\cdot\vec{a} = \vec{b}\cdot(\vec{c}\times\vec{a})$$
$$= (\vec{c}\times\vec{a})\cdot\vec{b} = \vec{c}\cdot(\vec{a}\times\vec{b}) = -\vec{c}\cdot(\vec{b}\times\vec{a})$$
$$= -(\vec{b}\times\vec{a})\cdot\vec{c} = -\vec{b}\cdot(\vec{a}\times\vec{c}) = -(\vec{a}\times\vec{c})\cdot\vec{b}$$
$$= -\vec{a}\cdot(\vec{c}\times\vec{b}) = -(\vec{c}\times\vec{b})\cdot\vec{a}.$$

Usaremos agora as propriedades dadas para demonstrar a distributividade do produto vetorial em relação à adição de vetores. Mais precisamente, demonstraremos que, se $\vec{a}$, $\vec{b}$ e $\vec{c}$ são vetores quaisquer, então:

$$\vec{a}\times(\vec{b}+\vec{c}) = (\vec{a}\times\vec{b}) + (\vec{a}\times\vec{c}).$$

Para isso, mostraremos que o vetor

$$\vec{v} = \vec{a} \times (\vec{b} + \vec{c}) - (\vec{a} \times \vec{b}) - (\vec{a} \times \vec{c})$$

é o vetor nulo. Realmente, como conseqüência das propriedades do produto interno e do produto misto, temos:

$$\begin{aligned}\vec{v} \cdot \vec{v} &= \vec{v} \cdot \{\vec{a} \times (\vec{b} + \vec{c})\} - \vec{v} \cdot (\vec{a} \times \vec{b}) - \vec{v} \cdot (\vec{a} \times \vec{c}) \\ &= (\vec{v} \times \vec{a}) \cdot (\vec{b} + \vec{c}) - (\vec{v} \times \vec{a}) \cdot \vec{b} - (\vec{v} \times \vec{a}) \cdot \vec{c} \\ &= (\vec{v} \times \vec{a}) \cdot (\vec{b} + \vec{c}) - (\vec{v} \times \vec{a}) \cdot (\vec{b} + \vec{c}) \\ &= 0.\end{aligned}$$

Assim,

$$\vec{v} = \vec{0}.$$

O leitor deve observar que também vale a distributividade à direita, isto é,

$$(\vec{b} + \vec{c}) \times \vec{a} = (\vec{b} \times \vec{a}) + (\vec{c} \times \vec{a}).$$

Para mostrar isso, observe que

$$(\vec{b} + \vec{c}) \times \vec{a} = -\vec{a} \times (\vec{b} + \vec{c}).$$

As propriedades distributivas simplificam bastante o cálculo de produtos vetoriais. Como exemplo disso, calculemos $\vec{a} \times \vec{b}$, onde

$$\vec{a} = a_1 \vec{i} + a_2 \vec{j} + a_3 \vec{k} \text{ e } b_1 \vec{i} + b_2 \vec{j} + b_3 \vec{k} = \vec{b}$$
$$\begin{aligned}\vec{a} \times \vec{b} &= (a_1 \vec{i} + a_2 \vec{j} + a_3 \vec{k}) \times (b_1 \vec{i} + b_2 \vec{j} + b_3 \vec{k}) = \\ &= a_1 b_1 \vec{i} \times \vec{i} + a_1 b_2 \vec{i} \times \vec{j} + a_1 b_3 \vec{i} \times \vec{k} + a_2 b_1 \vec{j} \times \vec{i} + \\ &+ a_2 b_2 \vec{j} \times \vec{j} + a_2 b_3 \vec{j} \times \vec{k} + a_3 b_1 \vec{k} \times \vec{i} + a_3 b_2 \vec{k} \times \vec{j} + \\ &+ a_3 b_3 \vec{k} \times \vec{k} \\ &= (a_2 b_3 - a_3 b_2) \vec{i} - (a_1 b_3 - a_3 b_1) \vec{j} + (a_1 b_2 - a_2 b_1) \vec{k}.\end{aligned}$$

Nos cálculos anteriores, levamos em conta as relações $\vec{i} \times \vec{i} = 0, \vec{i} \times \vec{j} = \vec{k}$ etc. Podemos escrever o produto vetorial dado em forma de "determinante" como:

$$\vec{a} \times \vec{b} = \begin{vmatrix} \vec{i} & \vec{j} & \vec{k} \\ a_1 & a_2 & a_3 \\ b_1 & b_2 & b_3 \end{vmatrix}.$$

Desenvolvendo o "determinante" mostrado, segundo os elementos da primeira linha, obtemos a expressão encontrada anteriormente para $\vec{a} \times \vec{b}$. O leitor deve, no entanto, ter em mente que nem todas as propriedades de determinante são válidas nesse caso; por exemplo, não tem sentido adicionar a segunda linha à primeira, entretanto, é conveniente calcular o produto vetorial como o determinante simbólico dado.

Exemplo 1.6

$$(2\vec{i} - \vec{j} + \vec{k}) \times (\vec{i} + \vec{j} - \vec{k}) = \begin{vmatrix} \vec{i} & \vec{j} & \vec{k} \\ 2 & -1 & 1 \\ 1 & 1 & -1 \end{vmatrix}$$

$$= \vec{i}(1-1) - \vec{j}(-2-1) + \vec{k}(2+1) =$$
$$= 3\vec{j} + 3\vec{k}.$$

Podemos também exprimir o produto misto como um determinante. Na verdade, um determinante legítimo (e não simbólico, como o obtido para o produto vetorial). Se

$$\vec{a} = a_1 \vec{i} + a_2 \vec{j} + a_3 \vec{k},$$
$$\vec{b} = b_1 \vec{i} + b_2 \vec{j} + b_3 \vec{k} \text{ e}$$
$$\vec{c} = c_1 \vec{i} + c_2 \vec{j} + c_3 \vec{k}$$

são três vetores quaisquer, então, como foi visto anteriormente,

$$\vec{b} \times \vec{c} = (b_2 c_3 - b_3 c_2)\vec{i} - (b_1 c_3 - b_3 c_1)\vec{j} + (b_1 c_2 - b_2 c_1)\vec{k}.$$

Levando-se em conta que

$$[\vec{a}, \vec{b}, \vec{c}] = \vec{a} \cdot (\vec{b} \times \vec{c}),$$

obtemos

$$[\vec{a}, \vec{b}, \vec{c}] = a_1(b_2 c_3 - b_3 c_2) - a_2(b_1 c_3 - b_3 c_1) + a_3(b_1 c_2 - b_2 c_1).$$

O leitor pode ver facilmente que a expressão anterior é o desenvolvimento do determinante

$$\begin{vmatrix} a_1 & a_2 & a_3 \\ b_1 & b_2 & b_3 \\ c_1 & c_2 & c_3 \end{vmatrix}$$

segundo os elementos da primeira linha. Assim,

$$[\vec{a}, \vec{b}, \vec{c}] = \begin{vmatrix} a_1 & a_2 & a_3 \\ b_1 & b_2 & b_3 \\ c_1 & c_2 & c_3 \end{vmatrix}.$$

A expressão dada permite ver que muitas das propriedades usuais dos determinantes (de terceira ordem) podem ser obtidas como conseqüências de propriedades análogas do produto misto. Em verdade, podemos considerar essa expressão como definição de *determinante de terceira ordem*.

Exemplo 1.7 Se duas linhas de um determinante são permutadas entre si, o sinal do determinante é trocado.

A propriedade descrita é conseqüência de que, se dois vetores em $[\vec{a},\vec{b},\vec{c}]$ são permutados entre si, o sinal do produto misto varia.

Exercícios

1. Demonstre que se $\vec{a}$ e $\vec{b}$ são vetores e x é um escalar, então
   a) $\vec{a}\times\vec{b} = -(\vec{b}\times\vec{a})$;
   b) $x(\vec{a}\times\vec{b}) = (x\vec{a})\times\vec{b} = \vec{a}\times(x\vec{b})$.

2. Demonstre que, se $\vec{a}$, $\vec{b}$, $\vec{c}$ e $\vec{d}$ são vetores quaisquer, então
$$(\vec{a}\times\vec{b})\cdot(\vec{c}\times\vec{d}) = \begin{vmatrix} \vec{a}\cdot\vec{c} & \vec{a}\cdot\vec{d} \\ \vec{b}\cdot\vec{c} & \vec{b}\cdot\vec{d} \end{vmatrix}.$$

3. Calcule o produto misto $[\vec{a},\vec{b},\vec{c}]$ para os seguintes ternos de vetores:
   a) $\vec{a} = 2\vec{i} - \vec{j} + \vec{k}$, $\vec{b} = \vec{i} - \vec{j} + \vec{k}$ e $\vec{c} = \vec{i} + 2\vec{j} - \vec{k}$;
   b) $\vec{a} = \vec{i}$, $\vec{b} = \vec{i} + 1000\vec{j}$ e $\vec{c} = 100\vec{i} - 200\vec{j}$;
   c) $\vec{a} = 2\vec{i}$, $\vec{b} = 3\vec{j}$ e $\vec{c} = 4\vec{k}$;
   d) $\vec{a} = 2\vec{i} - \vec{j} + \vec{k}$, $\vec{b} = 3\vec{i} - \vec{j} + \vec{k}$ e $\vec{c} = \vec{i} + 2\vec{j} - 3\vec{k}$.

4. Calcule o volume do paralelepípedo que tem um dos vértices no ponto $A(2, 1, 6)$ e os três vértices adjacentes nos pontos $B(4, 1, 3)$, $C(1, 3, 2)$ e $D(1, 2, 1)$.

5. Calcule os seguintes produtos vetoriais:
   a) $(\vec{i} - \vec{j} + \vec{k}) \times (2\vec{i} + \vec{j} - \vec{k})$;
   b) $(-\vec{i} + 2\vec{j} + 3\vec{k}) \times (2\vec{i} - \vec{j} + 3\vec{k})$;
   c) $(2\vec{i} - 3\vec{j} - \vec{k}) \times (-\vec{i} + \vec{j} - \vec{k})$.

6. Calcule a área do paralelogramo em que três vértices consecutivos são $A(1, 0, 1)$, $B(2, 1, 3)$ e $C(3, 2, 5)$.

7. Demonstre que $\{\vec{a},\vec{b},\vec{c}\}$ é uma base ortonormal, onde
$$\vec{a} = \frac{1}{\sqrt{6}}(\vec{i} + 2\vec{j} + \vec{k}),\ \vec{b} = \frac{1}{\sqrt{2}}(-\vec{i} + \vec{k})\ \text{e}\ \vec{c} = \frac{1}{\sqrt{3}}(\vec{i} - \vec{j} + \vec{k}).$$
Essa base é positiva ou negativa?

8. Calcule a área do triângulo com vértices $A(1, 2, 1)$, $B(3, 0, 4)$ e $C(5, 1, 3)$.

9. Determine um vetor unitário perpendicular aos vetores
$$\vec{a} = \vec{i} - 2\vec{j} + 3\vec{k} \text{ e } \vec{b} = 3\vec{i} - \vec{j} + 2\vec{k}.$$

10. Calcule os produtos $\vec{a}\cdot\vec{b}$, $\vec{b}\cdot\vec{c}$, $\vec{a}\times\vec{b}$, $\vec{a}\times\vec{c}$, $[\vec{a},\vec{b},\vec{c}]$, $(\vec{a}\times\vec{b})\times(\vec{a}\times\vec{c})$ e $(\vec{a}\times\vec{b})\cdot(\vec{a}\times\vec{c})$ quando $\vec{a} = 2\vec{i} + \vec{j} - 2\vec{k}$, $\vec{b} = 2\vec{i} - \vec{j} + 3\vec{k}$ e $\vec{c} = \vec{i} + 2\vec{j} - \vec{k}$.

11. Calcule $\|\vec{c}\|$, $\vec{a}\cdot\vec{b}$, $\|\vec{b}\times\vec{c}\|$, $[\vec{a},\vec{b},\vec{c}]$ e o ângulo entre $\vec{a}$ e $\vec{b}$, sendo
$$\vec{a} = 2\vec{i} - \vec{j} + 3\vec{k},\ \vec{b} = -\vec{i} + 3\vec{j} - 2\vec{k} \text{ e } \vec{c} = -\vec{i} + 2\vec{j} - 2\vec{k}.$$

12. Use o produto misto para demonstrar que, se duas linhas quaisquer em um determinante de terceira ordem são iguais, o valor desse determinante é zero.

13. Utilize o produto misto para mostrar que:

a) $\begin{vmatrix} xa_1 & xa_2 & xa_3 \\ b_1 & b_2 & b_3 \\ c_1 & c_2 & c_3 \end{vmatrix} = x \begin{vmatrix} a_1 & a_2 & a_3 \\ b_1 & b_2 & b_3 \\ c_1 & c_2 & c_3 \end{vmatrix};$

b) $\begin{vmatrix} a_1 + a'_1 & a_2 + a'_2 & a_3 + a'_3 \\ b_1 & b_2 & b_3 \\ c_1 & c_2 & c_3 \end{vmatrix} = \begin{vmatrix} a_1 & a_2 & a_3 \\ b_1 & b_2 & b_3 \\ c_1 & c_2 & c_3 \end{vmatrix} + \begin{vmatrix} a'_1 & a'_2 & a'_3 \\ b_1 & b_2 & b_3 \\ c_1 & c_2 & c_3 \end{vmatrix}.$

14. Demonstre que $\{\vec{a},\vec{b},\vec{c}\}$, com $\vec{a} = x\vec{i} - 2x\vec{j} + 2x\vec{k}$, $\vec{b} = 2x\vec{i} + 2x\vec{j} + x\vec{k}$ e $\vec{c} = -2x\vec{i} + x\vec{j} + 2x\vec{k}$, é uma base ortogonal se $x \neq 0$.
Para qual valor de x essa base é ortonormal? E para ser ortonormal positiva?

15. O produto vetorial é associativo? Justifique sua resposta.

16. Seja $\vec{a} = \vec{i} + 2\vec{j} - \vec{k}$ e $\vec{b} = -\vec{i} + 3\vec{k}$.
Calcule:

a) $\vec{a}\cdot\vec{b}$;
b) $\vec{a}\times\vec{b}$;
c) $\dfrac{\vec{a}}{\|\vec{a}\|}$;
d) $\|\vec{a}\times\vec{b}\|$.

17. Demonstre que $\vec{a}$ e $\vec{b}$ são linearmente independentes se, e somente se, $\vec{a}\times\vec{b} \neq \vec{0}$.

18. Escreva o vetor $\vec{v} = 6\vec{i} + \vec{j} - \vec{k}$ como combinação linear dos vetores da base $\{\vec{a},\vec{b},\vec{c}\}$ do Exercício 7.

19. Demonstre que os vetores $\vec{a}$, $\vec{b}$ e $\vec{c}$ são linearmente independentes se, e somente se, o determinante

$$\begin{vmatrix} \vec{a}\cdot\vec{a} & \vec{a}\cdot\vec{b} & \vec{a}\cdot\vec{c} \\ \vec{b}\cdot\vec{a} & \vec{b}\cdot\vec{b} & \vec{b}\cdot\vec{c} \\ \vec{c}\cdot\vec{a} & \vec{c}\cdot\vec{b} & \vec{c}\cdot\vec{c} \end{vmatrix}$$

é diferente de zero.

20. Mostre que, se uma matriz, 3×3, for triangular, seu determinante será o produto dos elementos da diagonal.

2

$$\begin{bmatrix} cos\theta & -sen\theta & 0 \\ sen\theta & cos\theta & 0 \\ 0 & 0 & \lambda \end{bmatrix}$$

Retas e Planos

Neste capítulo, usaremos nossos conhecimentos sobre vetores para resolver alguns problemas relacionados com as retas e os planos.

2.1 Coordenadas Cartesianas

No capítulo anterior, fixamos um ponto O do espaço, que chamamos origem, e três segmentos unitários, mutuamente ortogonais, OA, OB e OC, formando um triedro positivo (OA, OB, OC) (veja a Figura 2.1). Os vetores $\vec{i}=\overline{OA}$, $\vec{j}=\overline{OB}$ e $\vec{k}=\overline{OC}$, representados por esses três segmentos, formam uma base ortonormal positiva $\{\vec{i},\vec{j},\vec{k}\}$. Indicaremos por OX, OY e OZ as retas que contêm os segmentos OA, OB e OC, respectivamente.

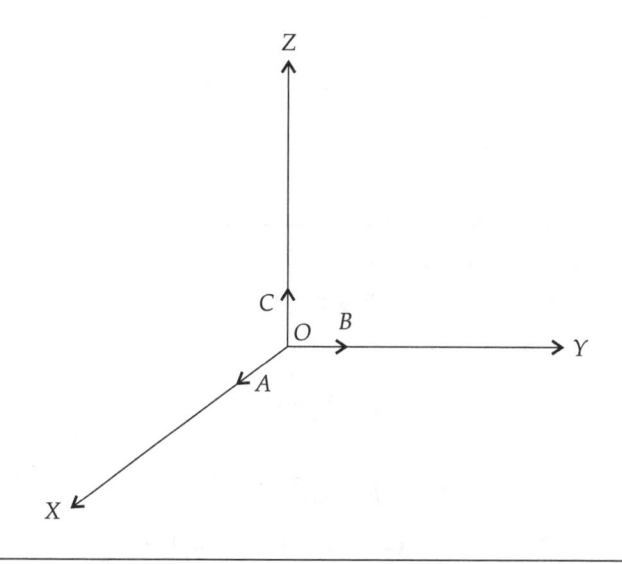

Figura 2.1

Em geral essas retas são chamadas, respectivamente, *eixo dos x, eixo dos y* e *eixo dos z*. O plano determinado pelo eixo dos *x* e o eixo dos *y* denomina-se *plano xy*; o *plano yz* é o plano que contém o eixo dos *y* e o eixo dos *z*; o *plano xz* é o que contém o eixo dos *x* e o eixo dos *z*.

A cada ponto *P* do espaço corresponde um único segmento orientado *OP*, com origem em *O*. O segmento orientado *OP* determina um único vetor $\vec{v} = \overrightarrow{OP}$, que se escreve de maneira única como uma combinação linear $\vec{v} = x\vec{i} + y\vec{j} + z\vec{k}$. Assim, a cada ponto *P* do espaço corresponde um único terno ordenado (x, y, z) de números reais. Os números reais *x*, *y* e *z* são as *coordenadas cartesianas* de *P* no sistema $O, \vec{i}, \vec{j}, \vec{k}$. Reciprocamente, a cada terno ordenado (x, y, z) de números reais corresponde um único ponto *P* do espaço, tal que $\overrightarrow{OP} = x\vec{i} + y\vec{j} + z\vec{k}$. Dessa forma, podemos representar os pontos do espaço por ternos ordenados de números reais. Portanto, se *P* satisfaz certas condições de natureza geométrica, essas condições podem ser expressas por meio de relações numéricas entre suas coordenadas *x, y* e *z*: esse é o método que utilizaremos neste e no próximo capítulo. É chamado tradicionalmente *geometria analítica*.

Exemplo 2.1 Distância entre dois pontos.

Sejam P_1 e P_2 dois pontos do espaço com coordenadas (x_1, y_1, z_1) e (x_2, y_2, z_2) respectivamente. A *distância euclidiana*, entre esses dois pontos, indicada por $d(P_1, P_2)$ é, por definição, o comprimento do segmento $P_1 P_2$. Assim, observando a Figura 2.2, vemos que

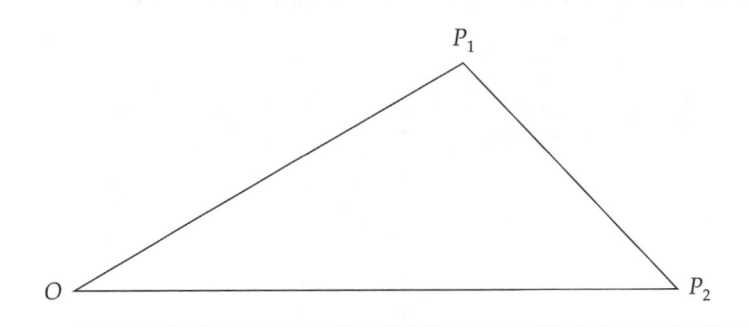

Figura 2.2

$$d(P_1, P_2) = \left\| \overrightarrow{P_1 P_2} \right\|$$

e

$$\overrightarrow{P_1 P_2} = \overrightarrow{OP_2} - \overrightarrow{OP_1}$$
$$= (x_2 - x_1)\vec{i} + (y_2 - y_1)\vec{j} +$$
$$+ (z_2 - z_1)\vec{k}.$$

Portanto (veja a Seção 1.7),

$$d(P_1, P_2) = \sqrt{\overrightarrow{P_1P_2} \cdot \overrightarrow{P_1P_2}}$$
$$= \sqrt{(x_2 - x_1)^2 + (y_2 - y_1)^2 + (z_2 - z_1)^2}.$$

2.2 Equações do Plano

Equação do Plano Determinado por três Pontos

Um dos axiomas da geometria do espaço nos diz que três pontos não-colineares

$$P_1(x_1, y_1, z_1), P_2(x_2, y_2, z_2) \text{ e } P_3(x_3, y_3, z_3)$$

determinam um plano π. Desejamos encontrar as relações que as coordenadas (x, y, z) de um ponto P devem satisfazer para que P pertença ao plano π.

Observe que P_1, P_2 e P_3 são não-colineares se, e somente se, os vetores $\overrightarrow{P_1P_2}$ e $\overrightarrow{P_1P_3}$ são linearmente independentes. Além disso, P pertence ao plano π se, e somente se, o vetor $\overrightarrow{P_1P}$ pertence ao plano gerado pelos vetores $\overrightarrow{P_1P_2}$ e $\overrightarrow{P_1P_3}$, isto é, se $\overrightarrow{P_1P}$ se escreve como uma combinação linear

$$\overrightarrow{P_1P} = p\overrightarrow{P_1P_2} + q\overrightarrow{P_1P_3}.$$

Observando que $\overrightarrow{P_1P} = \overrightarrow{OP} - \overrightarrow{OP_1}$, concluímos que P pertence a π se, e somente se, existem números reais p e q tais que

$$\overrightarrow{OP} = \overrightarrow{OP_1} + p\overrightarrow{P_1P_2} + q\overrightarrow{P_1P_3}. \tag{2.1}$$

Tendo em vista que

$$\overrightarrow{OP} = x\vec{i} + y\vec{j} + z\vec{k}$$
$$\overrightarrow{OP_1} = x_1\vec{i} + y_1\vec{j} + z_1\vec{k}$$
$$\overrightarrow{P_1P_2} = (x_2 - x_1)\vec{i} + (y_2 - y_1)\vec{j} + (z_2 - z_1)\vec{k} \text{ e}$$
$$\overrightarrow{P_1P_3} = (x_3 - x_1)\vec{i} + (y_3 - y_1)\vec{j} + (z_3 - z_1)\vec{k}$$

a Equação (2.1) se escreve, em termos de $\vec{i}$, $\vec{j}$ e $\vec{k}$, como

$$x\vec{i} + y\vec{j} + z\vec{k} = [x_1 + p(x_2 - x_1) + q(x_3 - x_1)]\vec{i}$$
$$+ [y_1 + p(y_2 - y_1) + q(y_3 - y_1)]\vec{j}$$
$$+ [z_1 + p(z_2 - z_1) + q(z_3 - z_1)]\vec{k}.$$

Assim, P pertence ao plano determinado pelos pontos P_1, P_2 e P_3 se, e somente se, existe um par (p, q) de números reais, tais que

$$\left. \begin{array}{l} x = x_1 + p(x_2 - x_1) + q(x_3 - x_1) \\ y = y_1 + p(y_2 - y_1) + q(y_3 - y_1) \\ z = z_1 + p(z_2 - z_1) + q(z_3 - z_1). \end{array} \right\} \quad (2.2)$$

Essas são as *equações paramétricas do plano* π.

Elas mostram que a cada ponto P de π corresponde um par ordenado (p, q) de números reais e, reciprocamente, a cada par ordenado (p, q) de números reais corresponde um ponto P do plano π. Os números p e q são os *parâmetros* do ponto P.

Exemplo 2.2 O plano que passa pelos pontos $P_1(1,0,1)$, $P_2(0,1,1)$ e $P_3(1,2,1)$ tem as equações paramétricas

$$x = 1 + p(0-1) + q(1-1) = 1 - p$$
$$y = 0 + p(1-0) + q(2-0) = p + 2q$$
$$z = 1 + p(1-1) + q(1-1) = 1.$$

É possível, também, usar o produto misto para obter uma condição necessária e suficiente para que um ponto P pertença ao plano π. Observemos que P, P_1, P_2 e P_3 são coplanares se, e somente se, os vetores $\overrightarrow{P_1P}$, $\overrightarrow{P_1P_2}$ e $\overrightarrow{P_1P_3}$ são linearmente dependentes. Sabemos também (Seção 1.9) que esses três vetores são linearmente dependentes se, e somente se, $\left[\overrightarrow{P_1P}, \overrightarrow{P_1P_2}, \overrightarrow{P_1P_3} \right] = 0$. Assim, uma condição necessária e suficiente para que um ponto P pertença ao plano determinado pelos pontos P_1, P_2 e P_3 é que

$$\left[\overrightarrow{P_1P}, \overrightarrow{P_1P_2}, \overrightarrow{P_1P_3} \right] = 0.$$

Em termos das coordenadas dos pontos P, P_1, P_2 e P_3, a condição dada anteriormente se escreve como

$$\begin{vmatrix} x - x_1 & y - y_1 & z - z_1 \\ x_2 - x_1 & y_2 - y_1 & z_2 - z_1 \\ x_3 - x_1 & y_3 - y_1 & z_3 - z_1 \end{vmatrix} = 0$$

que podemos ainda escrever como

$$a_1 x + a_2 y + a_3 z + d = 0, \quad (2.3)$$

onde

$$a_1 = (y_2 - y_1)(z_3 - z_1) - (y_3 - y_1)(z_2 - z_1)$$
$$a_2 = -(x_2 - x_1)(z_3 - z_1) + (x_3 - x_1)(z_2 - z_1)$$
$$a_3 = (x_2 - x_1)(y_3 - y_1) - (x_3 - x_1)(y_2 - y_1)$$

e

$$d = -(a_1 x_1 + a_2 y_1 + a_3 z_1).$$

A Equação (2.3) chama-se *equação cartesiana do plano*. Observe que essa equação é linear, isto é, envolve apenas termos de primeiro grau em x, y e z.

Exemplo 2.3 A equação cartesiana do plano que passa pelos pontos $P_1(1, 0, 1)$, $P_2(1, 1, 0)$ e $P_3(2, 2, 2)$.

$$\begin{vmatrix} x-1 & y-0 & z-1 \\ 1-1 & 1-0 & 0-1 \\ 2-1 & 2-0 & 2-1 \end{vmatrix} = \begin{vmatrix} x-1 & y & z-1 \\ 0 & 1 & -1 \\ 1 & 2 & 1 \end{vmatrix} = 0$$

que pode ser escrita como

$$3x - y - z - 2 = 0.$$

Equação Normal do Plano

Um vetor $\vec{a} = a_1\vec{i} + a_2\vec{j} + a_3\vec{k}$ é *perpendicular* ou *normal* a um plano π se, e somente se, $\vec{a}$ é perpendicular a todos os vetores que possuem representantes no plano π.

Seja $\vec{a}$ um vetor não-nulo, normal ao plano π (veja a Figura 2.3) e o P_0 um ponto de π. Um ponto $P(x, y, z)$ pertence ao plano π se, e somente se, o vetor $\overrightarrow{P_0 P}$ é perpendicular ao vetor $\vec{a}$. Assim, uma condição necessária e suficiente para que um ponto P pertença ao plano π é que $\vec{a} \cdot \overrightarrow{P_0 P} = 0$ (equação normal do plano).

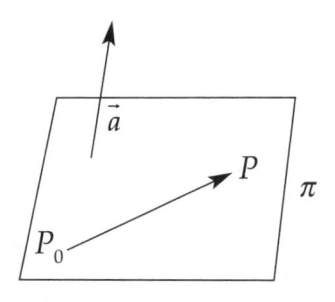

Figura 2.3

Desde que

$$\vec{a} = a_1\vec{i} + a_2\vec{j} + a_3\vec{k}$$

e

$$\overrightarrow{P_0P} = (x-x_0)\vec{i} + (y-y_0)\vec{j} + (z-z_0)\vec{k},$$

então,

$$\vec{a} \cdot \overrightarrow{P_0P} = a_1(x-x_0) + a_2(y-y_0) + a_3(z-z_0).$$

Assim, P pertence a π se, e somente se, suas coordenadas x, y e z satisfazem à equação

$$a_1 x + a_2 y + a_3 z + d = 0,$$

onde

$$d = -(a_1 x_0 + a_2 y_0 + a_3 z_0).$$

Exemplo 2.4 A equação cartesiana do plano que contém o ponto $P_0(1,-1,2)$ e é perpendicular ao vetor $\vec{a} = 2\vec{i} - 3\vec{j} + \vec{k}$ é

$$2(x-1) - 3(y+1) + 1(z-2) = 0,$$

isto é,

$$2x - 3y + z - 7 = 0.$$

Plano Determinado por um Ponto e dois Vetores

Consideremos um ponto $P_0(x_0, y_0, z_0)$ e dois vetores $\vec{a} = a_1\vec{i} + a_2\vec{j} + a_3\vec{k}$, $\vec{b} = b_1\vec{i} + b_2\vec{j} + b_3\vec{k}$. Sejam P_0P_1 e P_0P_2 os representantes (com origem em P_0) dos vetores $\vec{a}$ e $\vec{b}$, respectivamente. Se os vetores $\vec{a}$ e $\vec{b}$ são linearmente independentes, existe um único plano π que contém os segmentos P_0P_1 e P_0P_2.

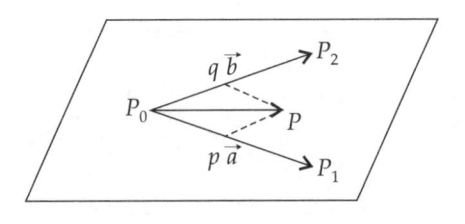

Figura 2.4

Um ponto $P(x,y,z)$ pertence ao plano π se, e somente se, o vetor $\overrightarrow{P_0P}$ se escreve como uma combinação linear (veja a Figura 2.4)

$$\overrightarrow{P_0P} = p\vec{a} + q\vec{b}$$

dos vetores $\vec{a}$ e $\vec{b}$. Observando que $\overrightarrow{P_0P} = \overrightarrow{OP} - \overrightarrow{OP_0}$, podemos escrever

$$\overrightarrow{OP} = \overrightarrow{OP_0} + p\vec{a} + q\vec{b}.$$

Assim, $\overrightarrow{OP}$ se escreve, em termos dos vetores $\vec{i}$, $\vec{j}$ e $\vec{k}$, como

$$\overrightarrow{OP} = x\vec{i} + y\vec{j} + z\vec{k} = (x_0 + pa_1 + qb_1)\vec{i}$$
$$+ (y_0 + pa_2 + qb_2)\vec{j}$$
$$+ (z_0 + pa_3 + qb_3)\vec{z},$$

ou seja,

$$x = x_0 + pa_1 + qb_1$$
$$y = y_0 + pa_2 + qb_2$$
$$z = z_0 + pa_3 + qb_3$$

que são as equações paramétricas do plano π. Elas fazem corresponder a cada ponto P do plano π um par ordenado (p, q) de números reais. Por exemplo, os pontos P_0, P_1 e P_2 correspondem aos pares $(0, 0)$, $(1, 0)$ e $(0, 1)$, respectivamente.

Para obter a equação cartesiana de π, procederemos da seguinte maneira: observemos que o vetor $\vec{a} \times \vec{b}$ é perpendicular aos vetores $\vec{a}$ e $\vec{b}$ e, portanto, $\vec{a} \times \vec{b}$ é um vetor normal ao plano π. Poderemos, assim, obter facilmente essa equação. Note que P pertence a π se, e somente se,

$$\overrightarrow{P_0P} \cdot (\vec{a} \times \vec{b}) = \begin{vmatrix} x-x_0 & y-y_0 & z-z_0 \\ a_1 & a_2 & a_3 \\ b_1 & b_2 & b_3 \end{vmatrix} = 0.$$

Desse modo, a equação cartesiana de π é

$$c(x - x_0) + d(y - y_0) + e(z - z_0) + 0$$

sendo

$$c = a_2 b_3 - a_3 b_2, \; d = -(a_1 b_3 - a_3 b_1), \; e = a_1 b_2 - a_2 b_1.$$

Exemplo 2.5 Determinar a equação do plano que passa pelo ponto $P_0(1,2,1)$ e é paralelo aos vetores $\vec{a} = 2\vec{i} + \vec{j} - \vec{k}$ e $\vec{b} = \vec{i} + \vec{j} - 2\vec{k}$.

Podemos resolver esse problema de duas maneiras. Um $P(x,y,z)$ pertence a esse plano se, e somente se,

$$[\overrightarrow{P_0P}, \vec{a}, \vec{b}] = \begin{vmatrix} x-1 & y-2 & z-1 \\ 2 & 1 & -1 \\ 1 & 1 & -2 \end{vmatrix}$$
$$= -1(x-1) + 3(y-2) + 1(z-1) = 0.$$

Portanto, a equação é:

$$x - 3y - z + 6 = 0.$$

A segunda maneira de resolver esse problema é calcular

$$\vec{a} \times \vec{b} = \begin{vmatrix} \vec{i} & \vec{j} & \vec{k} \\ 2 & 1 & -1 \\ 1 & 1 & -2 \end{vmatrix} = -\vec{i} + 3\vec{j} + \vec{k}$$

e observar que $\vec{a} \times \vec{b}$ é um vetor normal ao plano que passa por $P_0(1,2,1)$. Assim, temos a equação,

$$-1(x-1) + 3(y-2) + 1(z-1) = 0.$$

Ou seja,

$$x - 3y - z + 6 = 0.$$

Exercícios

1. Calcule a distância entre os pontos:
   a) $P_1(1,2,0)$ e $P_2(0,1,1)$
   b) $P_1(0,1,\sqrt{2})$ e $P_2(1,0,0)$
   c) $P_1(1,\text{sen}\,\theta,0)$ e $P_2(1,0,\cos\theta)$.
2. Demonstre que, se P_1, P_2 e P_3 são três pontos quaisquer, então
$$d(P_1,P_2) \leq d(P_1,P_3) + d(P_2,P_3).$$
3. Ache a equação do plano que passa pelos pontos $A(1,0,2)$, $B(1,2,3)$ e $C(0,1,2)$.
4. Demonstre que os pontos $P_1(1,2,1)$, $P_2(2,3,1)$ e $P_3(0,-2,4)$ determinam um plano e ache a equação desse plano.
5. Ache a equação do plano que passa por $P_0(5,1,2)$ e é perpendicular ao vetor $\vec{i} + 2\vec{j} + 3\vec{k}$.
6. Encontre a equação do plano que passa por $P_0(1,2,1)$ e é perpendicular ao vetor $\vec{a} = \vec{i} - 2\vec{j} + 3\vec{k}$.

7. Encontre um vetor unitário normal ao plano de equação
$$x - y + \sqrt{2}z + 1 = 0.$$

8. Encontre a equação do plano que passa por $P_1(1,2,1)$ e é perpendicular ao segmento P_1P_2, onde $P_2(0,-1,2)$.

9. Dados os pontos $A(2,1,6)$ e $B(-4,3,3)$, encontre a equação do plano que passa por A e é perpendicular à reta determinada por A e B.

10. Sejam $P_1(1,0,1)$, $P_2(0,1,1)$, $P_3(1,2,1)$ e $P(-1,4,1)$.
    a) Demonstre que esses quatro pontos são coplanares, mas não colineares.
    b) Escreva o vetor $\overrightarrow{P_1P}$ como uma combinação linear dos vetores $\overrightarrow{P_1P_2}$ e $\overrightarrow{P_1P_3}$.

11. Encontre a equação do plano que passa por $A(1,-2,1)$ e é paralelo aos vetores $\vec{i}+2\vec{j}+3\vec{k}$ e $2\vec{i}-\vec{j}+\vec{k}$.

12. Ache a equação do plano que passa por $Q(1,0,2)$ e é paralelo ao plano $2x - y + 5z - 3 = 0$.

13. Ache a equação do plano que passa pelos pontos $A(1, 0, 0)$, $B(0, 1, 0)$ e $C(0, 0, 1)$.

14. Considere os vetores $\vec{a} = \vec{i}+3\vec{j}+2\vec{k}$, $\vec{b} = 2\vec{i}-\vec{j}+\vec{k}$ e $\vec{c} = \vec{i}-2\vec{j}$. Seja π um plano paralelo aos vetores $\vec{b}$ e $\vec{c}$ e r uma reta perpendicular ao plano π. Ache a projeção ortogonal do vetor $\vec{a}$ sobre a reta r.

15. Encontre um vetor unitário, normal ao plano que passa pelos pontos $A(1, 0, 0)$, $B(0, 2, 0)$ e $C(0, 0, 3)$.

16. Determine a equação do plano que passa pelo ponto $A(2, 1, 0)$ e é perpendicular aos planos
$$x + 2y - 3z + 2 = 0 \text{ e } 2x - y + 4z - 1 = 0.$$

17. Encontre a equação do plano que passa pelos pontos $A(1, 0, 0)$, $B(1, 0, 1)$ e é perpendicular ao plano $y = z$.

18. Seja $ax + by + cz + d = 0$ a equação de um plano π que não passa pela origem e corta os três eixos.
    a) Determine a interseção de π com os eixos.
    b) Se $P_1(p_1,0,0)$, $P_2(0,p_2,0)$ e $P_3(0,0,p_3)$ são os pontos de interseção de π com os eixos, a equação de π pode ser posta sob a forma
    $$\frac{x}{p_1} + \frac{y}{p_2} + \frac{z}{p_3} = 1.$$
    c) Ache o ponto de interseção do plano $2x + y - z - 3 = 0$ com os eixos OX, OY e OZ.
    d) Determine a equação do plano que passa pelos pontos $A(1, 0, 0)$, $B(0, 2, 0)$ e $C(0, 0, 3)$.

2.3 Ângulo entre dois Planos

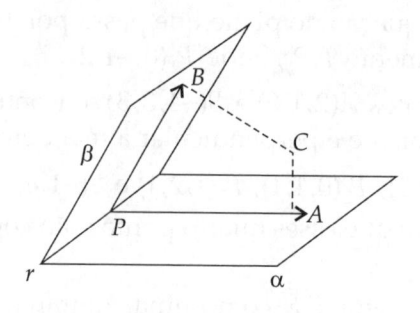

Figura 2.5

Consideremos dois planos quaisquer, α e β. O ângulo entre α e β, indicado por (α, β) é zero se α e β forem paralelos ou coincidentes. Se esses planos não forem paralelos, eles se cortam segundo uma reta r (veja a Figura 2.5).

Trace por um ponto P de r os segmentos orientados PA e PB, perpendiculares à reta r e contidos nos planos α e β, respectivamente. O ângulo (α, β), entre o plano α e o plano β, é definido como o menor ângulo positivo cujo co-seno é igual a

$$|\cos(PA, PB)|.$$

Sejam

$$a_1 x + a_2 y + a_3 z + d = 0$$

e

$$b_1 x + b_2 y + b_3 z + e = 0$$

as equações dos planos α e β, respectivamente. Queremos achar o ângulo entre esses planos. Observe que (Seção 2.2) os vetores

$$\vec{a} = a_1 \vec{i} + a_2 \vec{j} + a_3 \vec{k}$$

e

$$\vec{b} = b_1 \vec{i} + b_2 \vec{j} + b_3 \vec{k}$$

são perpendiculares aos planos α e β, respectivamente. Tracemos por A a perpendicular ao plano α e por B a perpendicular ao plano β. Essas perpendiculares se encontram em um ponto C. Assim, os ângulos (PA, PB) e (CA, CB) são suplementares, logo,

$$\cos(\alpha, \beta) = |\cos(PA, PB)| = |\cos(CA, CB)|. \tag{2.4}$$

Além disso, os vetores $\vec{a}$ e $\vec{b}$ possuem representantes nas retas que passam por CA e CB, respectivamente, pois $\vec{a}$ e $\overrightarrow{CA}$ são ambos perpendiculares ao plano α; $\vec{b}$ e $\overrightarrow{CB}$ são ambos perpendiculares ao plano β. Portanto, os ângulos (CA,CB) e $(\vec{a},\vec{b})$ são iguais ou são suplementares. Vemos assim, que

$$|\cos(CA,CB)| = |\cos(\vec{a},\vec{b})|. \qquad (2.5)$$

Lembrando que

$$\cos(\vec{a},\vec{b}) = \frac{\vec{a}\cdot\vec{b}}{\|\vec{a}\|\cdot\|\vec{b}\|},$$

as igualdades (2.4) e (2.5) nos permitem concluir que

$$\cos(\alpha,\beta) = \frac{\vec{a}\cdot\vec{b}}{\|\vec{a}\|\cdot\|\vec{b}\|} = \frac{|a_1 b_1 + a_2 b_2 + a_3 b_3|}{\sqrt{a_1^2 + a_2^2 + a_3^2}\cdot\sqrt{b_1^2 + b_2^2 + b_3^2}}.$$

Observe que essa fórmula é válida mesmo no caso em que os planos α e β são paralelos, pois, nesse caso, $\vec{a}$ e $\vec{b}$ são colineares, isto é, $\vec{b} = x\vec{a}$; portanto

$$|\vec{a}\cdot\vec{b}| = |x|\|\vec{a}\|^2 = \|\vec{a}\|\|\vec{b}\|, \text{ e } \cos(\alpha,\beta) = 1.$$

Exemplo 2.6 Determinar o ângulo entre os planos cujas equações são

$$x+y+z=0 \text{ e } x-y-z=0.$$

Sabemos que os vetores normais a esses planos são

$$\vec{a} = \vec{i}+\vec{j}+\vec{k} \text{ e } \vec{b} = \vec{i}-\vec{j}-\vec{k}.$$

Assim, o ângulo procurado, θ, é dado por

$$\cos\theta = |\cos(\vec{a},\vec{b})| = \frac{|\vec{a}\cdot\vec{b}|}{\|\vec{a}\|\|\vec{b}\|} = \frac{1}{\sqrt{3}\cdot\sqrt{3}} = \frac{1}{3}.$$

Exercícios

1. Ache o ângulo entre os planos $-y+1=0$ e $y+z+2=0$.
2. Seja α o plano que passa pelos pontos $A(1,1,1)$, $B(1,0,1)$, $C(1,1,0)$ e β o plano que passa pelos pontos $P(0,0,1)$, $Q(0,0,0)$ e é paralelo ao vetor $\vec{i}+\vec{j}$. Ache o ângulo entre α e β.
3. Encontre o ângulo entre o plano $2x-y+z=0$ e o plano que passa pelo ponto $P(1,2,3)$ e é perpendicular ao vetor $\vec{i}-2\vec{j}+\vec{k}$.
4. Calcule o ângulo entre os planos $2x+y-3z+1=0$ e $3x-y-2z-3=0$.
5. Encontre o ângulo entre os planos $3x+4y=0$ e $x-4y+5z-2=0$.

6. Calcule os ângulos entre os planos diagonais (planos determinados pelas arestas opostas) do paralelepípedo em que quatro vértices consecutivos são $O(0,0,0)$, $A(1,0,0)$, $B(1,1,0)$ e $C(0,1,1)$.

2.4 Equações de uma Reta

Um dos axiomas da geometria euclidiana diz que dois pontos distintos $P_1(x_1,y_1,z_1)$ e $P_2(x_2,y_2,z_2)$ determinam uma reta r. Um ponto $P(x,y,z)$ pertence à reta r se, e somente se, os vetores $\overrightarrow{P_1P}$ e $\overrightarrow{P_1P_2}$ são linearmente dependentes. Portanto (veja a Figura 2.6), o ponto P pertence a r se, e somente se, existe um escalar t tal que $\overrightarrow{P_1P} = t\overrightarrow{P_1P_2}$. Observando que $\overrightarrow{P_1P} = \overrightarrow{OP} - \overrightarrow{OP_1}$, obtemos a equação vetorial de r:

$$\overrightarrow{OP} = \overrightarrow{OP_1} + t\overrightarrow{P_1P_2}. \qquad (2.6)$$

Em termos dos vetores $\vec{i}, \vec{j}, \vec{k}$, a equação anterior se escreve como

$$x\vec{i} + y\vec{j} + z\vec{k} = [x_1 + t(x_2 - x_1)]\vec{i} + [y_1 + t(y_2 - y_1)]\vec{j} + [z_1 + t(z_2 - z_1)]\vec{k}$$

e daí obtemos as *equações paramétricas* de r

$$\begin{aligned} x &= x_1 + t(x_2 - x_1) \\ y &= y_1 + t(y_2 - y_1) \\ z &= z_1 + t(z_2 - z_1). \end{aligned} \qquad (2.7)$$

O leitor deve observar que a cada escalar t corresponde um ponto da reta r e, reciprocamente, a cada ponto P de r, corresponde um número real t. Por exemplo, se $t = 0$, daí $P = P_1$. Se $0 < t < 1$, então o ponto P está entre P_1 e P_2. Se $t < 0$, então P_1 está entre P e P_2 e, se $t > 1$, então o ponto P_2 está entre P_1 e P.

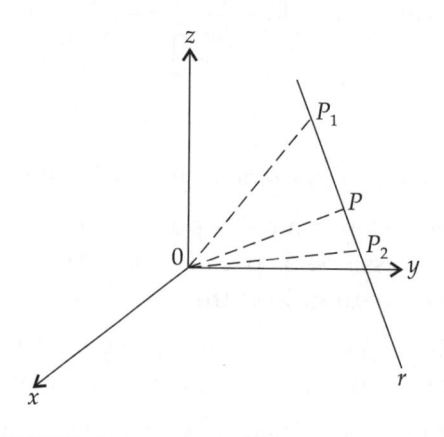

Figura 2.6

Observe que o segmento P_1P_2 é paralelo ao plano yz se, e somente se, $x_1 = x_2$; é paralelo ao plano xz se, e somente se, $y_1 = y_2$; é paralelo ao plano xy se, e somente se, $z_1 = z_2$. Assim, se a reta r não é paralela a nenhum dos planos citados, sua equação pode ser posta na *forma simétrica*:

$$\frac{x-x_1}{x_2-x_1} = \frac{y-y_1}{y_2-y_1} = \frac{z-z_1}{z_2-z_1}. \quad (2.8)$$

Exemplo 2.7 Encontrar a equação da reta que passa pelos pontos $P_1(1,2,3)$ e $P_2(2,3,4)$.

Como P_1P_2 não é paralelo a nenhum dos planos xy, xz e yz, obtemos as equações simétricas

$$\frac{x-1}{2-1} = \frac{y-2}{3-2} = \frac{z-3}{4-3},$$

isto é

$$x-1 = y-2 = z-3.$$

Exemplo 2.8 Achar as equações da reta que passa pelos pontos $A(1,0,1)$ e $B(1,2,3)$.

Essa reta é paralela ao plano yz, portanto, suas equações não podem ser postas na forma simétrica. Suas equações paramétricas são

$$x = 1 + t(1-1) = 1$$
$$y = 0 + t(2-0) = 2t$$
$$z = 1 + t(3-1) = 1 + 2t.$$

Observe que essa reta situa-se no plano $x = 1$.

Se uma reta r está situada sobre o plano xy e passa pelos pontos $P_1(x_1, y_1, 0)$ e $P_2(x_2, y_2, 0)$, suas equações paramétricas são

$$x = x_1 + t(x_2 - x_1)$$
$$y = y_1 + t(y_2 - y_1)$$
$$z = 0.$$

Desde que r não pode (estando sobre xy) ser paralela simultaneamente aos planos xz e yz, podemos sempre eliminar t nas equações dadas. Por exemplo, se $x_2 - x_1 \neq 0$, então da primeira equação resulta que:

$$t = \frac{x - x_1}{x_2 - x_1}$$

e, substituindo na segunda equação, obtemos

$$y = \frac{y_2 - y_1}{x_2 - x_1} x + y_1 - x_1 \frac{y_2 - y_1}{x_2 - x_1},$$

isto é,

$$y = ax + b,$$

onde

$$a = \frac{y_2 - y_1}{x_2 - x_1} \text{ e } b = y_1 - x_1 \cdot \frac{y_2 - y_1}{x_2 - x_1}.$$

Assim, a equação de uma reta do plano xy é da forma

$$y = ax + b,$$
$$z = 0.$$

O leitor, possivelmente, aprendeu em geometria analítica plana que a equação da reta é da forma $y = ax + b$. Devemos, porém, chamar sua atenção para o seguinte fato: em geometria analítica no espaço, a equação $y = ax + b$ é a equação do plano que passa pela reta $y = ax + b$, $z = 0$ e é paralela ao eixo dos z. Resumindo: a geometria analítica plana que o leitor aprendeu é a geometria dos objetos situados no plano $z = 0$.

Exemplo 2.9 Encontrar a equação da reta que passa pelo ponto $P_1(x_1, y_1, z_1)$ e é paralela ao vetor $\vec{a} = a_1 \vec{i} + a_2 \vec{j} + a_3 \vec{k}$.

Um ponto $P(x, y, z)$ pertence a essa reta se, e somente se, os vetores $\overrightarrow{P_1P}$ e $\vec{a}$ são paralelos. Assim, a equação é $\overrightarrow{P_1P} = t\vec{a}$, ou seja,

$$\overrightarrow{OP} = \overrightarrow{OP_1} + t\vec{a}$$

e as equações paramétricas são

$$x = x_1 + ta_1$$
$$y = y_1 + ta_2$$
$$z = z_1 + ta_3.$$

Portanto, as equações paramétricas da reta que passa por $P_1(1, 0, 2)$ e é paralela ao vetor $\vec{a} = 2\vec{i} - \vec{j} + \vec{k}$ são

$$x = 1 + 2t$$
$$y = 0 - 1t = -t$$
$$z = 2 + 1t = 2 + t.$$

Exemplo 2.10 Achar a equação da reta que passa pelo ponto $P_1(x_1, y_1, z_1)$ e é perpendicular ao plano $ax + by + cz + d = 0$.

O vetor $\vec{v} = a\vec{i} + b\vec{j} + c\vec{k}$ é perpendicular ao plano $ax + by + cz + d = 0$. Portanto, a reta em questão é paralela ao vetor $\vec{v}$. As equações paramétricas dessa reta são (veja o Exemplo 2.9)

$$x = x_1 + ta$$
$$y = y_1 + tb$$
$$z = z_1 + tc.$$

Uma reta r pode também ser obtida como a interseção de dois planos não-paralelos (nem iguais) α e β.

Se o plano α é dado pela equação

$$a_1 x + a_2 y + a_3 z + c = 0$$

e o plano β pela equação

$$b_1 x + b_2 y + b_3 z + d = 0,$$

então os vetores $\vec{a} = a_1\vec{i} + a_2\vec{j} + a_3\vec{k}$ e $\vec{b} = b_1\vec{i} + b_2\vec{j} + b_3\vec{k}$ são normais aos planos α e β, respectivamente. Portanto, os planos α e β são paralelos (ou iguais) se, e somente se, os vetores $\vec{a}$ e $\vec{b}$ são paralelos (veja a Figura 2.7). Assim, α e β são iguais ou paralelos se, e somente se, existir um escalar s tal que $\vec{a} = s\vec{b}$. Em termos das coordenadas, a condição $\vec{a} = s\vec{b}$ pode ser expressa como

$$a_1 = sb_1, \ a_2 = sb_2 \ \text{e} \ a_3 = sb_3.$$

Observe que, se $\vec{a}$ e $\vec{b}$ não são paralelos, então $\vec{a} \times \vec{b}$ é um vetor não-nulo perpendicular aos vetores $\vec{a}$ e $\vec{b}$.

Note, também, que a reta r, interseção dos planos α e β, é perpendicular aos vetores $\vec{a}$ e $\vec{b}$. Dessa forma, a reta r é paralela ao vetor $\vec{a} \times \vec{b}$.

No Capítulo 5, estudaremos um método para resolver sistemas de equações lineares. Em particular, poderemos encontrar as equações paramétricas da reta interseção dos planos α e β.

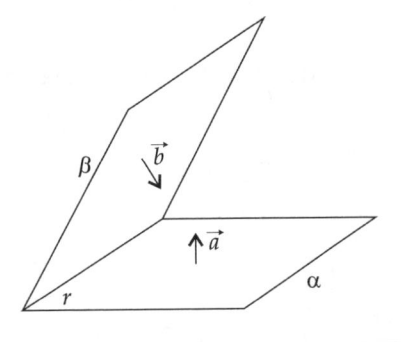

Figura 2.7

Observe que, se conhecermos um ponto de r, podemos obter suas equações paramétricas pelo método do Exemplo 2.9, desde que já saibamos que $\vec{a} \times \vec{b}$ é paralelo à reta.

Exemplo 2.11 Encontrar as equações paramétricas da reta r, dada como interseção dos planos

$$3x - y + z = 0$$
$$x + 2y - z = 0.$$

Os vetores normais a esses planos são

$$\vec{a} = 3\vec{i} - \vec{j} + \vec{k}$$

e

$$\vec{b} = \vec{i} + 2\vec{j} - \vec{k},$$

então

$$\vec{a} \times \vec{b} = \begin{vmatrix} \vec{i} & \vec{j} & \vec{k} \\ 3 & -1 & 1 \\ 1 & 2 & -1 \end{vmatrix} = (1-2)\vec{i} - (-3-1)\vec{j} + (6+1)\vec{k}$$

$$= -\vec{i} + 4\vec{j} + 7\vec{k}.$$

Assim, $\vec{a} \times \vec{b} \neq \vec{0}$ e, portanto, os planos se interceptam segundo uma reta r, paralela ao vetor $\vec{a} \times \vec{b}$. Além disso, os dois planos passam pela origem (pois $x = y = z = 0$ é solução do sistema anterior). Portanto, r passa pela origem. Vemos, então (Exemplo 2.9), que as equações paramétricas de r são

$$x = 0 - 1t = -t$$
$$y = 0 + 4t = 4t$$
$$z = 0 + 7t = 7t.$$

Exemplo 2.12 Encontrar a equação do plano que contém a reta r dada pelas equações

$$2x - y + z = 0$$
$$x + 2y - z = 0 \qquad (2.9)$$

e passa pelo ponto $A(1, 2, 1)$.

Para cada escalar t,

$$(2x - y + z) + t(x + 2y - z) = 0 \qquad (2.10)$$

ou seja,
$$1 + 4t = 0.$$
Portanto, $t = -\dfrac{1}{4}$ e a equação do plano procurado é
$$7x - 6y + 5z = 0.$$

Exercícios

1. Qual dos seguintes pares de planos se corta segundo uma reta?

   a) $\begin{cases} x + 2y - 3z - 4 = 0 \\ x - 4y + 2z + 1 = 0 \end{cases}$

   b) $\begin{cases} 2x - y + 4z + 3 = 0 \\ 4x - 2y + 8z = 0 \end{cases}$

2. Qual dos seguintes pares de equações representa uma reta?

   a) $\begin{cases} x - y = 0 \\ y - z = 0 \end{cases}$ b) $\begin{cases} x + y - 2z = 1 \\ x + y - 2z = 2 \end{cases}$ c) $\begin{cases} 2x - y + z = 2 \\ 6x - 3y + 3z = 6 \end{cases}$

3. Seja $A(1,0,2)$ e $B(2,1,0)$. Qual é o ponto que divide o segmento AB na razão de 3 para 4?

4. Ache as equações simétricas e paramétricas da reta que passa pelos pontos $A(0,1,2)$ e $B(1,2,1)$.

5. Quais são as equações da reta que passa pelos pontos $P_1(1,2,3)$ e $P_2(2,3,4)$?

6. Ache as equações da reta que passa pelo ponto $A(0,1,2)$ e é paralela ao vetor $\vec{i} + 2\vec{j} - \vec{k}$.

7. Encontre as equações da reta que passa pelo ponto $Q(1,2,1)$ e é perpendicular ao plano $x - y + 2z - 1 = 0$.

8. Ache a equação da reta que passa pelo ponto $A(1,0,1)$ e é paralela aos planos $2x + 3y + z + 1 = 0$ e $x - y + z = 0$.

9. Seja r a reta determinada pela interseção dos planos $x + y - z = 0$ e $2x - y + 3z - 1 = 0$. Ache a equação do plano que passa pelo ponto $A(1,0,-1)$ e contém a reta r.

2.5 Ângulo entre duas Retas

Sejam r_1 e r_2 duas retas quaisquer do espaço. Pode ocorrer um dos três casos:

1. As retas r_1 e r_2 se interceptam em um ponto.
2. As retas r_1 e r_2 são paralelas (ou iguais).

3. As retas r_1 e r_2 não são paralelas nem se interceptam em um ponto; nesse caso, diremos que essas retas são *reversas*.

No primeiro caso (veja a Figura 2.8), as retas r_1 e r_2 determinam quatro ângulos, dois a dois opostos pelo vértice. O ângulo entre r_1 e r_2, indicado por (r_1, r_2), é, por definição, o menor desses ângulos.

Se as retas r_1 e r_2 são paralelas ou iguais, então diremos que o ângulo entre elas é zero.

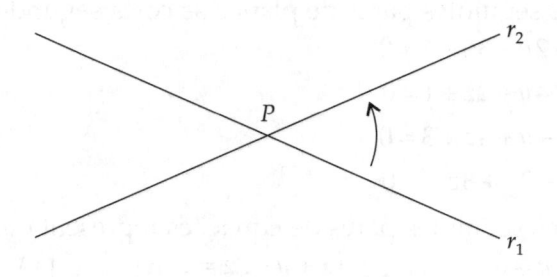

Figura 2.8

Se as retas r_1 e r_2 são reversas, escolha um ponto qualquer P de r_1 e trace por P a reta r_2', paralela a r_2. O ângulo entre r_1 e r_2 será, por definição, o ângulo entre as retas r_1 e r_2'. Vê-se facilmente que esse ângulo não depende da escolha do ponto P (veja a Figura 2.9).

Observe que se os vetores $\vec{v_1}$ e $\vec{v_2}$ são paralelos às retas r_1 e r_2, respectivamente, então em qualquer dos três casos anteriores, temos

$$\cos(r_1, r_2) = |\cos(\vec{v_1}, \vec{v_2})| = \frac{|\vec{v_1} \cdot \vec{v_2}|}{\|\vec{v_1}\|\|\vec{v_2}\|}.$$

Exemplo 2.13 Achar o ângulo entre a reta r_1 determinada pela interseção dos planos

$$x + y - z + 1 = 0$$
$$2x - y + z = 0$$

e a reta r_2 cujas equações paramétricas são

$$x = 2t$$
$$y = 1 - t$$
$$z = 2 + 3t.$$

Devemos encontrar vetores paralelos a essas retas. O vetor $\vec{c}=\vec{i}+\vec{j}-\vec{k}$ é normal ao plano $x+y-z+1=0$ e o vetor $\vec{b}=2\vec{i}-\vec{j}+\vec{k}$ é normal ao plano $2x-y+z=0$. Portanto, o vetor

$$\vec{a}\times\vec{b}=\begin{vmatrix} \vec{i} & \vec{j} & \vec{k} \\ 1 & 1 & -1 \\ 2 & -1 & 1 \end{vmatrix}$$

$$=-3(\vec{j}+\vec{k})$$

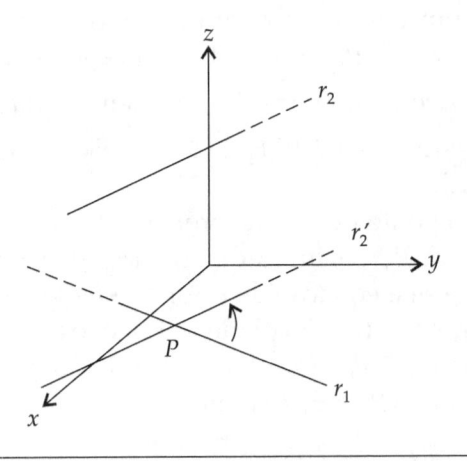

Figura 2.9

é paralelo à reta r_1. Assim, o vetor $\vec{v_1}=\vec{j}+\vec{k}$ é paralelo à reta r_1. O vetor $\vec{v_2}=2\vec{i}-\vec{j}+3\vec{k}$ é paralelo à reta r_2 (veja o Exemplo 2.9). Portanto,

$$\cos(r_1,r_2)=\left|\cos(\vec{v_1},\vec{v_2})\right|$$

$$=\frac{|\vec{v_1}\cdot\vec{v_2}|}{\|\vec{v_1}\|\|\vec{v_2}\|}$$

$$=\frac{|0\cdot 2+1(-1)+1\cdot 3|}{\sqrt{0^2+1^2+1^2}\sqrt{2^2+(-1)^2+3^2}}$$

$$=\frac{2}{\sqrt{2}\cdot\sqrt{14}}=\frac{1}{\sqrt{7}}.$$

2.6 Distância de um Ponto a um Plano

Sejam $P_0(x_0,y_0,z_0)$ um ponto qualquer e α um plano (veja a Figura 2.10).

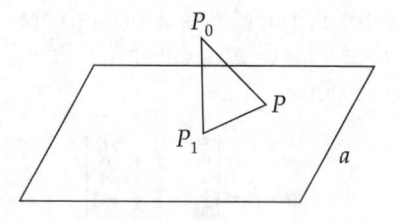

Figura 2.10

Seja $P(x,y,z)$ um ponto qualquer do plano α. Trace por P_0 a reta perpendicular ao plano α. Seja P_1 o ponto de interseção dessa perpendicular com o plano α. Se $\vec{u}$ é o vetor unitário de P_0P_1, temos $\left\|\overrightarrow{P_0P_1}\right\| = \left|\overrightarrow{P_0P}\cdot\vec{u}\right|$ e a desigualdade de Schwarz nos dá $\left|\overrightarrow{P_0P}\cdot\vec{u}\right| \leq \|\vec{u}\|\left\|\overrightarrow{P_0P}\right\|$. Assim, $\left\|\overrightarrow{P_0P_1}\right\| \leq \left\|\overrightarrow{P_0P}\right\|$, ou seja, $d(P_0, P_1) \leq d(P_0, P)$.

Portanto, P_1 é o ponto de α mais próximo de P_0. Dessa forma, é natural dizer que a *distância de P_0 a α*, indicada por $d(P_0,\alpha)$, é a distância de P_0 a P_1.

Já sabemos que se a equação de α for $ax + by + cz + d = 0$, então o vetor $\vec{v} = a\vec{i} + b\vec{j} + c\vec{k}$ é perpendicular ao plano α. Logo, os vetores $\overrightarrow{P_0P_1}$ e $\vec{v}$ são paralelos. Dessa maneira, $\overrightarrow{P_0P_1} = t\vec{v}$, para algum escalar t. Além disso, como $\overrightarrow{P_0P_1}$ é perpendicular a $\overrightarrow{P_1P}$, e $P_0 \neq P_1$, então

$$\begin{aligned}d(P_0,\alpha) &= \left\|\overrightarrow{P_0P_1}\right\| \\ &= \left\|\overrightarrow{P_0P}\right\|\left|\cos\left(\overrightarrow{P_0P_1},\overrightarrow{P_0P}\right)\right| \\ &= \frac{\left\|\overrightarrow{P_0P_1}\right\|\left\|\overrightarrow{P_0P}\right\|\left|\cos\left(\overrightarrow{P_0P_1},\overrightarrow{P_0P}\right)\right|}{\left\|\overrightarrow{P_0P_1}\right\|} \\ &= \frac{\left|\overrightarrow{P_0P_1}\cdot\overrightarrow{P_0P}\right|}{\left\|\overrightarrow{P_0P_1}\right\|}.\end{aligned} \qquad (2.11)$$

Observando que $\overrightarrow{P_0P_1} = t\vec{v}$, $\overrightarrow{P_0P} = (x-x_0)\vec{i} + (y-y_0)\vec{j} + (z-z_0)\vec{k}$, e que $d = -(ax + by + cz)$, obtemos

$$\begin{aligned}\overrightarrow{P_0P_1}\cdot\overrightarrow{P_0P} &= t(a(x-x_0) + b(y-y_0) + c(z-z_0)) \\ &= -t(d + ax_0 + by_0 + cz_0)\end{aligned}$$

e

$$\begin{aligned}\left\|\overrightarrow{P_0P_1}\right\| &= |t|\|\vec{v}\| \\ &= |t|\sqrt{a^2 + b^2 + c^2}\end{aligned} \qquad (2.12)$$

Substituindo as expressões de (2.12) em (2.11), obtemos

$$d(P_0,\alpha) = \frac{|ax_0 + by_0 + cz_0 + d|}{\sqrt{a^2 + b^2 + c^2}}.$$

Exemplo 2.14 Calcular a distância do ponto $P_0(1,2,3)$ ao plano α cuja equação é $x - 2y + z - 1 = 0$.

A fórmula anterior nos dá

$$d(P_0,\alpha) = \frac{|1-4+3-1|}{\sqrt{1+4+1}}$$
$$= \frac{1}{\sqrt{6}}.$$

2.7 Distância de um Ponto a uma Reta

Sejam $P_0(x_0, y_0, z_0)$ um ponto e r uma reta (veja a Figura 2.11).

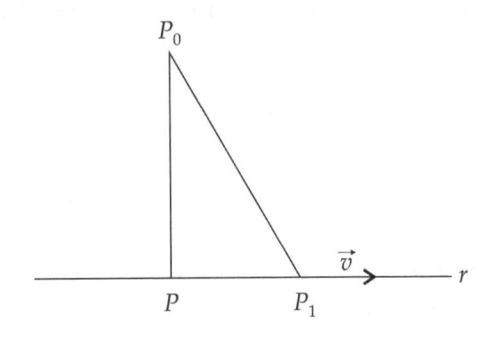

Figura 2.11

Baixemos por P_0 a perpendicular à reta r. Seja P o ponto onde essa perpendicular intercepta r. A distância entre o ponto P_0 e a reta r, indicada por $d(P_0, r)$, é, por definição, o comprimento do segmento $\overline{P_0P}$. Desse modo,

$$d(P_0,r) = \left\|\overrightarrow{P_0P}\right\|.$$

Se $P_1(x_1, y_1, z_1)$ é um ponto de r e $\vec{v} = a\vec{i} + b\vec{j} + c\vec{k}$ é um vetor paralelo à reta r, então

$$\|\overrightarrow{P_0P}\|^2 = \|\overrightarrow{P_0P_1}\|^2 - \|\overrightarrow{PP_1}\|^2$$

$$= \|\overrightarrow{P_0P_1}\|^2 - \left|\frac{\overrightarrow{P_0P_1} \cdot \vec{v}}{\|\vec{v}\|}\right|^2$$

$$= \|\overrightarrow{P_0P_1}\|^2 - \frac{|\overrightarrow{P_0P_1} \cdot \vec{v}|^2}{\|\vec{v}\|^2}$$

$$= \frac{\|\overrightarrow{P_0P_1} \times \vec{v}\|^2}{\|\vec{v}\|^2}$$

Assim,

$$d(P_0, r) = \frac{\|\overrightarrow{P_0P_1} \times \vec{v}\|}{\|\vec{v}\|}.$$

Exemplo 2.15 Calcular a distância do ponto $P_0(1, -1, 2)$ à reta r cujas equações paramétricas são

$$x = 1 + 2t$$
$$y = -t$$
$$z = 2 - 3t.$$

A reta r passa pelo ponto $P_1(1, 0, 2)$ e é paralela ao vetor $\vec{v} = 2\vec{i} - \vec{j} - 3\vec{k}$ (veja o Exemplo 2.9). Dessa maneira,

$$\overrightarrow{P_0P_1} = (1-1)\vec{i} + (0+1)\vec{j} + (2-2)\vec{k} = \vec{j}$$
$$\overrightarrow{P_0P_1} \times \vec{v} = -3\vec{i} - 2\vec{k}$$
$$\|\overrightarrow{P_0P_1} \times \vec{v}\| = \sqrt{13}$$
$$\|\vec{v}\| = \sqrt{14}.$$

Portanto,

$$d(P_0, r) = \frac{\|\overrightarrow{P_0P_1} \times \vec{v}\|}{\|\vec{v}\|} = \sqrt{\frac{13}{14}}.$$

2.8 Distância entre duas Retas

Sejam r_1 e r_2 duas retas quaisquer. Mostraremos que existe sempre uma reta r, perpendicular às retas r_1 e r_2 e que as intercepta nos pontos A_1 e A_2, respectivamente, onde A_1 é o ponto de r_1 mais próximo do ponto A_2, e, reciprocamente, A_2 é o ponto de r_2 mais próximo do ponto A_1. É natural, portanto, dizer que a *distância entre as retas* r_1 e r_2, indicada por $d(r_1, r_2)$, é a distância entre os pontos A_1 e A_2.

Mostraremos, agora, a existência da reta r. Se as retas r_1 e r_2 são paralelas, escolha um ponto qualquer $A_1(x_1, y_1, z_1)$ de r_1 e trace por A_1 a reta r perpendicular à reta r_2 (veja a Figura 2.12).

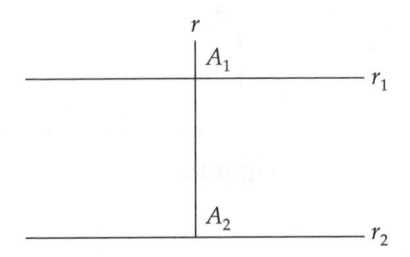

Figura 2.12

Como as retas r_1 e r_2 são paralelas, a reta r é também perpendicular à reta r_1. Assim, $d(r_1, r_2) = d(A_1, A_2)$ que aprendemos a calcular na Seção 2.7.

Exemplo 2.16 Calcular a distância entre as retas r_1 e r_2 cujas equações são

$$r_1 : \frac{x-1}{2} = \frac{y+1}{-1} = \frac{z-2}{-3}$$

e

$$r_2 : \begin{cases} x = 1 + 2t \\ y = -t \\ z = 2 - 3t \end{cases}$$

Ambas as retas são paralelas ao vetor $\vec{v} = 2\vec{i} - \vec{j} - 3\vec{k}$ (veja a Seção 2.4). Portanto, r_1 é paralela à r_2. O ponto $A_1(1, -1, 2)$ pertence à reta r_1. Assim,

$$d(r_1, r_2) = d(A_1, r_2)$$

que pode ser calculada como no Exemplo 2.15.

Se as retas r_1 e r_2 não são paralelas, escolha pontos $P_1(x_1, y_1, z_1)$ em r_1 e $P_2(x_2, y_2, z_2)$ em r_2.

Sejam $\vec{v_1}$ e $\vec{v_2}$ vetores (não-nulos) paralelos às retas r_1 e r_2, respectivamente (veja a Figura 2.13).

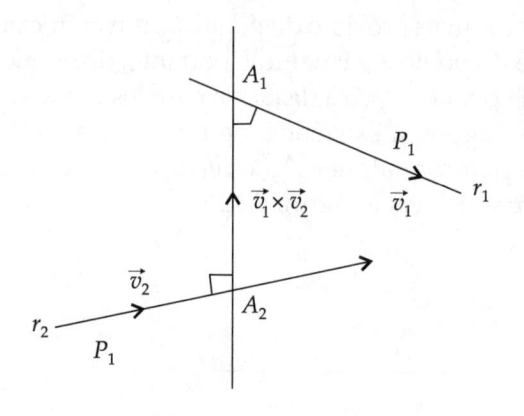

Figura 2.13

O vetor $\vec{v_1} \times \vec{v_2}$, sendo perpendicular aos vetores $\vec{v_1}$ e $\vec{v_2}$, é também perpendicular às retas r_1 e r_2. Queremos encontrar uma reta r, paralela ao vetor $\vec{v_1} \times \vec{v_2}$ e que intercepta as retas r_1 e r_2. Seja π o plano que passa por P_2 e é paralelo aos vetores $\vec{v_2}$ e $\vec{v_1} \times \vec{v_2}$. É claro que a reta r_2 está situada nesse plano. Queremos mostrar que π contém uma reta r perpendicular às retas r_1 e r_2 e interceptando ambas. A reta r_1 intercepta π. Realmente, se r_1 não intercepta π, então r_1 é paralela a π e, portanto, existe uma r_1' no plano π, paralela à reta r_1. Como as retas r_1 e r_2 não são paralelas, então r_1' intercepta r_2 em um ponto Q. Assim, r_1' e r_1 seriam retas distintas do plano π, passando pelo ponto Q e ambas perpendiculares ao vetor $\vec{v_1} \times \vec{v_2}$, o que é impossível. Portanto, r_1 não é paralela a π e intercepta esse plano em um ponto A_1. Seja r a reta que passa por A_1 e é paralela ao vetor $\vec{v_1} \times \vec{v_2}$. Assim, r é perpendicular a r_1 e r_2, interceptando ambas essas retas nos pontos A_1 e A_2, respectivamente.

Exemplo 2.17 Achar as equações da reta r que intercepta as retas r_1 e r_2 e é perpendicular a ambas as retas. As equações de r_1 e r_2 são

$$r_1 \begin{cases} x = 1+t \\ y = 2+3t \\ z = 4t \end{cases}$$

$$r_2 : \frac{x+1}{1} = \frac{y-1}{2} = \frac{z+2}{3}.$$

As retas r_1 e r_2 passam pelos pontos $P_1(1,2,0)$ e $P_2(-1,1,-2)$ e são paralelas aos vetores $\vec{v_1} = \vec{i} + 3\vec{j} + 4\vec{k}$ e $\vec{v_2} = \vec{i} + 2\vec{j} + 3\vec{k}$, respectivamente. Considere o vetor

$$\vec{v_1} \times \vec{v_2} = \begin{vmatrix} \vec{i} & \vec{j} & \vec{k} \\ 1 & 3 & 4 \\ 1 & 2 & 3 \end{vmatrix} = \vec{i} + \vec{j} - \vec{k}.$$

O plano π que passa pelo ponto P_2 e é paralelo aos vetores $\vec{v_1} \times \vec{v_2}$ e $\vec{v_2}$ tem a equação (veja a Seção 2.2):

$$\begin{vmatrix} x+1 & y-1 & z+2 \\ 1 & 1 & -1 \\ 1 & 2 & 3 \end{vmatrix} = 5(x+1) - 4(y-1) + 1(z+2) = 0,$$

isto é,

$$5x - 4y + z + 11 = 0.$$

Para achar a interseção da reta r_1 com o plano π, substituímos as equações de r_1 na equação de π e encontramos

$$5(1+t) - 4(2+3t) + 4t + 11 = 0,$$

isto é,

$$t = \frac{8}{3}.$$

Assim, o ponto de interseção de r_1 com π é

$$A_1\left(\frac{11}{3}, 10, \frac{32}{3}\right).$$

A reta r passa por A_1 e é paralela ao vetor $\vec{v_1} \times \vec{v_2}$. Portanto, as equações simétricas de r são

$$x - \frac{11}{3} = y - 10 = -z + \frac{32}{3}$$

ou

$$3x - 11 = 3y - 30 = -3z + 32.$$

Para calcular a distância entre as retas r_1 e r_2 não é necessário achar as equações da reta r. Essa distância pode ser expressa em termos dos pontos P_1 e P_2 e dos vetores $\vec{v_1}$ e $\vec{v_2}$. Realmente, se r_1 e r_2 não são paralelas, considere o plano π_2 que contém a reta r_2 e é paralelo à reta r_1 (veja a Figura 2.14).

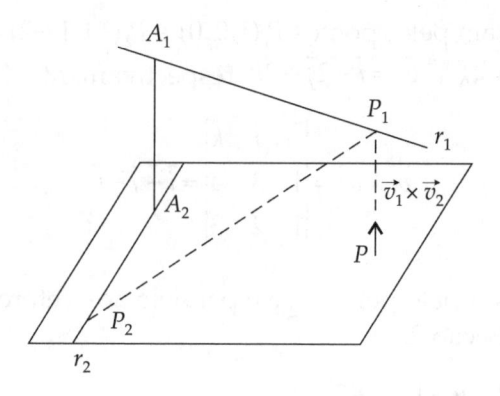

Figura 2.14

Baixe por P_1 a perpendicular ao plano π_2. Seja P o ponto onde ela encontra π_2. Observe que o segmento P_1P é eqüipolente ao segmento A_1A_2, e, portanto, paralelo ao vetor $\vec{v_1} \times \vec{v_2}$. Além disso, $\|\overrightarrow{P_1P}\|$ é a projeção ortogonal de P_1P_2 sobre a reta que passa por P_1 e P. Desse modo,

$$d(r_1, r_2) = \|\overrightarrow{A_1A_2}\|$$
$$= \|\overrightarrow{P_1P}\|$$
$$= \frac{|\overrightarrow{P_1P_2} \cdot (\vec{v_1} \times \vec{v_2})|}{\|\vec{v_1} \times \vec{v_2}\|}.$$

Exemplo 2.18 Calcular a distância entre as retas

$$r_1 : \frac{x+1}{3} = \frac{y-1}{2} = z$$

e

$$r_2 \begin{cases} x = t \\ y = 2t \\ z = 1 - t. \end{cases}$$

As retas r_1 e r_2 passam pelos pontos $P_1(-1, 1, 0)$ e $P_2(0, 0, 1)$ e são paralelas aos vetores $\vec{v_1} = 3\vec{i} + 2\vec{j} + \vec{k}$ e $\vec{v_2} = \vec{i} + 2\vec{j} - \vec{k}$, respectivamente. Assim,

$$\overrightarrow{P_1P_2} = \vec{i} - \vec{j} + \vec{k}$$

e

$$\vec{v_1} \times \vec{v_2} = \begin{vmatrix} \vec{i} & \vec{j} & \vec{k} \\ 3 & 2 & 1 \\ 1 & 2 & -1 \end{vmatrix} = 4(-\vec{i} + \vec{j} + \vec{k})$$

$$\|\vec{v_1} \times \vec{v_2}\| = 4\sqrt{(-1)^2 + 1^2 + 1^2}$$
$$= 4\sqrt{3}$$

e

$$\overrightarrow{P_1 P_2} \cdot (\vec{v_1} \times \vec{v_2}) = 4(-1 - 1 + 1)$$
$$= -4.$$

Portanto,

$$d(r_1, r_2) = \frac{|\overrightarrow{P_1 P_2} \cdot (\vec{v_1} \times \vec{v_2})|}{\|\vec{v_1} \times \vec{v_2}\|}$$
$$= \frac{1}{\sqrt{3}}.$$

2.9 Interseção de Planos – Regra de Cramer

Consideremos três planos, α_1, α_2, α_3, dados pelas equações

$$\begin{aligned} a_1 x + b_1 y + c_1 z &= d_1 \\ a_2 x + b_2 y + c_2 z &= d_2 \\ a_3 x + b_3 y + c_3 z &= d_3 \end{aligned} \quad (2.13)$$

respectivamente.

Já sabemos que o vetor $\vec{v_s} = a_s \vec{i} + b_s \vec{j} + c_s \vec{k}$ é normal ao plano α_s, s = 1, 2, 3. Sabemos, ainda, que dois planos podem coincidir, ser paralelos ou interceptarem-se segundo uma reta. Além disso, vimos que a condição necessária e suficiente para que α_1 e α_2 se interceptem segundo uma reta é que $\vec{v_1} \times \vec{v_2} \neq \vec{0}$. Procuramos a condição para que os planos α_1, α_2 e α_3 se interceptem segundo um ponto; então α_1 e α_2 se interceptam segundo uma reta r paralela ao vetor $\vec{v_1} \times \vec{v_2}$, e esse vetor é não-nulo. Além disso, a reta r intercepta α_3 em um ponto (isto é, r não é paralela nem está contido em α_3). Portanto, $(\vec{v_1} \times \vec{v_2}) \cdot \vec{v_3} \neq 0$. Reciprocamente, se $(\vec{v_1} \times \vec{v_2}) \cdot \vec{v_3} \neq 0$, então $\vec{v_1} \times \vec{v_2} \neq \vec{0}$ e, portanto, α_1 e α_2 se interceptam segundo uma reta r, a qual não é paralela a α_3. Assim, a *condição necessária e suficiente para que os planos* α_1, α_2 *e* α_3 *se interceptem em um ponto é que*

$$[\vec{v_1}, \vec{v_2}, \vec{v_3}] = \begin{vmatrix} a_1 & b_1 & c_1 \\ a_2 & b_2 & c_2 \\ a_3 & b_3 & c_3 \end{vmatrix} \neq 0 \tag{2.14}$$

Se $[\vec{v_1}, \vec{v_2}, \vec{v_3}] = 0$, existem três possibilidades:

a) Não existe ponto comum aos três planos.
b) Existe uma reta comum aos três planos.
c) Os três planos coincidem.

No Capítulo 5, quando estudarmos os sistemas de equações lineares, estaremos em condições de dizer se três planos se interceptam ou não e, em caso afirmativo, obter a equação dessa interseção. Se os três planos se interceptam em um ponto, podemos facilmente achar as coordenadas desse ponto, utilizando nossos conhecimentos sobre vetores. Realmente, defina, a partir dos coeficientes do sistema (2.13), os seguintes vetores:

$$\vec{a} = a_1 \vec{i} + a_2 \vec{j} + a_3 \vec{k}$$
$$\vec{b} = b_1 \vec{i} + b_2 \vec{j} + b_3 \vec{k}$$
$$\vec{c} = c_1 \vec{i} + c_2 \vec{j} + c_3 \vec{k}$$
$$\vec{d} = d_1 \vec{i} + d_2 \vec{j} + d_3 \vec{k}.$$

Observe que o sistema (2.13) pode ser escrito sob a forma vetorial

$$x\vec{a} + y\vec{b} + z\vec{c} = \vec{d}. \tag{2.15}$$

Para resolver essa equação vetorial em relação a *x*, multipliquemos (pelo produto interno) ambos os membros de (2.15) pelo vetor $\vec{b} \times \vec{c}$,

$$x\vec{a} \cdot (\vec{b} \times \vec{c}) + y\vec{b} \cdot (\vec{b} \times \vec{c}) + z\vec{c} \cdot (\vec{b} \times \vec{c}) = \vec{d} \cdot (\vec{b} \times \vec{c}).$$

Lembrando que

$$\vec{b} \cdot (\vec{b} \times \vec{c}) = \vec{c} \cdot (\vec{b} \times \vec{c}) = 0,$$

obtemos

$$x[\vec{a}, \vec{b}, \vec{c}] = [\vec{d}, \vec{b}, \vec{c}]$$

e, desde que o valor de um determinante não se altera quando trocamos as linhas pelas colunas, a condição (2.14) nos diz que

$$[\vec{a},\vec{b},\vec{c}] = \begin{vmatrix} a_1 & b_1 & c_1 \\ a_2 & b_2 & c_2 \\ a_3 & b_3 & c_3 \end{vmatrix} \neq 0$$

e, portanto,

$$x = \frac{\begin{vmatrix} d_1 & b_1 & c_1 \\ d_2 & b_2 & c_2 \\ d_3 & b_3 & c_3 \end{vmatrix}}{\begin{vmatrix} a_1 & b_1 & c_1 \\ a_2 & b_2 & c_2 \\ a_3 & b_3 & c_3 \end{vmatrix}}.$$

Multiplicando os membros de (2.15) por $\vec{a} \times \vec{c}$ e $\vec{a} \times \vec{b}$ obtemos, de forma análoga, respectivamente,

$$y = \frac{\begin{vmatrix} a_1 & d_1 & c_1 \\ a_2 & d_2 & c_2 \\ a_3 & d_3 & c_3 \end{vmatrix}}{\begin{vmatrix} a_1 & b_1 & c_1 \\ a_2 & b_2 & c_2 \\ a_3 & b_3 & c_3 \end{vmatrix}} \quad \text{e} \quad z = \frac{\begin{vmatrix} a_1 & b_1 & d_1 \\ a_2 & b_2 & d_2 \\ a_3 & b_3 & d_3 \end{vmatrix}}{\begin{vmatrix} a_1 & b_1 & c_1 \\ a_2 & b_1 & c_2 \\ a_3 & b_1 & c_3 \end{vmatrix}}.$$

Para lembrar as fórmulas anteriores, observe que o denominador é o determinante dos coeficientes do sistema. O numerador de x é o determinante obtido a partir do denominador, substituindo os coeficientes de x pelos termos constantes do segundo membro. Regra análoga se aplica para y e z. Esse método é conhecido sob o nome de regra de Cramer.

Exemplo 2.19 Encontrar a interseção dos planos

$$x + y + z = 0$$
$$x + 2y + z = 1$$
$$x + y + 3z = 2.$$

O determinante do sistema é

$$\begin{vmatrix} 1 & 1 & 1 \\ 1 & 2 & 1 \\ 1 & 1 & 3 \end{vmatrix} = 2.$$

Portanto, esses três planos se interceptam segundo um ponto. As coordenadas desse ponto são

$$x = \frac{\begin{vmatrix} 0 & 1 & 1 \\ 1 & 2 & 1 \\ 2 & 1 & 3 \end{vmatrix}}{2} = -2, \quad y = \frac{\begin{vmatrix} 1 & 0 & 1 \\ 1 & 1 & 1 \\ 1 & 2 & 3 \end{vmatrix}}{2} = 1$$

e

$$z = \frac{\begin{vmatrix} 1 & 1 & 0 \\ 1 & 2 & 1 \\ 1 & 1 & 2 \end{vmatrix}}{2} = 1.$$

Exercícios

(Seções 2.5 a 2.9)

1. a) Mostre que os planos $2x - y + z = 0$ e $x + 2y - z = 1$ se interceptam segundo uma reta r.
   b) Ache a equação da reta que passa pelo ponto $A(1,0,1)$ e intercepta a reta r ortogonalmente.

2. Calcule o ângulo entre as retas
$$r_1 \begin{cases} x - y + z = 0 \\ 2x - 2y + 3z = 0 \end{cases} \quad \text{e} \quad r_2: x - 1 = y - 1 = \sqrt{2}z.$$

3. Encontre o ângulo e a distância entre as retas
$$\frac{x-1}{2} = \frac{y+1}{1} = \frac{z}{2} \quad \text{e} \quad \frac{x+2}{1} = \frac{y-1}{2} = \frac{z-2}{3}.$$

4. Repita o Exercício 3 para as retas
$$r_1 \begin{cases} x = 2t \\ y = 1 - t \\ z = 2 + t \end{cases} \quad \text{e} \quad r_2 \begin{cases} x + y + z = 0 \\ 2x - y + 2z = 0 \end{cases}$$

5. Calcule a distância do ponto $P(1,0,2)$ ao plano $x + y - z = 0$.

6. Seja r a reta que passa pelos pontos $A(1,0,1)$ e $B(0,1,1)$. Calcule a distância do ponto $C(2,1,2)$ à reta r.

7. Seja α o plano que passa pela origem e é perpendicular à reta que une os pontos $A(1,0,0)$ e $B(0,1,0)$. Encontre a distância do ponto $C(0,0,1)$ ao plano α.

8. Seja r_1 a reta que passa pelos pontos $A(1,0,0)$ e $B(0,2,0)$, e r_2 a reta
$$\frac{x-2}{1} = \frac{y-2}{2} = \frac{z-4}{3}$$
   a) Encontre as equações da reta perpendicular às retas r_1 e r_2;
   b) Calcule a distância entre r_1 e r_2.

9. Considere os pontos $A(1,2,3)$, $B(2,3,1)$, $C(3,1,2)$ e $D(2,2,1)$.
   a) Ache as equações dos planos α e β que passam pelos pontos A, B, C e A, B, D respectivamente;
   b) Calcule $\cos(\alpha,\beta)$;
   c) Calcule $\cos(\overrightarrow{AC},\overrightarrow{AB})$;
   d) Qual é a distância entre as retas que passam por A, B e C, D, respectivamente?
   e) Encontre as equações da reta que passa por A e é perpendicular à interseção do plano α com o plano xy.

10. Verifique se os seguintes ternos de planos se interceptam segundo um ponto. Caso afirmativo, ache as coordenadas desse ponto.
    a) $2x+y+z=1$; $x+3y+z=2$; $x+y+4z=3$;
    b) $x-2y+z=0$; $2x-4y+2z=1$; $x+y=0$;
    c) $2x-y+z=3$; $3x-2y-z=-1$; $2x-y+3z=7$;
    d) $3x+2y-z=8$; $2x-5y+2z=-3$; $x-y+z=1$.

3

$$\begin{bmatrix} \cos\theta & -\operatorname{sen}\theta & 0 \\ \operatorname{sen}\theta & \cos\theta & 0 \\ 0 & 0 & \lambda \end{bmatrix}$$

Cônicas e Quádricas

3.1 Cônicas

Todas as equações que obtivemos até agora foram lineares, isto é, equações que envolvem apenas termos do primeiro grau em x, y e z. Nesta seção, estudaremos as curvas planas que podem ser representadas pelas equações do segundo grau em x e y. Elas são o círculo, a elipse, a parábola e a hipérbole. Essas curvas podem ser obtidas como a interseção de um cone circular com um plano. Por essa razão, elas são tradicionalmente denominadas *seções cônicas*. Todas as curvas que considerarmos nesta seção estarão situadas no plano xy.

Elipse

Uma *elipse* é o conjunto dos pontos $P(x, y)$ do plano, tais que a soma das distâncias de P a dois pontos fixos F_1 e F_2, situados no mesmo plano, é constante. Os pontos F_1 e F_2 são os *focos* da elipse. Essa curva é obtida interceptando o cone por um plano que corte o eixo do cone.

Seja $2c$ a distância entre F_1 e F_2 (distância focal). Se P é um ponto qualquer, então a desigualdade triangular (Seção 1.7, Exercício 19b) nos dá

$$\|\overrightarrow{F_1F_2}\| \leq \|\overrightarrow{F_1P}\| + \|\overrightarrow{F_2P}\|.$$

Portanto, se a for um número real maior que c, a equação

$$\|\overrightarrow{F_1P}\| + \|\overrightarrow{F_2P}\| = 2a \tag{3.1}$$

é a equação de uma elipse com focos F_1 e F_2 (se $a = c$, (3.1) é a equação do segmento F_1F_2). O ponto médio do segmento F_1F_2 é o *centro* da elipse.

Se $F_1(-c, 0)$ e $F_2(c, 0)$ (veja a Figura 3.1), a Equação (3.1) pode ser escrita como

$$\sqrt{(x+c)^2 + y^2} + \sqrt{(x-c)^2 + y^2} = 2a$$

ou, racionalizando-a,

$$(a^2 - c^2)x^2 + a^2y^2 = a^2(a^2 - c^2).$$

Pondo $b = \sqrt{a^2 - c^2}$ (pois $a^2 - c^2 > 0$), a equação pode ainda ser escrita como

$$\frac{x^2}{a^2} + \frac{y^2}{b^2} = 1. \tag{3.2}$$

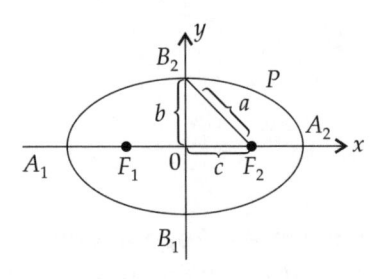

Figura 3.1

Essa equação nos mostra que $\|\vec{OA_1}\| = \|\vec{OA_2}\| = a$ e $\|\vec{OB_1}\| = \|\vec{OB_2}\| = b$, pois os eixos OX e OY interceptam a elipse nos pontos $A_1(-a,0)$, $A_2(a,0)$ e $B_1(0,-b)$, $B_2(0,b)$, respectivamente. Esses pontos são os *vértices* da elipse e os segmentos A_1A_2 e B_1B_2 são os *eixos*. Os números $\|\vec{F_1P}\|$ e $\|\vec{F_2P}\|$ são os *raios focais* do ponto P; a *excentricidade* da elipse é o número $e = \frac{c}{a}$. Desde que $c < a$, a excentricidade de uma elipse é um número real não-negativo menor que 1.

Círculo

O *círculo* (ou circunferência) de raio r e centro $C(c_1, c_2)$ é o conjunto dos pontos $P(x, y)$ do plano que satisfazem à equação

$$\|\vec{PC}\| = r, \tag{3.3}$$

isto é,

$$(x - c_1)^2 + (y - c_2)^2 = r^2,$$

ou seja,

$$x^2 + y^2 - 2c_1x - 2c_2y + d = 0, \tag{3.4}$$

onde $d = c_1^2 + c_2^2 - r^2$.

Observe que se $F_1 = F_2 = C$, então a elipse (3.1) reduz-se ao círculo de centro C e raio a. Além disso, $e = 0$ (pois $c = 0$). Dessa forma, um círculo é uma elipse de excentricidade nula.

Hipérbole

Uma *hipérbole* com focos F_1 e F_2 é o conjunto dos pontos $P(x, y)$ do plano tais que

$$\left|\|\overrightarrow{F_1P}\| - \|\overrightarrow{F_2P}\|\right| \text{ é constante.}$$

A hipérbole é a curva obtida interceptando o cone por um plano paralelo ao eixo do cone.

Observe que $\overrightarrow{F_1P} - \overrightarrow{F_2P} = \overrightarrow{F_1F_2}$. Assim (Exercício 19c, Seção 1.7), obtemos a desigualdade

$$\left|\|\overrightarrow{F_1P}\| - \|\overrightarrow{F_2P}\|\right| \le \|\overrightarrow{F_1F_2}\|.$$

Pondo $\|\overrightarrow{F_1F_2}\| = 2c$, então se $0 < a < c$, resulta a equação

$$\left|\|\overrightarrow{F_1P}\| - \|\overrightarrow{F_2P}\|\right| = 2a \qquad (3.5)$$

de uma hipérbole com focos F_1 e F_2. Os números $\|\overrightarrow{F_1P}\|$ e $\|\overrightarrow{F_2P}\|$ são os *raios focais* do ponto P.

Note que, se $a = c$, a Equação (3.5) descreve os pontos P, situados sobre a reta que passa por F_1 e F_2 e não interiores ao segmento F_1F_2 (P pode ser F_1 e F_2). Se $F_1(-c, 0)$ e $F_2(c, 0)$ (veja a Figura 3.2), a Equação (3.5) nos dá

$$\sqrt{(x+c)^2 + y^2} - \sqrt{(x-c)^2 + y^2} = \pm 2a,$$

ou seja,

$$(c^2 - a^2)x^2 - a^2y^2 = a^2(c^2 - a^2).$$

Desde que $0 < a < c$, pondo $b = \sqrt{c^2 - a^2}$, obtemos

$$\frac{x^2}{a^2} - \frac{y^2}{b^2} = 1. \qquad (3.6)$$

Examinando a equação anterior, concluímos que:

a) A hipérbole é simétrica em relação aos eixos OX e OY, isto é, se (x, y) é um ponto da hipérbole, então os pontos $(-x, y)$, $(x, -y)$ e $(-x, -y)$ também pertencem à hipérbole.

b) O eixo OX intercepta a hipérbole nos pontos $A_1(-a, 0)$ e $A_2(a, 0)$; esses pontos chamam-se os *vértices* da hipérbole. O eixo OY não corta a hipérbole (pois a equação nos mostra que $x^2 \ge a^2$).

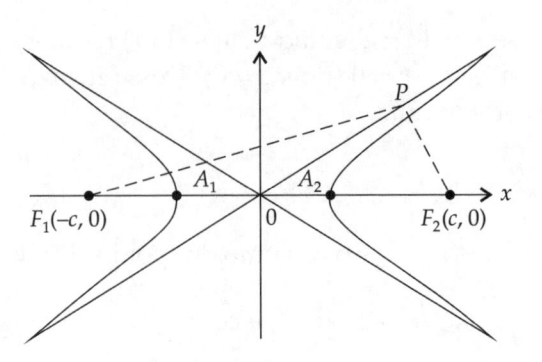

Figura 3.2

c) A Equação (3.6) nos mostra ainda que

$$-\frac{x}{a} < \frac{y}{b} < \frac{x}{a} \text{ se } x>0 \quad \text{e} \quad -\frac{x}{a} > \frac{y}{b} > \frac{x}{a} \text{ se } x<0.$$

Portanto, a parte da hipérbole com $x>0$ está situada abaixo da reta $y = \frac{b}{a}x$ e acima da reta $y = -\frac{b}{a}x$. Essas retas chamam-se as *assíntotas* da hipérbole. Elas gozam da seguinte propriedade: à medida que $|x|$ cresce, a hipérbole se aproxima dessas retas.

Parábola

Sejam r uma reta e F um ponto não situado sobre r, ambos no plano xy.

Uma *parábola*, com *diretriz* r e *foco* F, é o conjunto dos pontos $P(x, y)$ eqüidistantes de r e de F.

A parábola é a curva obtida interceptando o cone por um plano paralelo à geratriz do cone.

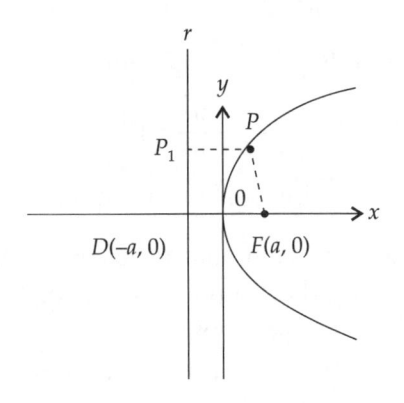

Figura 3.3

A equação mais simples da parábola é obtida quando a diretriz r (veja a Figura 3.3) é perpendicular ao eixo dos x, o foco está sobre esse eixo, e a origem 0 é o ponto médio do segmento DF (D é o ponto onde r corta o eixo dos x). Trace por P a perpendicular à reta r. Seja P_1 o ponto de interseção dessa perpendicular com r. Assim, P pertence à parábola se, e somente se,

$$\|\overrightarrow{FP}\|^2 = \|\overrightarrow{PP_1}\|^2. \tag{3.7}$$

Sejam $F(a, 0)$ e $D(-a, 0)$. Observando que

$$\overrightarrow{PP_1} = \overrightarrow{PD} + \overrightarrow{DP_1} \text{ e } \overrightarrow{DP_1} = (\overrightarrow{OP} \cdot \vec{j})\vec{j} = y\vec{j},$$

obtemos, $\overrightarrow{FP} = (x-a)\vec{i} + y\vec{j}$ e $\overrightarrow{PP_1} = [(-a-x)\vec{i} - y\vec{j}] + y\vec{j} = -(x+a)\vec{i}$.
Assim, (3.7) nos dá

$$(x-a)^2 + y^2 = (x+a)^2,$$

ou seja,

$$y^2 = 4ax. \tag{3.8}$$

Examinando a equação anterior, concluímos que:

a) Se o foco está à direita da diretriz, então $a > 0$ e, portanto, $x \geq 0$; assim, a parábola está situada à direita do eixo dos y.
b) Se o foco está à esquerda da diretriz, então $a < 0$ e, portanto, a parábola está à esquerda do eixo dos y.
c) O eixo dos x corta a parábola em $C(0, 0)$. Esse ponto chama-se o *vértice* da parábola.

Exercícios

1. Ache o centro e o raio dos seguintes círculos:
   a) $x^2 + y^2 = 16$;
   b) $x^2 + y^2 + 4x = 0$;
   c) $x^2 + y^2 + 6x - 8y = 0$;
   d) $x^2 + y^2 - 6y = 0$.
2. Escreva a equação do círculo cujo centro é $C(2, -3)$ e cujo raio é 2.
3. Ache as equações dos círculos que satisfazem às seguintes condições:
   a) passa pelos pontos $A(1, 2)$, $B(3, -1)$ e tem raio 8;
   b) passa pelos pontos $A(5, 1)$, $B(4, 2)$ e $C(-2, -6)$;
   c) o diâmetro é o segmento que une os pontos $A(1, 2)$ e $B(2, -1)$;
   d) tem o centro situado sobre a reta $x - 2y = 6$ e passa pelos pontos $A(1, 4)$ e $B(-2, 3)$.

4. Escreva as equações das seguintes elipses:
   a) os focos são $F_1(0, -c)$, $F_2(0, c)$ e a soma dos raios focais é $2a$;
   b) os focos são $F_1(-1, 2)$, $F_2(3, 2)$ e a soma dos raios focais é 6;
   c) a soma dos raios focais é 2 e os focos são $F_1(-1, -1)$, $F_2(1, 1)$.

5. Mostre que
$$\frac{(x-p)^2}{a^2} + \frac{(y-q)^2}{b^2} = 1$$
é a equação de uma elipse com centro $C(p, q)$.

6. Sejam e a excentricidade e $2c$ a distância entre os focos da elipse
$$\frac{x^2}{a^2} + \frac{y^2}{b^2} = 1$$
   a) Mostre que $c = ae$, $b^2 = a^2(1-e^2)$, $e^2 = \frac{a^2-b^2}{a^2}$.
   b) As retas $x = -\frac{a}{e}$ e $x = \frac{a}{e}$ chamam-se *diretrizes* da elipse, relativas aos focos $F_1(-ae,0)$ e $F_2(ae,0)$, respectivamente. Seja P um ponto qualquer. Trace por P a perpendicular à diretriz. Seja D o ponto onde essa perpendicular corta a diretriz e F_i o foco correspondente a essa diretriz. Mostre que P pertence à elipse se, e somente se, $\|\overline{PF_i}\| = e\|\overline{PD}\|$.

7. Escreva as equações das seguintes hipérboles:
   a) os focos são $F_1(0,-c)$, $F_2(0,c)$ e a diferença dos raios focais é $2a$;
   b) a diferença dos raios focais é 3 e os focos são $F_1(3,-1)$, $F_2(3,4)$;
   c) os focos são $F_1(-1,-1)$, $F_2(1,1)$ e a diferença entre os raios focais é 2.

8. Mostre que
$$\frac{(x-p)^2}{a^2} - \frac{(y-q)^2}{b^2} = 1$$
é a equação de uma hipérbole com centro $C(p,q)$ e focos $F_1(p-c,q)$, $F_2(p+c,q)$, onde $c = \sqrt{a^2+b^2}$.

9. A *excentricidade* da hipérbole $\frac{x^2}{a^2} - \frac{y^2}{b^2} = 1$ é $e = \frac{c}{a}$, onde $c = \sqrt{a^2+b^2}$; desde que $c > a$, então $e > 1$.
   a) Mostre que $c = ae$, $e^2 = \frac{a^2+b^2}{a^2}$, $\|\overline{F_1P}\| = |ex+a|$ e $\|\overline{F_2P}\| = |ex-a|$, se $P(x,y)$ é um ponto da hipérbole.
   b) As retas $x = -\frac{a}{e}$ e $x = \frac{a}{e}$ são as *diretrizes* relativas aos focos $F_1(-ae,0)$ e $F_2(ae,0)$, respectivamente. Trace por um ponto P a perpendicular às diretrizes. Seja D o ponto onde essa perpendicular corta a

diretriz correspondente ao foco F_1. Mostre que P pertence à hipérbole se, e somente se,
$$\|\overrightarrow{PF_i}\| = e\|\overrightarrow{PD}\|.$$

10. Considere as assíntotas $y = -\dfrac{b}{a}x$, $y = \dfrac{b}{a}x$ da hipérbole do exercício anterior. Mostre que, à medida que $|x|$ cresce, a hipérbole se aproxima de suas assíntotas.

11. Escreva as equações das seguintes parábolas:
    a) foco $F(0,2)$ e diretriz $y = -2$;
    b) foco $F(0,2)$ e diretriz $y = -4$;
    c) foco $F(0,-3)$ e diretriz $y = 3$;
    d) foco $F(0,0)$ e diretriz $x + y = 2$.

12. Mostre que
$$(y - p)^2 = 4a(x - q)$$
é a equação de uma parábola com vértices $C(p,q)$, foco $F(p+a,q)$ e diretriz $x = p - a$.

13. Sejam r uma reta, F um ponto não pertencente a r e e um número real positivo. Trace por um ponto P a perpendicular à r. Seja D o ponto onde essa perpendicular corta r. Mostre que
$$\|\overrightarrow{PF}\| = e\|\overrightarrow{PD}\|$$
é a equação de uma cônica com diretriz r e foco F. Se $0 < e < 1$, a equação é de uma elipse; se $e = 1$, de uma parábola; e se $e > 1$, de uma hipérbole.

3.2 Superfícies Quádricas

As únicas superfícies que consideramos até agora foram os planos: são as superfícies que podem ser representadas pelas equações lineares em x, y e z. Nesta seção, estudaremos as superfícies que podem ser representadas pelas equações do segundo grau nessas variáveis. Chamam-se *quádricas*. Elas são: a esfera, o elipsóide, dois tipos de hiperbolóides, dois tipos de parabolóides, os cilindros e os cones quádricos.

Cilindro

Seja c uma curva situada em um plano π. O *cilindro* de diretriz c é a superfície descrita por uma reta r que se move ao longo da curva c e perpendicularmente ao plano π (veja a Figura 3.4). A reta r chama-se a *geratriz* do cilindro.

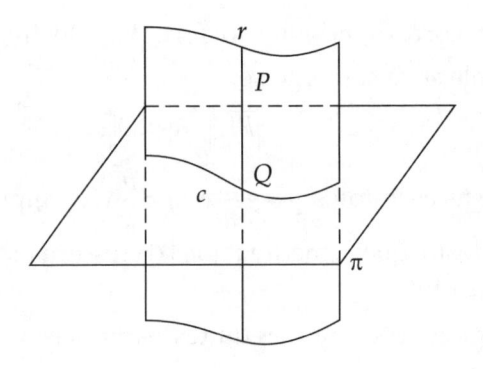

Figura 3.4

Se o plano π é o plano xy, e a curva c é dada pela equação $f(x,y)=0$, então um ponto $P(x,y,z)$ pertence ao cilindro gerado por c se, e somente se, o ponto $Q(x,y)$ pertence à curva c. Assim, $f(x,y)=0$ é a equação, em geometria no espaço, do cilindro gerado por c. Se c for uma cônica, isto é, $f(x,y)$ é um polinômio do segundo grau, o cilindro diz-se *quádrico*. Temos, assim, o cilindro circular, o cilindro elíptico, o cilindro parabólico e o cilindro hiperbólico, conforme c seja um círculo, uma elipse, uma parábola ou uma hipérbole.

Exemplo 3.1 A equação $x^2 = 4ay$ representa no plano xy uma parábola e no espaço um cilindro parabólico (veja a Figura 3.5).

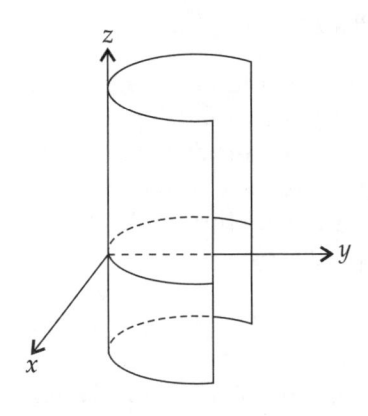

Figura 3.5

Superfície de Revolução

Sejam π um plano, c uma curva em π e r uma reta situada em π.

A superfície descrita pela curva c quando o plano π gira ao redor da reta r chama-se *superfície de revolução* (veja a Figura 3.6, em que o plano π é o yz e a reta r é o eixo dos z).

Seja P um ponto da superfície de revolução. Trace por P o plano perpendicular à reta r. Sejam C e Q os pontos onde o plano corta a reta r e a curva c, respectivamente. Então,

$$\|\overline{CP}\| = \|\overline{CQ}\|. \tag{3.9}$$

Se π é o plano yz, r é o eixo dos z e a curva c é dada pela equação $y = f(z)$, então (3.9) nos dá a equação

$$x^2 + y^2 = (f(z))^2 \tag{3.10}$$

da superfície de revolução gerada pela curva c. Se c for uma reta paralela à r, obtemos um cilindro de revolução. Se c for uma reta que intercepta r segundo um ângulo agudo, obtemos um cone circular. Se c for uma cônica (elipse, hipérbole e parábola) e r, um eixo dessa cônica, obtemos o elipsóide, o hiperbolóide e o parabolóide de revolução, respectivamente. Assim, as *quádricas de revolução* são superfícies obtidas quando c é uma reta ou uma cônica.

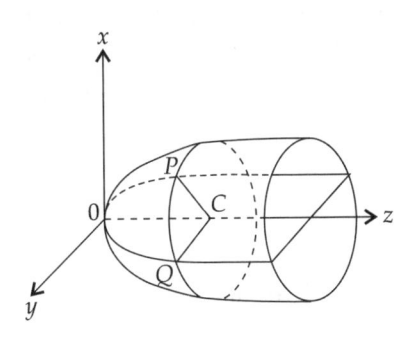

Figura 3.6

Exemplo 3.2 A equação do parabolóide de revolução gerado pela parábola $y^2 = 4az$ (veja a Figura 3.6) é

$$x^2 + y^2 = 4az.$$

Observe que $y = \pm 2\sqrt{az}$ e, na verdade, há duas escolhas para a função $y = f(z)$ de (3.10), a saber: $y = +2\sqrt{az}$ e $y = -2\sqrt{az}$. Elas descrevem as porções da parábola situadas à esquerda e à direita do eixo dos z, respectivamente. Observe que os planos xz e yz interceptam o paraboloide segundo as parábolas $x^2 = 4az$ e $y^2 = 4az$, respectivamente.

Esfera

Exemplo 3.3 Se c for um círculo de raio r, situado em um plano π, e l, uma reta de π, que passa pelo centro C do círculo c, a superfície de revolução descrita por c, quando π gira ao redor de l, será a esfera de centro $C(c_1, c_2, c_3)$ e raio r. Essa *esfera* pode ser descrita, mais simplesmente, como o conjunto dos pontos $P(x, y, z)$ do espaço que satisfazem à equação

$$\|\overrightarrow{CP}\| = r, \tag{3.11}$$

ou seja, $(x - c_1)^2 + (y - c_2)^2 + (z - c_3)^2 = r^2$, isto é,

$$x^2 + y^2 + z^2 - 2c_1 x - 2c_2 y - 2c_3 z + d = 0, \tag{3.12}$$

onde $d = c_1^2 + c_2^2 + c_3^2 - r^2$.

Estudaremos agora os tipos mais gerais de quádricas (não necessariamente cilindros e quádricas de revolução). O método que usaremos é o seguinte: dada a equação da quádrica, procuraremos descrever sua forma, estudando as curvas obtidas interceptando essa quádrica por planos convenientemente escolhidos.

Elipsóide

Consideremos a superfície cuja equação é

$$\frac{x^2}{a^2} + \frac{y^2}{b^2} + \frac{z^2}{c^2} = 1, \tag{3.13}$$

onde a, b e c são números reais positivos.

Observe que, se $P(x, y, z)$ for um ponto dessa superfície (veja a Figura 3.7), então o ponto $Q(-x, -y, -z)$ também pertence a essa superfície. Assim a superfície é simétrica em relação à origem. Além disso, o ponto $P'(-x, y, z)$ também pertence a essa superfície. Portanto, essa superfície é simétrica em relação ao plano yz. Ela é igualmente simétrica em relação aos planos xy e xz.

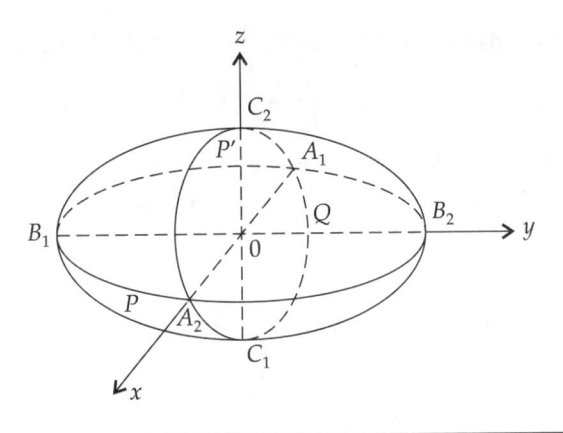

Figura 3.7

A Equação (3.13) nos diz ainda que $|x|\leq a$, $|y|\leq b$ e $|z|\leq c$. Logo, essa superfície está contida no paralelepípedo determinado pelos planos $x=\pm a$, $y=\pm b$ e $z=\pm c$ e a superfície toca esse paralelepípedo nos pontos $A_1(-a,0,0)$, $A_2(a,0,0)$, $B_1(0,-b,0)$, $B_2(0,b,0)$, $C_1(0,0,-c)$ e $C_2(0,0,c)$. Esses pontos são os *vértices*. Os planos xy, xz e yz interceptam a superfície segundo as elipses

$$\frac{x^2}{a^2}+\frac{y^2}{b^2}=1,\ \frac{x^2}{a^2}+\frac{z^2}{c^2}=1\ \text{e}\ \frac{y^2}{b^2}+\frac{z^2}{c^2}=1,$$

respectivamente.

Se $|k|<c$, o plano $z=k$ intercepta a superfície segundo a elipse

$$\frac{x^2}{a^2\left(1-\frac{k^2}{c^2}\right)}+\frac{y^2}{b^2\left(1-\frac{k^2}{c^2}\right)}=1,\ z=k.$$

Observe que os eixos dessa elipse diminuem à medida que $|k|$ aumenta. As interseções da superfície com os planos $x=k$, $|k|<a$ e $y=k$, $|k|<b$ são também elipses. A superfície chama-se, por essa razão, um *elipsóide*. Note que, se dois dos três números a, b e c são iguais, a superfície é um elipsóide de revolução. Se $a=b=c$, a superfície é uma esfera.

O Hiperbolóide de uma Folha

Consideremos a superfície cuja equação é (veja a Figura 3.8)

$$\frac{x^2}{a^2}+\frac{y^2}{b^2}-\frac{z^2}{c^2}=1, \tag{3.14}$$

onde $a, b, c > 0$.

O plano xy intercepta essa superfície segundo a elipse
$$\frac{x^2}{a^2}+\frac{y^2}{b^2}=1, z=0$$
e os planos xz e yz, segundo as hipérboles
$$\frac{x^2}{a^2}-\frac{z^2}{c^2}=1, y=0 \quad \text{e} \quad \frac{y^2}{b^2}-\frac{z^2}{c^2}=1, x=0,$$
respectivamente.

O plano $z = k$ intercepta essa superfície segundo a elipse
$$\frac{x^2}{a^2\left(1+\frac{k^2}{c^2}\right)}+\frac{y^2}{b^2\left(1+\frac{k^2}{c^2}\right)}=1, z=k. \qquad (3.15)$$

Os eixos dessa elipse aumentam à medida que $|k|$ cresce. Essa superfície denomina-se *hiperbolóide de uma folha*. Observe que, se $a = b$, então (3.15) é a equação de um círculo com centro $C(0, 0, k)$ e, portanto, a superfície é um hiperbolóide de revolução.

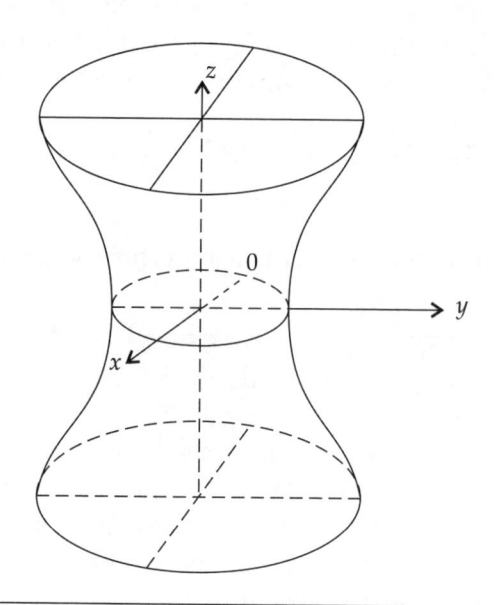

Figura 3.8

O Hiperbolóide de duas Folhas

Consideremos a superfície cuja equação é
$$-\frac{x^2}{a^2}+\frac{y^2}{b^2}-\frac{z^2}{c^2}=1 \qquad (3.16)$$

onde $a, b, c > 0$. Se $|k| < b$, o plano $y = k$ não intercepta essa superfície (veja a Figura 3.9), pois, para $-b < y < b$, o primeiro membro de (3.16) é negativo, enquanto o segundo membro é positivo. Se $|k| > b$, o plano $y = k$ intercepta (3.16) segundo a elipse

$$\frac{x^2}{a^2} + \frac{z^2}{c^2} = \frac{k^2}{b^2} - 1 \; , \; y = k \qquad (3.17)$$

Vemos, assim, que essa superfície tem duas *folhas*, uma na região $y \geq b$ e outra na região $y \leq -b$.

Os planos xy e yz cortam essa superfície segundo as hipérboles

$$\frac{x^2}{a^2} - \frac{y^2}{b^2} = -1, \; z = 0, \; \text{e} \; \frac{y^2}{b^2} - \frac{z^2}{c^2} = 1, \; x = 0,$$

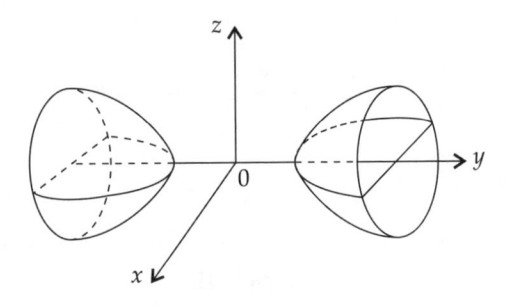

Figura 3.9

respectivamente. Essa superfície é um *hiperbolóide de duas folhas*. Observe que se $a = c$, (3.17) é a equação de um círculo e, portanto, a superfície é, nesse caso, um hiperbolóide de revolução.

O Parabolóide Elíptico

A superfície representada pela equação

$$\frac{x^2}{a^2} + \frac{y^2}{b^2} = cz \qquad (3.18)$$

é um *parabolóide elíptico* (veja a Figura 3.10).

Se $c > 0$, como na figura, o plano $z = k$ intercepta essa superfície segundo a elipse.

$$\frac{x^2}{cka^2} + \frac{y^2}{ckb^2} = 1, \; z = k \qquad (3.19)$$

se $k > 0$. Se $k < 0$, o plano $z = k$ não intercepta a superfície. Portanto, se $c > 0$, a superfície está contida na região $z \geq 0$. Analogamente, vemos que, se $c < 0$, a superfície está na região $z \leq 0$. Os planos xz e yz interceptam a superfície segundo as parábolas

$$x^2 = ca^2, y = 0 \text{ e } y^2 = cb^2 z, x = 0,$$

respectivamente. Além disso, essa superfície é simétrica em relação aos planos xz e yz. Note que, se $a = b$, as elipses (3.19) são círculos e, portanto, a superfície é um parabolóide de revolução.

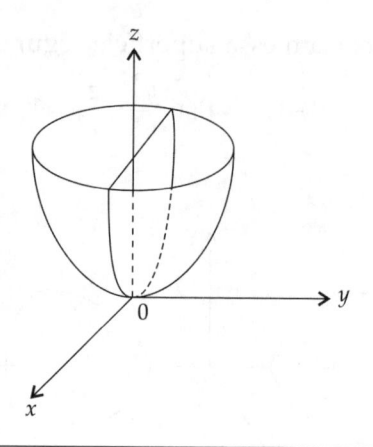

Figura 3.10

O Parabolóide Hiperbólico

A superfície representada pela equação

$$-\frac{x^2}{a^2} + \frac{y^2}{b^2} = cz \qquad (3.20)$$

é um *parabolóide hiperbólico* (veja a Figura 3.11).

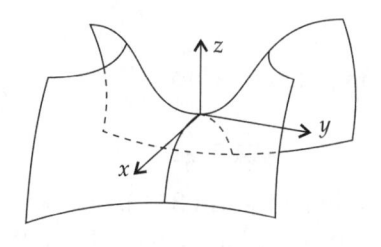

Figura 3.11

O plano xz corta essa superfície segundo a parábola $x^2 = -ca^2 z, y = 0$; observe que se $c > 0$, essa parábola se curva para baixo e tem o eixo dos z como eixo focal. A interseção da superfície com o plano yz é a parábola $y^2 = cb^2 z, x = 0$, a qual se curva para cima e tem também o eixo dos z como eixo focal. Se $k \neq 0$, o plano $z = k$ intercepta a superfície segundo a hipérbole

$$-\frac{x^2}{a^2 ck} + \frac{y^2}{b^2 ck} = 1, z = k.$$

Se $k > 0$, o eixo focal da hipérbole é paralelo ao eixo dos y (como na figura), mas se $k < 0$ esse eixo é paralelo ao eixo dos x. Observe que o plano xy corta a superfície segundo as retas

$$\frac{x^2}{a^2} - \frac{y^2}{b^2} = 0, z = 0,$$

ou seja,

$$\frac{x}{a} - \frac{y}{b} = 0 \text{ e } \frac{x}{a} + \frac{y}{b} = 0, z = 0.$$

O Cone Quádrico

A superfície cuja equação é

$$\frac{x^2}{a^2} + \frac{y^2}{b^2} = z^2 \qquad (3.21)$$

chama-se *cone quádrico*. O plano $z = k$, $k \neq 0$ corta a superfície segundo a elipse

$$\frac{x^2}{a^2 k^2} + \frac{y^2}{b^2 k^2} = 1, z = k \qquad (3.22)$$

A interseção dessa superfície com o plano $z = 0$ é apenas a origem 0 (veja a Figura 3.12).

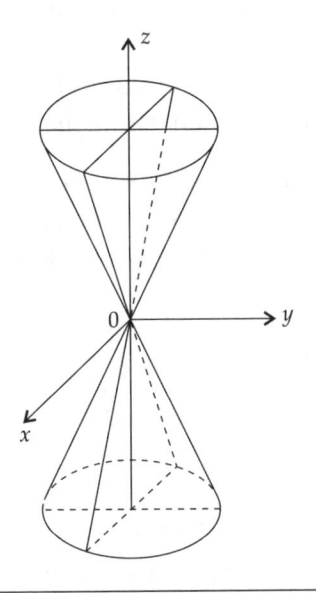

Figura 3.12

Esse ponto é o *vértice* do cone. Os planos xz e yz cortam a superfície segundo os pares de retas

$$x = \pm az, y = 0 \qquad \text{e} \qquad y = \pm bz, x = 0,$$

respectivamente. Note que os eixos das elipses (3.22) crescem à medida que $|k|$ cresce. Além disso, se $a = b$, então (3.22) é a equação de um círculo e, portanto, temos um cone de revolução. Nesse caso, a reta $x = az$ é uma *geratriz* do cone.

3.3 Mudanças de Coordenadas

Na Seção 2.1, introduzimos o sistema de coordenadas $0, \vec{i}, \vec{j}, \vec{k}$. Se P for um ponto qualquer do espaço, então as coordenadas de P no sistema anterior são os números reais x_1, x_2 e x_3, tais que

$$\overrightarrow{OP} = x_1 \vec{i} + x_2 \vec{j} + x_3 \vec{k}.$$

Para resolver certos problemas geométricos, é necessário substituir o sistema dado por outro sistema escolhido convenientemente.

Há três maneiras de passar do sistema $0, \vec{i}, \vec{j}, \vec{k}$ para outro sistema, $0', \vec{u_1}, \vec{u_2}, \vec{u_3}$:

1. **Translação dos eixos**: consiste em mudar só a origem do sistema de coordenadas, isto é, passar do sistema $0, \vec{i}, \vec{j}, \vec{k}$ para um sistema do tipo $0', \vec{i}, \vec{j}, \vec{k}$.
2. **Rotação dos eixos**: consiste em substituir $\{\vec{i}, \vec{j}, \vec{k}\}$ por outra base ortonormal, $\{\vec{u_1}, \vec{u_2}, \vec{u_3}\}$, isto é, substituir o sistema $0, \vec{i}, \vec{j}, \vec{k}$ pelo sistema $0, \vec{u_1}, \vec{u_2}, \vec{u_3}$.
3. **Rotação seguida de translação dos eixos**: consiste em passar do sistema $0, \vec{i}, \vec{j}, \vec{k}$ para um sistema $0', \vec{u_1}, \vec{u_2}, \vec{u_3}$.

Nesta seção, responderemos à seguinte questão: se (x_1, x_2, x_3) e (y_1, y_2, y_3) são as coordenadas de um ponto P nos sistemas $0, \vec{i}, \vec{j}, \vec{k}$ e $0', \vec{u_1}, \vec{u_2}, \vec{u_3}$, respectivamente, que relação existe entre (x_1, x_2, x_3) e (y_1, y_2, y_3)?

1. Translação dos eixos

Observe que (Figura 3.13)

$$\overrightarrow{O'P} = \overrightarrow{OP} - \overrightarrow{OO'}. \tag{3.23}$$

Se

$$\overrightarrow{OP} = x_1 \vec{i} + x_2 \vec{j} + x_3 \vec{k}$$
$$\overrightarrow{O'P} = y_1 \vec{i} + y_2 \vec{j} + y_3 \vec{k}$$
$$\overrightarrow{OO'} = c_1 \vec{i} + c_2 \vec{j} + c_3 \vec{k}$$

então (3.23) nos dá

$$y_1\vec{i} + y_2\vec{j} + y_3\vec{k} = (x_1 - c_1)\vec{i} + (x_2 - c_2)\vec{j} + (x_3 - c_3)\vec{k},$$

isto é,

$$y_1 = x_1 - c_1, y_2 = x_2 - c_2 \text{ e } y_3 = x_3 - c_3 \qquad (3.24)$$

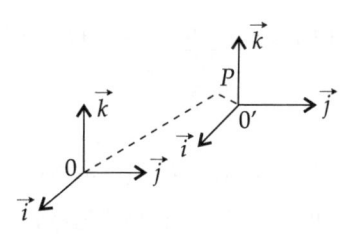

Figura 3.13

Exemplo 3.4 Calcular as coordenadas do ponto $P(1,2,-1)$ no sistema $O', \vec{i}, \vec{j}, \vec{k}$, sendo $O'(2,1,3)$. As coordenadas do ponto P são $y_1 = x_1 - c_1 = 1 - 2 = -1$, $y_2 = x_2 - c_2 = 2 - 1 = 1$ e $y_3 = x_3 - c_3 = -1 - 3 = -4$.

2. Rotação dos eixos

Se P é um ponto qualquer do espaço, o vetor $\overrightarrow{OP}$ pode ser escrito como

$$\begin{aligned}\overrightarrow{OP} &= x_1\vec{i} + x_2\vec{j} + x_3\vec{k} \\ &= y_1\vec{u_1} + y_2\vec{u_2} + y_3\vec{u_3}.\end{aligned} \qquad (3.25)$$

Escrevendo $\vec{i}, \vec{j}, \vec{k}$ como combinação linear dos vetores $\vec{u_1}, \vec{u_2}$ e $\vec{u_3}$, obtemos:

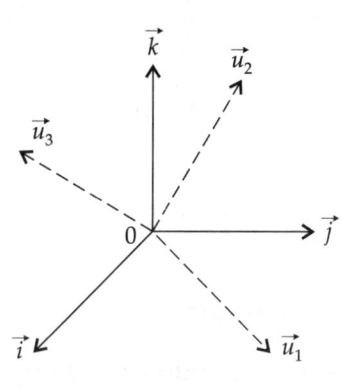

Figura 3.14

$$\vec{i} = a_{11}\vec{u_1} + a_{21}\vec{u_2} + a_{31}\vec{u_3}$$
$$\vec{j} = a_{12}\vec{u_1} + a_{22}\vec{u_2} + a_{32}\vec{u_3} \qquad (3.26)$$
$$\vec{k} = a_{13}\vec{u_1} + a_{23}\vec{u_2} + a_{33}\vec{u_3}$$

sendo

$$a_{r1} = \vec{i} \cdot \vec{u_r}, \; a_{r2} = \vec{j} \cdot \vec{u_r} \text{ e } a_{r3} = \vec{k} \cdot \vec{u_r}, \; r = 1, 2, 3.$$

Substituindo (3.26) em (3.25), obtemos,

$$(a_{11}x_1 + a_{12}x_2 + a_{13}x_3)\vec{u_1} + (a_{21}x_1 + a_{22}x_2 + a_{23}x_3)\vec{u_2} + (a_{31}x_1 + a_{32}x_2 + a_{33}x_3)\vec{u_3} = y_1\vec{u_1} + y_2\vec{u_2} + y_3\vec{u_3},$$

ou seja,

$$y_1 = a_{11}x_1 + a_{12}x_2 + a_{13}x_3$$
$$y_2 = a_{21}x_1 + a_{22}x_2 + a_{23}x_3 \qquad (3.27)$$
$$y_3 = a_{31}x_1 + a_{32}x_2 + a_{33}x_3.$$

Exemplo 3.5 Calcular as coordenadas do ponto $P(1, 0, 2)$ no sistema $0, \vec{u_1}, \vec{u_2}, \vec{u_3}$, onde

$$\vec{u_1} = \frac{1}{\sqrt{2}}(\vec{i} + \vec{j}), \qquad \vec{u_2} = \frac{1}{\sqrt{2}}(-\vec{i} + \vec{j}), \qquad \vec{u_3} = \vec{k}.$$

Observe que

$$\vec{i} = \frac{\sqrt{2}}{2}\vec{u_1} - \frac{\sqrt{2}}{2}\vec{u_2} + 0\,\vec{u_3}$$

$$\vec{j} = \frac{\sqrt{2}}{2}\vec{u_1} + \frac{\sqrt{2}}{2}\vec{u_2} + 0\,\vec{u_3}$$

$$\vec{k} = 0\,\vec{u_1} + 0\,\vec{u_2} + \vec{u_3}.$$

As Equações (3.27) nos dão

$$y_1 = \frac{\sqrt{2}}{2} \cdot 1 + \frac{\sqrt{2}}{2} \cdot 0 + 0 \cdot 2 = \frac{\sqrt{2}}{2}$$

$$y_2 = -\frac{\sqrt{2}}{2} \cdot 1 + \frac{\sqrt{2}}{2} \cdot 0 + 0 \cdot 2 = -\frac{\sqrt{2}}{2}$$

e

$$y_3 = 0 \cdot 1 + 0 \cdot 0 + 1 \cdot 2 = 2.$$

3.4 A Equação Geral do Segundo Grau

Consideremos as equações do segundo grau do tipo:

$$ax_1^2 + bx_2^2 + cx_3^2 + dx_1 + ex_2 + fx_3 + g = 0. \qquad (3.28)$$

1. Se o termo do segundo grau em x é não-nulo, então existe uma translação dos eixos tal que a Equação (3.28) no novo sistema de coordenadas não contém o termo do primeiro grau na primeira coordenada.

   Demonstração: Suponha, por exemplo, que $a \neq 0$. Considere o ponto $O'\left(-\dfrac{d}{2a}, 0, 0\right)$ e sejam y_1, y_2 e y_3 as coordenadas de um ponto $P(x_1, x_2, x_3)$ no sistema $O', \vec{i}, \vec{j}, \vec{k}$. Assim,

$$x_1 = y_1 - \frac{d}{2a},\ x_2 = y_2 \text{ e } x_3 = y_3.$$

Portanto, a Equação (3.28) se escreve no novo sistema de coordenadas como

$$a\left(y_1 - \frac{d}{2a}\right)^2 + by_2^2 + cy_3^2 + d\left(y_1 - \frac{d}{2a}\right) + ey_2 + fy_3 + g = ay_1^2 + by_2^2 + cy_3^2 +$$
$$ey_2 + fy_3 + \left(g - \frac{d^2}{2a} + \frac{d^2}{4a}\right) = 0$$

Exemplo 3.6 Achar a translação dos eixos que elimina os termos do primeiro grau da equação

$$x_1^2 - 2x_2^2 + \frac{1}{2}x_3^2 + 2x_1 + x_2 - x_3 + 1 = 0.$$

O novo sistema de coordenadas é $O', \vec{i}, \vec{j}, \vec{k}$, onde $O'\left(-1, \dfrac{1}{4}, 1\right)$. As novas coordenadas são dadas pelas equações

$$x_1 = y_1 - 1,\ x_2 = y_2 + \frac{1}{4}\ \text{ e }\ x_3 = y_3 + 1.$$

A Equação (3.28) se escreve no novo sistema de coordenadas como

$$(y_1 - 1)^2 - 2\left(y_2 + \frac{1}{4}\right)^2 + \frac{1}{2}(y_3 + 1)^2 + 2(y_1 - 1) + y_2 + \frac{1}{4} - y_3 - 1 + 1 = y_1^2 - 2y_2^2 + \frac{1}{2}y_3^2 - \frac{3}{8} = 0,$$

ou seja,

$$\frac{y_1^2}{\left(\dfrac{\sqrt{3}}{2\sqrt{2}}\right)^2} - \frac{y_2^2}{\left(\dfrac{\sqrt{3}}{4}\right)^2} + \frac{y_3^2}{\left(\dfrac{\sqrt{3}}{2}\right)^2} = 1$$

que é a equação de um hiperbolóide de uma folha.

2. Se a Equação (3.28) possui apenas um termo do segundo grau não-nulo, então existe um novo sistema de coordenadas em relação ao qual a equação se escreve com no máximo um termo do primeiro grau não-nulo.

Demonstração: Seja ax_1^2 o termo do segundo grau não-nulo. Em virtude de (secção 3.4, item 1), podemos supor que a equação não possui termo do primeiro grau em x_1. Portanto, nossa equação é do tipo

$$ax_1^2 + ex_2 + fx_3 + g = 0. \tag{3.28'}$$

Se $e, f \neq 0$, podemos ainda supor que $e^2 + f^2 = 1$. Considere os vetores

$$\overrightarrow{u_1} = \vec{i}$$
$$\overrightarrow{u_2} = e\vec{j} + f\vec{k}$$
$$\overrightarrow{u_3} = -f\vec{j} + e\vec{k}.$$

É fácil ver que $\{\overrightarrow{u_1}, \overrightarrow{u_2}, \overrightarrow{u_3}\}$ é uma base ortonormal e que

$$\vec{i} = \overrightarrow{u_1}$$
$$\vec{j} = e\overrightarrow{u_2} - f\overrightarrow{u_3}$$
$$\vec{k} = f\overrightarrow{u_2} + e\overrightarrow{u_3}.$$

Sejam (x_1, x_2, x_3) e (y_1, y_2, y_3) as coordenadas de um ponto P nos sistemas $0, \vec{i}, \vec{j}, \vec{k}$ e $0, \overrightarrow{u_1}, \overrightarrow{u_2}, \overrightarrow{u_3}$, respectivamente. Assim,

$$y_1 = x_1$$
$$y_2 = ex_2 + fx_3$$
$$y_3 = -fx_2 + ex_3.$$

É claro então que a Equação (3.28') se escreve como

$$ay_1^2 + y_2 + g = 0.$$

Exemplo 3.7 Identificar a quádrica cuja equação é

$$x_1^2 + 2x_1 + x_2 - x_3 + 2 = 0.$$

Por meio da translação de eixos

$$x_1 = y_1 - 1, \ x_2 = y_2 \ \text{e} \ x_3 = y_3,$$

eliminamos o termo do primeiro grau em y_1, obtendo

$$y_1^2 + y_2 - y_3 + 1 = 0,$$

ou seja,

$$\frac{1}{\sqrt{2}} y_1^2 + \frac{1}{\sqrt{2}} y_2 - \frac{1}{\sqrt{2}} y_3 = 0.$$

Por meio da rotação

$$z_1 = y_1$$
$$z_2 = \frac{1}{\sqrt{2}}y_2 - \frac{1}{\sqrt{2}}y_3$$
$$z_3 = \frac{1}{\sqrt{2}}y_2 + \frac{1}{\sqrt{2}}y_3$$

obtemos a equação do cilindro parabólico

$$\frac{1}{\sqrt{2}}z_1^2 + z_2 = 0.$$

O leitor pode verificar (usando (3.23) e (3.24) dadas anteriormente) que o conjunto dos pontos do espaço cujas coordenadas satisfazem uma equação do tipo

$$ax_1^2 + bx_2^2 + cx_3^2 + dx_1 + ex_2 + fx_3 + g = 0 \qquad (3.29)$$

pode ser:

1. o conjunto vazio, isto é, não existe ponto algum cujas coordenadas satisfazem à equação (exemplo: $x_1^2 + x_2^2 + x_3^2 + 1 = 0$);
2. um único ponto (exemplo: $x_1^2 + x_2^2 + x_3^2 = 0$);
3. uma reta (exemplo: $(x_1 - 1)^2 + x_3^2 = 0$);
4. um ou dois planos (exemplos: $x_1^2 = 0$ ou $x_1^2 - x_2^2 = 0$);
5. qualquer das quádricas da Seção 3.2.

Consideremos, agora, a equação geral do segundo grau:

$$b_{11}x_1^2 + b_{22}x_2^2 + b_{33}x_3^2 + 2b_{12}x_1x_2 + 2b_{13}x_1x_3 + 2b_{23}x_2x_3 + b_1x_1 + b_2x_2 + \qquad (3.30)$$

$$b_3x_3 + b_0 = 0.$$

Uma rotação dos eixos substitui as coordenadas x_1, x_2, x_3 por polinômios homogêneos do primeiro grau nas novas coordenadas y_1, y_2 e y_3, isto é,

$$x_1 = c_{11}y_1 + c_{12}y_2 + c_{13}y_3$$
$$x_2 = c_{21}y_1 + c_{22}y_2 + c_{23}y_3$$
$$x_3 = c_{31}y_1 + c_{32}y_2 + c_{33}y_3.$$

Vemos, assim, que uma rotação dos eixos transforma um polinômio homogêneo do segundo grau em x_1, x_2, x_3 em um polinômio homogêneo do segundo grau em y_1, y_2, y_3 e um polinômio do primeiro grau. Portanto, para mostrar que a Equação (3.30) pode ser transformada por uma rotação dos eixos em uma equação do tipo (3.29), é necessário apenas mostrar que o polinômio homogêneo

$$b_{11}x_1^2 + b_{22}x_2^2 + b_{33}x_3^2 + 2b_{12}x_1x_2 + 2b_{13}x_1x_3 + 2b_{23}x_2x_3 \qquad (3.31)$$

pode ser transformado por uma rotação dos eixos em um polinômio do tipo

$$ay_1^2 + by_2^2 + cy_3^2. \tag{3.32}$$

Trataremos desse assunto na Seção 6.8.

Exercícios

1. Ache as equações das seguintes superfícies:
   a) O cilindro com geratriz perpendicular ao plano xy e cuja diretriz é a parábola $y = 2x^2$.
   b) O elipsóide obtido girando a elipse $\dfrac{x^2}{2} + \dfrac{y^2}{4} = 1$ ao redor do eixo maior.
   c) O cone obtido girando a reta $y = ax + b$, $z = 0$ ao redor do eixo y.
   d) O cone obtido girando a reta $x = t$, $y = 2t$, $z = 3t$ ao redor da reta $x = -t$, $y = 2t$ e $z = 2t$.

2. Identificar as quádricas cujas equações são:
   a) $x^2 - y^2 + z^2 = 0$;
   b) $x^2 - y^2 + z^2 = 1$;
   c) $x^2 - y^2 + z^2 = -1$;
   d) $x^2 - 4y^2 = 0$;
   e) $x^2 - 4y^2 = 4$;
   f) $2x = y^2 + z^2$;
   g) $9y = x^2$;
   h) $4z = y^2 - x^2$;
   i) $x^2 + 4y^2 + 9z^2 = 25$;
   j) $x^2 - y^2 = z$.

3. Usando translações e rotações dos eixos, identifique as superfícies cujas equações são:
   a) $4x^2 + y^2 + 4z^2 - 8x - 2y - 24z + 41 = 1$;
   b) $2x^2 + 4y^2 + z^2 - 8y - z + \dfrac{1}{4} = 0$;
   c) $4x^2 + y^2 - z^2 + 12x - 2y + 4z = 10$;
   d) $2x^2 - y^2 + 3z^2 + 1 = 0$;
   e) $y^2 + 2x - z = 0$.

4. a) Mostre que as retas $\dfrac{x}{a} + \dfrac{y}{b} = kc$, $\dfrac{x}{a} - \dfrac{y}{b} = \dfrac{z}{k}$ e $\dfrac{x}{a} - \dfrac{y}{b} = kc$, $\dfrac{x}{a} + \dfrac{y}{b} = \dfrac{z}{k}$ (para cada número real $k \neq 0$) estão inteiramente contidas no parabolóide hiperbólico

$$\dfrac{x^2}{a^2} - \dfrac{y^2}{b^2} = cz.$$

b) Mostre que por qualquer ponto desse parabolóide passa uma reta do tipo

$$\frac{x}{a}+\frac{y}{b}=kc, \quad \frac{x}{a}-\frac{y}{b}=\frac{z}{k}$$

e uma reta do tipo

$$\frac{x}{a}-\frac{y}{b}=kc, \quad \frac{x}{a}+\frac{y}{b}=\frac{z}{k}.$$

Por essa razão, dizemos que esse parabolóide é uma *superfície regrada*.

5. Mostre que o hiperbolóide de uma folha

$$\frac{x^2}{a^2}+\frac{y^2}{b^2}-\frac{z^2}{c^2}=1$$

é uma superfície regrada.

6. Considere a função $q(x,y) = ax^2 + 2bxy + cy^2$ definida no círculo unitário $x^2 + y^2 = 1$. Mostre que se $q(x, y)$ possui máximo em $(1, 0)$, então $b = 0$.
Sugestão: Ponha $x = \operatorname{sen} t$, $y = \cos t$ e considere a função $f(t) = q(\operatorname{sen} t, \cos t)$ que possui máximo para $t = \pi/2$. Portanto, $f'(\pi/2) = 0$.

7. Utilize o exercício anterior para mostrar que existe uma rotação de eixos

$$u = a_{11}x + a_{21}y; \quad v = a_{12}x + a_{22}y$$

que transforma a equação $ax^2 + 2bxy + cy^2 = d$ em $\alpha u^2 + \beta v^2 = d$.
Sugestão: $f(t) = a\operatorname{sen}^2 t + 2b\operatorname{sen} t \cos t + c\cos^2 t$ possui máximo $f(t_0)$, onde $0 < t_0 < 4\pi$. Considere a base ortonormal $\vec{a} = \operatorname{sen} t_0 \vec{i} + \cos t_0 \vec{j}$ e $\vec{b} = \cos t_0 \vec{i} - \operatorname{sen} t_0 \vec{j}$. O novo sistema de coordenadas é o $(O, \vec{a}, \vec{b})$.

8. Utilize mudanças de eixos para identificar as cônicas:
   a) $2x^2 + xy + y^2 = 3$.
   b) $x^2 - 3xy + y^2 + x - y = 1$.
   c) $3x^2 - 2xy + y^2 + 2x + y = 2$.

   Sugestão: Utilize a Seção 3.4 e o exercício anterior.

4

$$\begin{bmatrix} \cos\theta & -\sin\theta & 0 \\ \sin\theta & \cos\theta & 0 \\ 0 & 0 & \lambda \end{bmatrix}$$

Espaços Euclidianos

É conveniente, em matemática e suas aplicações, introduzirem-se os espaços euclidianos com um número arbitrário de dimensões. Por exemplo, esse conceito é muito útil no estudo do cálculo das funções de várias variáveis e no estudo dos sistemas de equações lineares.

4.1 Os Espaços Euclidianos $\mathbb{R}^n$

O espaço usual foi considerado no Capítulo 1 sem ter sido formalmente definido. Vimos que, uma vez escolhido um sistema $O, \vec{i}, \vec{j}, \vec{k}$ de coordenadas, cada ponto X do espaço é perfeitamente determinado por um terno (x_1, x_2, x_3) de números reais, a saber, os números reais x_1, x_2, x_3 tais que

$$\overrightarrow{OX} = x_1 \vec{i} + x_2 \vec{j} + x_3 \vec{k}.$$

Uma definição precisa de ponto do espaço pode ser obtida da seguinte maneira: em vez de dizer que ao ponto X *corresponde* o terno (x_1, x_2, x_3), definiremos o ponto X como o terno (x_1, x_2, x_3). Assim, o espaço usual é considerado como o conjunto de todos os ternos ordenados $X = (x_1, x_2, x_3)$ de números reais. Ao identificarmos os pontos do espaço tridimensional com ternos ordenados de números reais, não só obtivemos uma definição rigorosa para o espaço usual, como também isso nos sugere a definição de espaços com um número arbitrário de dimensões.

Definição 4.1 O *espaço euclidiano* $\mathbb{R}^n$ (n inteiro positivo qualquer) é o conjunto de todas as n-uplas ordenadas $X = (x_1, x_2, ... x_n)$ de números reais.

Assim, o $\mathbb{R}^1$ (geralmente indicado por $\mathbb{R}$) é simplesmente o conjunto de todos os números reais. O $\mathbb{R}^2$ é o conjunto de todos os pares ordenados (x_1, x_2) de números reais. O $\mathbb{R}^3$ é o conjunto de todos os ternos ordenados (x_1, x_2, x_3) de números reais etc. Ao definirmos o $\mathbb{R}^n$ como o conjunto de todas as n-uplas ordenadas, queremos dizer que a ordem em que aparecem os números na

n-upla é importante. Por exemplo, (1, 2, 0, 3) e (1, 2, 3, 0) são duas n-uplas distintas do $\mathbb{R}^4$.

Há outra maneira de olhar para um terno $X=(x_1,x_2,x_3)$ do $\mathbb{R}^3$: é pensar nesse terno como o vetor $\overrightarrow{OX}=x_1\vec{i}+x_2\vec{j}+x_3\vec{k}$. Dessa forma, *podemos considerar os ternos* $X=(x_1,x_2,x_3)$ *do* $\mathbb{R}^3$, *indiferentemente, como pontos do espaço ou como vetores.* Analogamente, pensaremos nas n-uplas $X=(x_1,...x_n)$ do $\mathbb{R}^n$ como pontos ou como "vetores". Isso nos sugere definir as operações de adição de n-uplas e o produto de n-uplas por escalares.

Aos ternos $X=(x_1,x_2,x_3)$, $Y=(y_1,y_2,y_3)$ correspondem os vetores

$$\overrightarrow{OX}=x_1\vec{i}+x_2\vec{j}+x_3\vec{k}$$

e

$$\overrightarrow{OY}=y_1\vec{i}+y_2\vec{j}+y_3\vec{k}.$$

Ao vetor soma (veja a Figura 4.1)

$$\overrightarrow{OX}+\overrightarrow{OY}=(x_1+y_1)\vec{i}+(x_2+y_2)\vec{j}+(x_3+y_3)\vec{k}$$

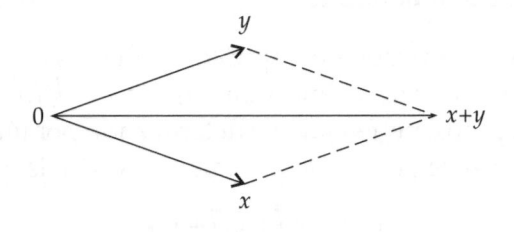

Figura 4.1

corresponde o terno ordenado $(x_1+y_1,x_2+y_2,x_3+y_3)$. Isso nos sugere definir a *soma* do terno X com o terno Y como o terno $X+Y=(x_1+y_1,x_2+y_2,x_3+y_3)$. Definimos dessa maneira a adição de ternos do $\mathbb{R}^3$. De forma semelhante, definimos a adição de n-uplas do $\mathbb{R}^n$; se

$$X=(x_1,x_2,...,x_n)$$

e

$$Y=(y_1,y_2,...,y_n),$$

então

$$X+Y=(x_1+y_1,x_2+y_2,...,x_n+y_n).$$

Por exemplo, se

$$X = (1,2,0,3)$$

e

$$Y = (0,-1,2,5),$$

então $X + Y = (1+0, 2-1, 0+2, 3+5) = (1,1,2,8)$.

Ao terno $X = (x_1, x_2, x_3)$ corresponde o vetor $\overrightarrow{OX} = x_1 \vec{i} + x_2 \vec{j} + x_3 \vec{k}$. Se c for um escalar qualquer, ao vetor

$$c\overrightarrow{OX} = (cx_1)\vec{i} + (cx_2)\vec{j} + (cx_3)\vec{k}$$

corresponde o terno (cx_1, cx_2, cx_3). Isso nos sugere definir o *produto* do terno X pelo escalar c como o terno

$$cX = (cx_1, cx_2, cx_3) \qquad \text{(veja a Figura 4.2)}.$$

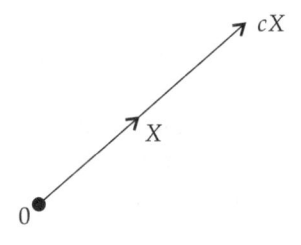

Figura 4.2

Definimos, mais geralmente, o *produto por escalares no* $\mathbb{R}^n$: se

$$X = (x_1, x_2, ..., x_n)$$

for uma n-uplas do $\mathbb{R}^n$ e c, um escalar, então

$$cX = (cx_1, cx_2, ..., cx_n).$$

Por exemplo, se

$$X = (1, 0, -1, 2, 3),$$

então
$$2X = (2,0,-2,4,6)$$
e
$$(-1)X = (-1,0,1,-2,-3).$$

A n-uplas $(-1)X$ é geralmente indicada por $-X$.

A adição e o produto por escalares no $\mathbb{R}^n$ satisfazem às seguintes propriedades (compare com a Seção 1.4):

1. $X+(Y+Z)=(X+Y)+Z$
2. Se $0=(0,0,...,0)$ é a n-uplas com todas as coordenadas nulas, então
$$0+X = X+0 = X$$
3. $X+(-1)X = 0$
4. $X+Y = Y+X$
5. $c(X+Y) = cX+cY$
6. $(c+d)X = cX+dX$
7. $(cd)X = c(dX)$
8. $1X = X$.

Essas propriedades são verificadas quaisquer que sejam X, Y, Z no $\mathbb{R}^n$ e c, d escalares. O leitor pode demonstrá-las facilmente. Como exemplo, demonstraremos a propriedade 5: sejam
$$X = (x_1, x_2, ..., x_n)$$
e
$$Y = (y_1, y_2, ..., y_n);$$
então
$$X+Y = (x_1+y_1, x_2+y_2, ..., x_n+y_n)$$
e
$$\begin{aligned}c(X+Y) &= (c(x_1+y_1), c(x_2+y_2), ..., c(x_n+y_n))\\ &= (cx_1+cy_1, cx_2+cy_2, ..., cx_n+cy_n)\\ &= (cx_1, cx_2, ..., cx_n)+(cy_1, cy_2, ..., cy_n)\\ &= c(x_1, x_2, ..., x_n)+c(y_1, y_2, ..., y_n)\\ &= cX+cY.\end{aligned}$$

Exercícios

1. Calcule $A+B$, $A-B$ e $2A-5B$ em cada um dos seguintes casos:
   a) $A=(1,0)$, $B=(0,1)$;
   b) $A=(1,0,1)$, $B=(-1,1,0)$;
   c) $A=(\sqrt{2},1,2)$, $B=(1,2,-1)$.

2. Demonstre as oito propriedades da adição e do produto por escalares do $\mathbb{R}^n$ enunciadas no final da seção.

4.2 Produto Interno

Aos ternos $X=(x_1,x_2,x_3)$ e $Y=(y_1,y_2,y_3)$ correspondem os vetores

$$\overrightarrow{OX} = x_1\vec{i} + x_2\vec{j} + x_3\vec{k}$$

e

$$\overrightarrow{OY} = y_1\vec{i} + y_2\vec{j} + y_3\vec{k}.$$

O produto interno dos vetores $\overrightarrow{OX}$ e $\overrightarrow{OY}$ pode ser dado pela fórmula (veja na Seção 1.7 o Exercício 20)

$$\overrightarrow{OX} \cdot \overrightarrow{OY} = x_1 y_1 + x_2 y_2 + x_3 y_3.$$

Isso nos sugere definir o produto interno de X por Y como

$$X \cdot Y = x_1 y_1 + x_2 y_2 + x_3 y_3.$$

Mais geralmente, se $X=(x_1,x_2,...,x_n)$ e $Y=(y_1,y_2,...,y_n)$ são n-uplas do $\mathbb{R}^n$, o produto interno de X e Y pode ser definido por

$$X \cdot Y = x_1 y_1 + x_2 y_2 + ... + x_n y_n.$$

Por exemplo, se

$$X=(1,2,-1,3)$$

e

$$Y=(0,-1,2,1),$$

então

$$X \cdot Y = 1 \cdot 0 + 2(-1) + (-1)(2) + 3(1) = -1.$$

O produto interno satisfaz às seguintes propriedades:

1. $X \cdot Y = Y \cdot X$
2. $X \cdot (Y + Z) = X \cdot Y + X \cdot Z$
3. $(cX) \cdot Y = X \cdot (cY) = c(X \cdot Y)$
4. $X \cdot X \geq 0$; e se $X \cdot X = 0$, então $X = 0$.

Essas propriedades são verificadas quaisquer que sejam X, Y e Z no $\mathbb{R}^n$ e qualquer que seja o número real c. O leitor pode demonstrá-las facilmente. Como exemplo, demonstraremos a propriedade 2:

$$Y + Z = (y_1 + z_1, y_2 + z_2, ..., y_n + z_n)$$

e

$$\begin{aligned}X \cdot (Y + Z) &= x_1(y_1 + z_1) + z_2(y_2 + z_2) + ... + x_n(y_n + z_n)\\ &= x_1 y_1 + x_1 y_1 + x_2 y_2 + x_2 z_2 + ... + x_n y_n + x_n z_n\\ &= (x_1 y_1 + x_2 y_2 + ... + x_n y_n) + (x_1 z_1 + x_2 z_2 + ... + x_n z_n)\\ &= X \cdot Y + X \cdot Z.\end{aligned}$$

Em lugar de $X \cdot X$, é conveniente escrever X^2; e é fácil verificar que

$$(X + Y)^2 = X^2 + 2X \cdot Y + Y^2$$

e

$$(X - Y)^2 = X^2 - 2X \cdot Y + Y^2.$$

Diremos que X é perpendicular (ou ortogonal) a Y se $X \cdot Y = 0$. Observe que a propriedade 4 do produto interno nos diz que o único vetor do $\mathbb{R}^n$ que é perpendicular a si mesmo é o vetor nulo. No Capítulo 5, Seção 5.2, estudaremos produtos internos que não possuem a propriedade 4. Os produtos internos que possuem essa propriedade chamam-se *positivos definidos*.

Exercícios

1. Calcule X^2 e $X \cdot Y$ em cada um dos seguintes casos:
   a) $X = (1, 0)$, $Y = (0, 1)$;
   b) $X = (1/\sqrt{2}, 0, 1/\sqrt{2})$, $Y = (0, 1, 0)$;
   c) $X = (1, 2, 3)$, $Y = (-1, 1, -2)$.

2. Demonstre as quatro propriedades do produto interno, enunciadas na Seção 4.2.

3. Mostre que
   a) $(X+Y)^2 = X^2 + 2X \cdot Y + Y^2;$
   b) $(X-Y)^2 = X^2 - 2X \cdot Y + Y^2;$
   c) $(X+Y) \cdot (X-Y) = X^2 - Y^2.$
4. Quais dos seguintes pares de vetores são perpendiculares?
   a) $(1, 0, 0), (0, 1, 0)$
   b) $(1, -1, 1), (-1, -1, 0)$
   c) $(1, 2, 3), (2, 3, 4)$
   d) $(\text{sen}\, t, \cos t, -1), (\text{sen}\, t, \cos t, 1)$

4.3 A Norma de um Vetor

Vimos na Seção 1.7 que $\vec{v} = x_1 \vec{i} + x_2 \vec{j} + x_3 \vec{k}$, então a norma ou comprimento do vetor v é dada por

$$\|\vec{v}\| = \sqrt{\vec{v} \cdot \vec{v}}$$
$$= \sqrt{x_1^2 + x_2^2 + x_3^2}.$$

Isso nos sugere definir a *norma* de um vetor $X = (x_1, x_2, ..., x_n)$ do $\mathbb{R}^n$ por

$$\|X\| = \sqrt{X \cdot X}$$
$$= \sqrt{x_1^2 + x_2^2 + ... + x_n^2}.$$

O teorema a seguir, que é uma generalização do Exercício 19 da Seção 1.7, possui muitas aplicações importantes em matemática.

Teorema 4.1 (Desigualdade de Schwarz). Se X e Y são vetores quaisquer do $\mathbb{R}^n$, então

$$|X \cdot Y| \leq \|X\| \|Y\|.$$

Demonstração: Sejam $x = Y \cdot Y$ e $y = -X \cdot Y$. Considere o vetor $Z = xX + yY$. Uma das propriedades do produto interno nos diz que

$$0 \leq Z \cdot Z,$$

ou seja,

$$0 \leq x^2 \|X\|^2 + 2xy(X \cdot Y) + y^2 \|Y\|^2.$$

Substituindo x e y, obtemos

$$0 \leq \|X\|^2 \|Y\|^4 - 2\|Y\|^2 (X \cdot Y)^2 + (X \cdot Y)^2 \|Y\|^2,$$

ou seja,

$$\|Y\|^2 (X \cdot Y)^2 \leq \|X\|^2 \|Y\|^4. \tag{4.1}$$

Se $Y = 0$, a desigualdade de Schwarz é óbvia. Se $Y \neq 0$, então $\|Y\| \neq 0$ e podemos dividir ambos os membros de (4.1) por $\|Y\|^2$, obtendo

$$|X \cdot Y| \leq \|X\|^2 \|Y\|^2,$$

o que demonstra o teorema.

Como conseqüência da desigualdade de Schwarz temos o

Corolário 4.1 (Desigualdade triangular). Se X e Y são vetores do $\mathbb{R}^n$, então

$$\|X + Y\| \leq \|X\| + \|Y\|.$$

Demonstração: Observe que

$$\|X + Y\|^2 = (X + Y)^2 = X^2 + 2X \cdot Y + Y^2 \leq \|X\|^2 + 2|X \cdot Y| + \|Y\|^2. \tag{4.2}$$

A desigualdade de Schwarz nos dá

$$\|X\|^2 + 2|X \cdot Y| + \|Y\|^2 \leq \|X\|^2 + 2\|X\|\|Y\| + \|Y\|^2 = \left(\|X\| + \|Y\|^2\right) \tag{4.3}$$

De (4.2) e (4.3), concluímos que

$$\|X + Y\|^2 \leq \left(\|X\| + \|Y\|\right)^2, \tag{4.4}$$

demonstrando a desigualdade triangular.

A norma possui as seguintes propriedades: se X e Y são vetores do $\mathbb{R}^n$ e x é um escalar, então

1. $\|xX\| = |x|\|X\|$
2. $\|X + Y\| \leq \|X\| + \|Y\|$
3. $\|X\| \geq 0$, e se $\|X\| = 0$, então $X = 0$.

As propriedades 1 e 3 são conseqüências de propriedades análogas do produto interno. Como exemplo, demonstremos a propriedade 1:

$$\|xX\|^2 = (xX) \cdot (xX) = x^2 (X \cdot X).$$

Assim,

$$\|xX\|^2 = |x|^2 \|X\|^2,$$

ou seja,

$$\|xX\| = |x|\|X\|.$$

Se
$$X = (x_1, x_2, \ldots, x_n) \quad \text{e} \quad Y = (y_1, y_2, \ldots, y_n)$$
são pontos do $\mathbb{R}^n$, a distância entre X e Y, indicada por $d(X,Y)$, é, por definição,
$$d(X,Y) = \|X - Y\|$$
$$= \sqrt{(x_1 - y_1)^2 + (x_2 - y_2)^2 + \ldots + (x_n - y_n)^2}.$$

O Exercício 22 da Seção 1.7 nos sugere definir o ângulo (X, Y) entre os vetores, não-nulos, X e Y do $\mathbb{R}^n$, por meio da equação:

$$\cos(X,Y) = \frac{X \cdot Y}{\|X\| \|Y\|}. \tag{4.5}$$

A desigualdade de Schwarz nos dá

$$-1 \leq \frac{X \cdot Y}{\|X\| \|Y\|} \leq 1$$

e, portanto, existe um único ângulo (X, Y) entre 0 e π que satisfaz (4.5).

Um vetor X do $\mathbb{R}^n$ chama-se *unitário*, se $\|X\| = 1$. Observe que se X for um vetor qualquer não-nulo do $\mathbb{R}^n$, então

$$\frac{1}{\|X\|} X$$

é um vetor unitário, pois

$$\left\| \frac{1}{\|X\|} X \right\| = \frac{1}{\|X\|} \|X\| = 1.$$

Diremos que dois vetores X e Y do $\mathbb{R}^n$ têm a *mesma direção* se $X = cY$, onde c é um número real não-nulo. Se $c > 0$, diremos que X e Y têm o *mesmo sentido* e se $c < 0$, diremos que esses vetores têm *sentidos opostos*. A observação feita anteriormente nos mostra que a cada vetor não-nulo X corresponde um único vetor unitário

$$\frac{1}{\|X\|} X$$

de mesma direção e sentido que X. Ele chama-se vetor unitário de X.

Exemplo 4.1 A esfera com centro $C = (c_1, c_2, \ldots, c_n)$ e raio $r > 0$ no $\mathbb{R}^n$ é o conjunto dos pontos X do $\mathbb{R}^n$ tais que $d(X,C) = r$. Observe então que um ponto X pertence a essa esfera se, e somente se,

$$\| X - C \|^2 = r^2.$$

Portanto,
$$(x_1-c_1)^2+(x_2-c_2)^2+\ldots+(x_n-c_n)^2=r^2$$
é a equação da esfera de centro C e raio r, no $\mathbb{R}^n$.

Exemplo 4.2 Sejam $x(t)$, $y(t)$ e $z(t)$ funções diferenciáveis (que possuem derivadas até a segunda ordem), definidas no intervalo aberto (a, b).
Em física, é usual indicar-se por
$$P(t)=(x(t),y(t),z(t))$$
a trajetória de um ponto P no $\mathbb{R}^3$. A *velocidade* e a *aceleração* do ponto P, no instante t, são
$$P'(t)=(x'(t),y'(t),z'(t))$$
e
$$P''(t)=(x''(t),y''(t),z''(t)),$$
respectivamente. Suponhamos que o ponto P se descole sobre a esfera de centro na origem e raio $r>0$ com $\|P'(t)\|=1$, $a<t<b$. Chamaremos *curvatura* da trajetória, no instante t, ao número
$$c(t)=\|P''(t)\|.$$

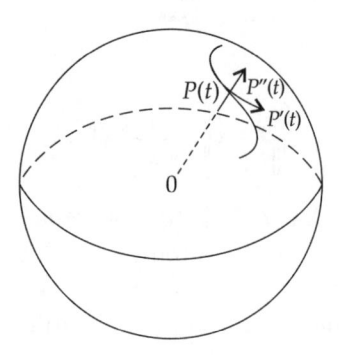

Figura 4.3

Mostraremos que
$$c(t)\ge\frac{1}{r}.$$
Realmente, como $P(t)$ está sempre na esfera, então
$$P(t)\cdot P(t)=r^2. \tag{4.6}$$

Derivando, obtemos
$$x(t)x'(t) + y(t)y'(t) + z(t)z'(t) = 0,$$
ou seja,
$$P(t) \cdot P'(t) = 0 \tag{4.7}$$
o que mostra que a velocidade é sempre perpendicular ao raio. Derivando (4.7), obtemos
$$P(t) \cdot P''(t) + P'(t) \cdot P'(t) = 0$$
e, tendo em conta que $\|P'(t)\| = 1$, temos
$$P(t) \cdot P''(t) = -1,$$
ou seja,
$$|P(t) \cdot P''(t)| = 1. \tag{4.8}$$
A desigualdade de Schwarz nos diz que
$$|P(t) \cdot P''(t)| \leq \|P(t)\| \|P''(t)\| = rc(t), \tag{4.9}$$
pois, $\|P(t)\| = r$.

De (4.8) e (4.9), obtemos, finalmente:
$$c(t) > \frac{1}{r}.$$

Exercícios

1. Calcule a norma dos seguintes vetores:
   a) $X = (1,0,0,0)$;
   b) $X = (1,2,0,2)$;
   c) $X = (2,3,1,1,3)$.
2. Calcule a distância entre os seguintes pares de pontos:
   a) $A = (1,2,3,4)$ e $B = (0,1,2,3)$;
   b) $A = (0,1,0,2,3,0)$ e $B = (1,0,2,0,3,2)$.
3. Mostre que se A, B e C são pontos quaisquer do $\mathbb{R}^n$, então:
   a) $d(A,B) \geq 0$;
   b) $d(A,B) = 0$ se, e somente se, $A = B$;
   c) $d(A,B) \leq d(A,C) + d(C,B)$.
4. Calcule o ângulo entre os seguintes pares de vetores:
   a) $X = (1,0,0,0)$ e $Y = (1,1,0,0)$;
   b) $X = (1,0,1,0,0)$ e $Y = (0,0,1,0,1)$.

5. Demonstre que, se X e Y são vetores quaisquer do $\mathbb{R}^n$, então $\|X-Y\| \geq \|\|X\|-\|Y\|\|$.

4.4 Retas e Hiperplanos

Seja Q um vetor qualquer, não-nulo, do $\mathbb{R}^n$. Em cada ponto P do $\mathbb{R}^n$ passa uma reta cuja direção é a do vetor Q: essa *reta* é definida como o conjunto L (Figura 4.4) dos pontos X do $\mathbb{R}^n$ que satisfazem à equação

$$X = P + tQ \tag{4.10}$$

Se $P=(p_1,p_2,...,p_n)$, $Q=(q_1,q_2,...,q_n)$ e $X=(x_1,x_2,...,x_n)$, a Equação (4.10) nos dá n equações paramétricas

$$x_1 = p_1 + tq_1$$
$$x_2 = p_2 + tq_2$$
$$\dots$$
$$x_n = p_n + tq_n$$

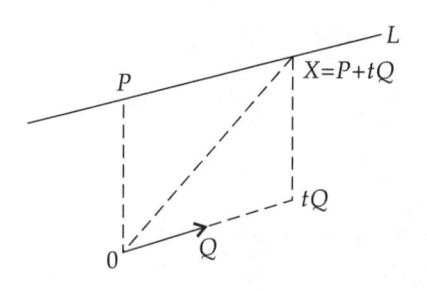

Figura 4.4

Observe que $X = tQ$ é a equação da reta paralela ao vetor Q, passando pela origem.

Exemplo 4.3 A reta do $\mathbb{R}^4$ que passa pelo ponto $P = (1,0,2,3)$ e é paralela ao vetor $Q = (1,2,3,0)$ é dada pelas equações paramétricas:

$$x_1 = 1+t$$
$$x_2 = 2t$$
$$x_3 = 2+3t$$
$$x_4 = 3.$$

Seja $A \neq 0$ um vetor do $\mathbb{R}^n$. O *hiperplano* que passa pelo ponto P do $\mathbb{R}^n$ (Figura 4.5) e é normal ao vetor A é, por definição, o conjunto H dos pontos X do $\mathbb{R}^n$ que satisfazem à equação

$$(X - P) \cdot A = 0. \qquad (4.11)$$

Se $A = (a_1, a_2, ..., a_n)$, $X = (x_1, x_2, ..., x_n)$ e $d = -P \cdot A$, a Equação (4.11) nos dá

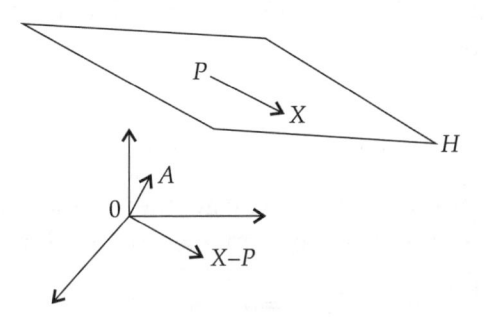

$$a_1 x_1 + a_2 x_2 + ... + a_n x_n + d = 0. \qquad (4.12)$$

Figura 4.5

Observe que um hiperplano H passa pela origem se, e somente se, $d = 0$. No $\mathbb{R}^2$, os hiperplanos são as retas, e no $\mathbb{R}^3$ são os planos. No $\mathbb{R}^4$, além das retas e dos planos, existem também os hiperplanos.

Exemplo 4.4 A equação do hiperplano do $\mathbb{R}^4$ que passa pelo ponto $P = (1, 0, 1, 0)$ e é normal ao vetor $A = (1, 2, 3, 2)$ é

$$1x_1 + 2x_2 + 3x_3 + 2x_4 = 1 \cdot 1 + 0 \cdot 2 + 1 \cdot 3 + 0 \cdot 2,$$

isto é,

$$x_1 + 2x_2 + 3x_3 + 2x_4 = 4.$$

Exercícios

1. Ache a equação da reta do $\mathbb{R}^4$ que passa pelo ponto $(1, 0, 2, 1)$ e é paralela ao vetor $(1, 2, 2, 3)$.
2. Escreva a equação da reta do $\mathbb{R}^5$ que passa pelos pontos $(1, 0, 1, 0, 0)$ e $(0, 1, 0, 1, 0)$.

3. Ache a equação do hiperplano do $\mathbb{R}^4$ que passa pelo ponto $(1,1,1,1)$ e é normal ao vetor $(2,1,0,3)$.
4. Sejam P e Q pontos do $\mathbb{R}^n$. Qual é a equação do segmento de reta com origem em P e extremidade em Q?
5. Escreva a equação do hiperplano do $\mathbb{R}^4$ que passa pelos pontos
$$P_1 = (0,0,0,1), \quad P_2 = (1,0,0,2)$$
$$P_3 = (0,1,0,0), \quad P_4 = (1,0,1,0)$$

Sugestão: Seja $A = (a_1, a_2, a_3, a_4)$ um vetor normal ao hiperplano. Então, $A \cdot (P_j - P_1) = 0$, $j = 2, 3, 4$. Resolvendo o sistema, obtemos $a_1 + a_4 = 0$; $a_2 - a_4 = 0$; $a_1 + a_3 - a_4 = 0$. Pondo $a_4 = 1$, obtemos $A = (-1, 1, 2, 1)$.

4.5 Subespaços

Um problema importante é descrever geometricamente os conjuntos S de pontos do $\mathbb{R}^n$ que são obtidos como interseção de m hiperplanos

$$A_j \cdot X = 0, \ 1 \le j \le m$$

que passam pela origem. Resulta das propriedades do produto interno que se X e Y pertencem a S e c é um escalar qualquer, então cX e $X + Y$ também pertencem a S. Isso nos sugere a seguinte definição.

Definição 4.2 Um conjunto S de vetores do $\mathbb{R}^n$ é um *subespaço vetorial* do $\mathbb{R}^n$ se

1. S contém o vetor nulo;
2. X e Y são dois vetores quaisquer de S, então a soma $X + Y$ também pertence a S;
3. X é um vetor qualquer de S e c é um escalar, então o vetor cX também pertence a S.

Observe que o conjunto que contém apenas o vetor zero é um subespaço vetorial do $\mathbb{R}^n$. O próprio $\mathbb{R}^n$ é também subespaço vetorial do $\mathbb{R}^n$.

Exemplo 4.5 As retas que passam pela origem são subespaços vetoriais do $\mathbb{R}^n$. Realmente, seja S a reta do $\mathbb{R}^n$ cuja equação é $X = tQ$. Assim:

1. S contém o vetor zero;
2. Se $X_1 = t_1 Q$ e $X_2 = t_2 Q$ são pontos de S, então a reta S também contém o ponto $X_1 + X_2$, pois,
$$X_1 + X_2 = t_1 Q + t_2 Q = (t_1 + t_2)Q;$$

3. Se $X = tQ$ é um ponto qualquer de S e c é um escalar, então cX também é um ponto de S, pois $cX = c(tQ) = (ct)Q$.

(Observe que as retas que não passam pela origem não são subespaços vetoriais do $\mathbb{R}^n$.)

Exemplo 4.6 Os hiperplanos que passam pela origem são subespaços vetoriais do $\mathbb{R}^n$. Realmente, o hiperplano S que passa pela origem e é normal ao vetor A tem por equação $A \cdot X = 0$. Assim:

1. S contém o vetor zero.
2. Se X_1 e X_2 são vetores em S, então $X_1 + X_2$ também está em S, pois,
$$A \cdot (X_1 + X_2) = A \cdot X_1 + A \cdot X_2 = 0 + 0 = 0.$$
3. Se X é um vetor qualquer de S e c é um escalar, então cX também está em S, pois,
$$A \cdot (cX) = c(A \cdot X) = c0 = 0.$$

(Observe que os hiperplanos que não passam pela origem não são subespaços vetoriais do $\mathbb{R}^n$.)

Sejam $A_1, A_2, ..., A_r$ vetores do $\mathbb{R}^n$ e $c_1, c_2, ..., c_r$ escalares quaisquer. A expressão
$$c_1 A_1 + c_2 A_2 + ... + c_r A_r$$
chama-se *combinação linear* dos vetores $A_1, A_2, ..., A_r$. Seja S o conjunto de todas as combinações lineares possíveis desses r vetores (veja a Seção 1.5). Então, S é um subespaço vetorial do $\mathbb{R}^n$. De fato:

1. O vetor zero pertence a S, pois, $O = 0A_1 + 0A_2 + ... + 0A_r$.
2. Se
$$X = c_1 A_1 + c_2 A_2 + ... + c_r A_r$$
e
$$Y = d_1 A_1 + d_2 A_2 + ... + d_r A_r$$
são vetores quaisquer de S, então $X + Y$ também é um vetor de S, pois
$$X + Y = (c_1 A_1 + ... + c_r A_r) + (d_1 A_1 + ... + d_r A_r) =$$
$$= (c_1 + d_1)A_1 + ... + (c_r + d_r)A_r,$$
que também é uma combinação linear dos vetores $A_1, ..., A_r$.

3. Se $X = c_1A_1 + c_2A_2 + ... + c_rA_r$ é um vetor qualquer de S e c é um escalar, então cX também está em S, pois,

$$cX = c(c_1A_1 + ... + c_rA_r) = (cc_1)A_1 + ... + (cc_r)A_r$$

que também é uma combinação linear dos vetores $A_1, ..., A_r$.

O subespaço vetorial S dado anteriormente se chama o *subespaço vetorial gerado pelos vetores* $A_1, ..., A_r$.

Exemplo 4.7 O subespaço vetorial do $\mathbb{R}^n$ gerado pelo vetor $A \neq 0$ é a reta S, que passa pela origem e é paralela ao vetor A.

Exemplo 4.8 O subespaço do $\mathbb{R}^n$ gerado pelos vetores $(1, 0, 1)$ e $(0, 1, 1)$ é o plano S, que passa pela origem e é paralelo a esses vetores.

4.6 Dependência e Independência Lineares

Sugerimos que o leitor releia a Seção 1.5 antes de iniciar o estudo da presente.

Sejam $A_1, ..., A_r$ vetores do $\mathbb{R}^n$. Consideremos a equação

$$x_1A_1 + x_2A_2 + ... + x_rA_r = 0.$$

Essa equação admite pelo menos a solução trivial $x_1 = x_2 = ... = x_r = 0$. Se a única solução for a trivial, diremos que os vetores $A_1, A_2, ..., A_r$ são *linearmente independentes*. Se a equação anterior admitir solução não trivial, diremos que esses vetores são *linearmente dependentes*.

Exemplo 4.9 Consideremos os vetores $E_1 = (1,0,...,0)$, $E_2 = (0,1,0,...,0)$,..., $E_n = (0,...,0,1)$ do $\mathbb{R}^n$, (isto é, E_i é o vetor que possui todas as coordenadas nulas, exceto a i-ésima, que é igual a 1).

Assim, se $X = (x_1,...,x_n)$ é um vetor qualquer do $\mathbb{R}^n$, então $X = x_1E_1 + x_2E_2 + ... + x_nE_n$. Isso nos mostra que se $x_1E_1 + x_2E_2 + ... + x_nE_n = 0$, então $x_1 = x_2 = ... = x_n = 0$. Portanto os vetores $E_1, E_2, ..., E_n$ são linearmente independentes.

Exemplo 4.10 Os vetores $A_1 = (1,1,1)$, $A_2 = (0,1,2)$, $A_3 = (1,0,1)$ do $\mathbb{R}^n$ são linearmente independentes. Realmente, a equação

$$x_1A_1 + x_2A_2 + x_3A_3 = x_1(1,1,1) + x_2(0,1,2) + x_3(1,0,1) =$$
$$= (x_1 + x_3, x_1 + x_2, x_1 + 2x_2 + x_3) =$$
$$= (0,0,0).$$

nos dá o sistema homogêneo

$$x_1 + x_2 = 0$$
$$x_1 + x_3 = 0$$
$$x_1 + 2x_2 + x_3 = 0$$

que possui apenas a solução trivial.

Sejam S um subespaço vetorial do $\mathbb{R}^n$ e $A_1, A_2, ..., A_r$ vetores de S. Se esses vetores *geram* S e são *linearmente independentes*, diremos que eles constituem uma *base* de S. O número de vetores de uma base de um subespaço vetorial S do $\mathbb{R}^n$ é o mesmo para qualquer base e chama-se dimensão de S. (Ver a Seção 4.7, Exercício 13.)

Exemplo 4.11 Os n vetores $E_1, ..., E_n$ do Exemplo 4.9 constituem uma base do $\mathbb{R}^n$. Realmente, como já vimos, se $X = (x_1, ..., x_n)$ é um vetor qualquer do $\mathbb{R}^n$, então X pode ser escrito como a combinação linear $X = x_1 E_1 + ... + x_n E_n$ dos vetores $E_1, ..., E_n$; portanto, esses vetores geram o $\mathbb{R}^n$. Além disso, eles são linearmente independentes (veja o Exemplo 4.9). Os vetores $E_1, ..., E_n$ constituem a chamada *base natural do* $\mathbb{R}^n$.

Exemplo 4.12 Seja S o conjunto dos vetores $X = (x_1, x_2, x_3)$ do $\mathbb{R}^3$ que satisfazem à equação $x_3 = x_1 + x_2$. O leitor pode verificar facilmente que S é um subespaço vetorial do $\mathbb{R}^3$. Os vetores $A_1 = (1,0,1)$ e $A_2 = (0,1,1)$ constituem uma base de S. Realmente esses vetores geram S, pois, se $X = (x_1, x_2, x_3)$ é um vetor de S, então $X = x_1 A_1 + x_2 A_2 = (x_1, x_2, x_1 + x_2)$. Além disso, A_1 e A_2 são linearmente independentes, pois, se

$$x_1 A_1 + x_2 A_2 = (x_1, x_2, x_1 + x_2) = 0,$$

então

$$x_1 = x_2 = 0.$$

4.7 Bases Ortonormais

Uma base $B = \{A_1, ..., A_r\}$ de um subespaço vetorial S do $\mathbb{R}^n$ é *ortogonal* se $A_i \cdot A_j = 0$ para todo $i \neq j$. Se, além disso, os vetores A_1 forem unitários, a base diz-se *ortonormal*.

Se B é uma base ortogonal de S e X, um vetor qualquer de S, então

$$X = \frac{X \cdot A_1}{\|A_1\|^2} A_1 + ... + \frac{X \cdot A_r}{\|A_r\|^2} A_r \tag{4.13}$$

Para demonstrar (4.13), observe que se X pertence a S, então $X = c_1 A_1 + \ldots + c_r A_r$. Calculando $X \cdot A_j$, temos $X \cdot A_j = c_j \|A_j\|^2$ e observando que $A_j \neq 0$, obtemos $c_j = \dfrac{X \cdot A_j}{\|A_j\|^2}$ para $1 \leq j \leq r$.

Se a base B é ortonormal, a fórmula (4.13) se simplifica para

$$X = (X \cdot A_1)A_1 + \ldots + (X \cdot A_r)A_r \qquad (4.14)$$

Nosso objetivo é mostrar que todo subespaço $S \neq \{0\}$ possui base ortonormal. Construiremos a partir de uma base qualquer $B = \{A_1, \ldots, A_r\}$ de S uma base ortonormal $B' = \{B_1, \ldots, B_r\}$. O método a ser descrito é conhecido como o *processo de ortogonalização de Gram-Schmidt*. Em primeiro lugar, construiremos uma base ortogonal $A'_1, \ldots, A'_r$, e indutivamente os vetores $A'_1, \ldots, A'_r$. Essa construção é motivada geometricamente na seguinte observação: o vetor unitário de A_1 é $U = \dfrac{A_1}{\|A_1\|}$, portanto a projeção ortogonal de A_2 sobre o subespaço vetorial S_1 (reta) gerado por A_1 é

$$P_1 = (A_2 \cdot U)U = \dfrac{A_2 \cdot A_1}{\|A_1\|^2} A_1 \qquad (4.15)$$

o que é ilustrado pela Figura 4.6.

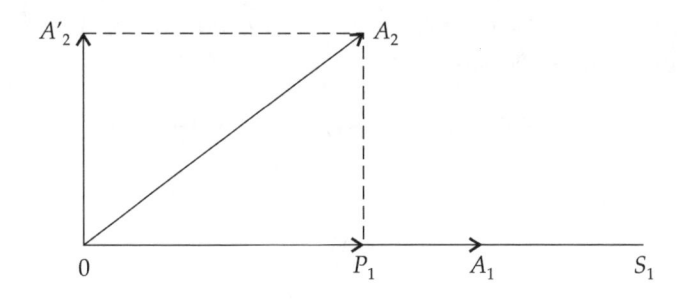

Figura 4.6

Assim, $A'_2 = A_2 - P_1$ é perpendicular a A_1. Isso nos sugere a seguinte construção: pomos $A'_1 = A_1$ e $A'_2 = A_2 - \dfrac{A_2 \cdot A'_1}{\|A'_1\|^2} A'_1$. É fácil ver que $A'_1 \cdot A'_2 = 0$, e, além disso, $A'_2 \neq 0$, pois A_1 e A_2 são linearmente independentes. Observe que $\{A'_1, A'_2\}$ é base ortogonal para o subespaço vetorial S_2 (plano) gerado por A_1 e A_2.

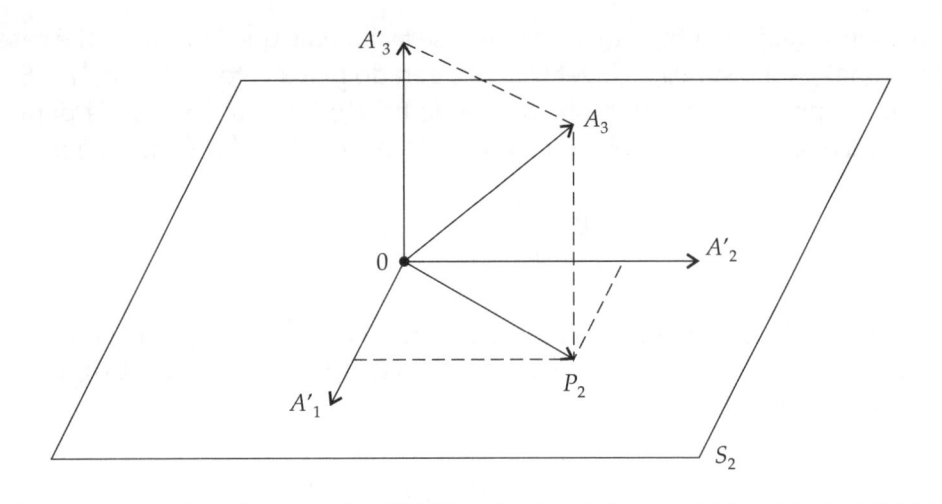

Figura 4.7

Assim, a projeção ortogonal de A_3 sobre o plano S_2 (veja a Figura 4.7) é:

$$P_2 = \frac{A_3 \cdot A_1'}{\|A_1'\|^2} A_1' + \frac{A_3 \cdot A_2'}{\|A_2'\|^2} A_2'. \tag{4.16}$$

Portanto,

$$\begin{aligned} A_3' &= A_3 - P_2 \\ &= A_3 - \frac{A_3 \cdot A_1'}{\|A_1'\|^2} A_1' - \frac{A_3 \cdot A_2'}{\|A_2'\|^2} A_2' \end{aligned} \tag{4.17}$$

é perpendicular ao plano S_2, pois $A_3' \cdot A_1' = A_3' \cdot A_2' = 0$. Além disso, como A_1, A_2 e A_3 são linearmente independentes, então $\{A_1', A_2', A_3'\}$ é base ortogonal para o subespaço vetorial gerado pelos vetores A_1, A_2 e A_3.

Procedendo por indução, suponhamos que já construímos a base ortogonal $\{A_1', ..., A_k'\}$ para o subespaço S_k gerado pelos k primeiros vetores $A_1, ..., A_k$, de tal modo que $\{A_1', ..., A_j'\}$ seja base ortogonal para o subespaço vetorial S_j gerado pelos vetores $A_1, ..., A_j$ para todo $1 \leq j \leq k$. Assim, a projeção ortogonal do vetor A_{k+1} sobre o subespaço S_k é

$$P_k = \frac{A_{k+1} \cdot A_1'}{\|A_1'\|^2} A_1' + ... + \frac{A_{k+1} \cdot A_k'}{\|A_k'\|^2} A_k'$$

e o vetor

$$A_{k+1}' = A_{k+1} - P_k$$

é perpendicular ao subespaço S_k. Verifica-se facilmente que $\{A'_1,...,A'_{k+1}\}$ é base ortogonal para o subespaço vetorial S_{k+1} gerado pelos vetores $A_1,...,A_{k+1}$. Seguindo o processo anterior, obtemos uma base ortogonal $\{A'_1,...,A'_r\}$ para o subespaço vetorial S. Para obter uma *base ortonormal* $\{B_1,...,B_r\}$ para S, tomemos

$$B_j = \frac{A'_j}{\|A'_j\|}, \quad j=1,...,r.$$

Exemplo 4.13 Construir uma base ortonormal para o subespaço vetorial do $\mathbb{R}^4$ gerado pelos vetores $A_1=(1,1,0,0)$, $A_2=(0,1,0,1)$ e $A_3=(0,1,1,0)$. Colocamos $A'_1 = A_1 = (1,1,0,0)$,

$$P_1 = \frac{A_2 \cdot A_1}{\|A_1\|^2} A_1 = \frac{1}{2}(1,1,0,0)$$

e

$$A'_2 = A_2 - P_1 = (0,1,0,1) - \frac{1}{2}(1,1,0,0) = \left(-\frac{1}{2}, \frac{1}{2}, 0, 1\right),$$

$$P_2 = \frac{A_3 \cdot A'_1}{\|A'_1\|^2} A_1 + \frac{A_3 \cdot A'_2}{\|A'_2\|^2} A_2 =$$

$$= \frac{1}{2}(1,1,0,0) + \frac{1}{3}\left(-\frac{1}{2}, \frac{1}{2}, 0, 1\right) = \left(\frac{1}{3}, \frac{2}{3}, 0, \frac{1}{3}\right)$$

e

$$A'_3 = A_3 - P_2 = (0,1,1,0) - \left(\frac{1}{3}, \frac{2}{3}, 0, \frac{1}{3}\right) = \left(-\frac{1}{3}, \frac{1}{3}, 1, -\frac{1}{3}\right)$$

Finalmente,

$$B_1 = \frac{A'_1}{\|A'_1\|} = \frac{1}{\sqrt{2}}(1,1,0,0)$$

$$B_2 = \frac{A'_2}{\|A'_2\|} = \frac{1}{\sqrt{6}}(-1,1,0,2) \text{ e}$$

$$B_3 = \frac{1}{2\sqrt{3}} = (-1,1,3,-1)$$

Exemplo 4.14 Construir uma base ortonormal para o subespaço vetorial do $\mathbb{R}^4$ gerado pelos vetores $A_1 = (1,1,0,0)$, $A_2 = (0,1,1,0)$ e $A_3 = (1,2,1,0)$. Observe que $A_3 = A_1 + A_2$ e, portanto, os vetores A_1, A_2 e A_3 são linearmente dependentes. Desde que A_1 e A_2 sejam linearmente independentes, vemos que $B = \{A_1, A_2\}$ é uma base para o subespaço gerado pelos vetores A_1, A_2 e A_3. Pomos $A'_1 = A_1 = (1,1,0,0)$.

$$P_1 = \frac{A_2 \cdot A_1}{\|A_1\|^2} A_1 = \frac{1}{2}(1,1,0,0)$$

e

$$A'_2 = A_2 - P_1 = (0,1,1,0) - \frac{1}{2}(1,1,0,0) = \left(-\frac{1}{2}, \frac{1}{2}, 1, 0\right)$$

Finalmente,

$$B_1 = \frac{A_1}{\|A_1\|} = \frac{1}{\sqrt{2}}(1,1,0,0)$$

$$B_2 = \frac{A'_2}{\|A'_2\|} = \left(\sqrt{\frac{2}{3}}\right)^{-1} \left(-\frac{1}{2}, \frac{1}{2}, 1, 0\right) = \frac{1}{\sqrt{6}}(-1,1,2,0).$$

Exercícios

1. Demonstre que o conjunto S, interseção de um número finito de hiperplanos $A_j \cdot X = 0$, $1 \leq j \leq m$ que passam pela origem no $\mathbb{R}^n$, é um subespaço vetorial.
2. Demonstre que, se dois vetores do $\mathbb{R}^n$ são linearmente dependentes, então um deles é o produto do outro por um escalar.
3. Quais dos seguintes conjuntos de vetores do $\mathbb{R}^3$ são subespaços vetoriais?
   a) o conjunto dos vetores $X = (x_1, x_2, x_3)$ tais que $x_3 = x_1 + x_2$;
   b) o conjunto dos vetores $X = (x_1, x_2, x_3)$ tais que $x_3^2 = x_1^2 - x_2^2$;
   c) o conjunto dos vetores $X = (x_1, x_2, x_3)$ tais que $x_1 \geq 0$.
   Desenhe esses conjuntos.
4. Sejam S_1 e S_2 subespaços vetoriais do $\mathbb{R}^n$.
   a) Demonstre que a interseção $S_1 \cap S_2$ é também um subespaço vetorial do $\mathbb{R}^n$;
   b) Dê um exemplo mostrando que a união $S_1 \cup S_2$ pode não ser um subespaço vetorial do $\mathbb{R}^n$.
5. Sejam $A_1, \ldots, A_r$ vetores linearmente independentes do $\mathbb{R}^n$ e S o subespaço vetorial gerado por eles. Demonstre que um vetor X do $\mathbb{R}^n$ não pertence a S se, e somente se, $\{A_1, \ldots, A_r; X\}$ é linearmente independente.

6. Mostre que os vetores $A_1 = (1,0,1)$, $A_2(1,1,0)$ e $A_3 = (0,1,1)$ constituem uma base do $\mathbb{R}^3$.

7. Quais dos seguintes conjuntos de vetores são linearmente independentes?
   a) (1, 1, 1) e (1, 0, 1);
   b) (1, 0), (1, 1) e (0, 1);
   c) (1, 1, 0), (0, 1, 1) e (−1, 0, 1);
   d) (0, 1, 1, 1), (1, 0, 0, 0), (1, 0, 0, 1) e (0, 0, 0, 1).

8. Construa uma base ortonormal para o subespaço vetorial gerado pelos vetores:
   a) (1, 1, 0) e (0, 1, 1);
   b) (1, 0, 0, 1), (1, 1, 0, 0) e (0, 0, 1, 1);
   c) (1, 2, 0, 0), (0, 1, 0, 0) e (1, 1, 0, 0).

9. Sejam S_1 e S_2 subespaços vetoriais do $\mathbb{R}^n$ e S o conjunto de todos os vetores da forma $X + Y$, onde X pertence a S_1 e Y pertence a S_2. Mostre que S é subespaço vetorial.

10. Seja S um conjunto qualquer não vazio de vetores do $\mathbb{R}^n$. Considere o conjunto $S^\perp$ dos vetores X do $\mathbb{R}^n$ tais que $X \cdot A = 0$ para todo vetor A de S. Mostre que $S^\perp$ é subespaço vetorial do $\mathbb{R}^n$. O subespaço $S^\perp$ chama-se o *complemento ortogonal* do conjunto S.

11. Construa uma base ortonormal para o complemento ortogonal (veja Exercício 10) dos subespaços gerados pelos seguintes vetores:
    a) (1, 1, 0) e (0, 1, 1);
    b) (1, 0, 0, 1) e (0, 1, 1, 0);
    c) (0, 1, 1, 0).

12. Sejam S, um subespaço vetorial do $\mathbb{R}^n$ e $S^\perp$ seu complemento ortogonal (veja Exercício 10). Mostre que:
    a) O vetor nulo é o único vetor que está simultaneamente em S e $S^\perp$.
    b) Cada vetor X do $\mathbb{R}^n$ pode ser decomposto de maneira única como uma soma de um vetor de S com um vetor de $S^\perp$.
    c) Se $\{A_1,...,A_r\}$ é base de S e $\{B_1,...,B_s\}$ é base de $S^\perp$, então $\{A_1,...,A_r;B_1,...,B_s\}$ é uma base do $\mathbb{R}^n$.

    Nesse caso, diremos que $\mathbb{R}^n$ é a *soma direta* dos subespaços S e $S^\perp$ e se denota por $\mathbb{R}^n = S \oplus S^\perp$.

13. Mostre que o número de vetores em uma base de um subespaço vetorial S do $\mathbb{R}^n$ é o mesmo para toda base de S. Esse número é chamado dimensão de S.

5

$$\begin{bmatrix} \cos\theta & -\sin\theta & 0 \\ \sin\theta & \cos\theta & 0 \\ 0 & 0 & \lambda \end{bmatrix}$$

Matrizes e Sistemas de Equações Lineares

Neste capítulo, introduziremos as matrizes e estudaremos as operações elementares sobre as linhas de uma matriz desenvolvendo uma técnica efetiva para a obtenção das soluções dos sistemas de equações lineares.

5.1 Corpos

Admitiremos que o leitor esteja familiarizado com os números complexos. O conjunto de todos os números complexos será indicado pela letra $\mathbb{C}$.

Estamos interessados em conjuntos $\mathbb{K}$ de números complexos que possuem as seguintes propriedades:

1. Se os números x e y pertencem ao conjunto $\mathbb{K}$, então a soma $x+y$ e o produto xy também pertencem a $\mathbb{K}$.
2. Se o número x pertence a $\mathbb{K}$, então seu simétrico $-x$ também pertence a $\mathbb{K}$. Além disso, se x for um número não-nulo de $\mathbb{K}$, então seu inverso x^{-1} também pertence a $\mathbb{K}$.
3. O conjunto $\mathbb{K}$ contém os números 0 e 1.

Os conjuntos $\mathbb{K}$ de números complexos que possuem essas propriedades chamam-se *corpos*. É claro que o próprio conjunto $\mathbb{C}$ de todos os números complexos é um corpo. O conjunto $\mathbb{R}$ de todos os números reais é também um corpo. Seja $\mathbb{Q}$ o conjunto de todos os números racionais, isto é, o conjunto de todas as frações $\dfrac{m}{n}$, onde m e n são números inteiros relativos (inteiros positivos, negativos e zero) e $n \neq 0$. O leitor pode verificar facilmente que o conjunto $\mathbb{Q}$ é um corpo.

O conjunto $\mathbb{N}$ de todos os números inteiros positivos e o conjunto $\mathbb{Z}$ de todos os números inteiros relativos não são corpos. Realmente, o conjunto $\mathbb{N}$ não possui as propriedades (2) e (3) e o conjunto $\mathbb{Z}$ não possui a propriedade 2.

Exercícios

1. Mostre que o conjunto de todos os números da forma $a+b\sqrt{2}$, em que a e b são racionais, é um corpo.
2. Mostre que o conjunto de todos os números complexos da forma $a+bi$, em que a e b são racionais, é um corpo.
3. Seja w um número complexo tal que w^2 é racional. Mostre que o conjunto de todos os números da forma $a+bw$, em que a e b são racionais, é um corpo.
4. Sejam $\mathbb{K}$ um corpo e

$$p(t) = a_n t^n + a_{n-1} t^{n-1} + \ldots + a_1 t + a_0, \quad q(t) = b_m t^m + b_{m-1} t^{m-1} + \ldots + b_0$$

polinômios cujos coeficientes pertencem todos ao corpo $\mathbb{K}$ e $b_m \neq 0$.
A função $f(t) = \dfrac{a_n t^n + a_{n-1} t^{n-1} + \ldots + a_0}{b_m t^m + b_{m-1} t^{m-1} + \ldots + b_0}$ chama-se uma *função racional*.
Mostre que, se o número x pertence ao corpo $\mathbb{K}$ e $q(x) \neq 0$, então o número $f(x)$ também pertence ao corpo $\mathbb{K}$.
5. Mostre que o corpo $\mathbb{Q}$ dos números racionais é o "menor" corpo, isto é, se $\mathbb{K}$ é um corpo qualquer (de números complexos), então $\mathbb{K}$ contém todos os números racionais.

5.2 Os Espaços $\mathbb{K}^n$

No Capítulo 4, construímos, a partir do corpo $\mathbb{R}$ dos números reais, os espaços euclidianos $\mathbb{R}^n$. Se $\mathbb{K} \subset \mathbb{C}$ é um corpo qualquer, podemos, de maneira análoga, definir os espaços $\mathbb{K}^n$ como o conjunto de todas as n-uplas ordenadas $x = (x_1, \ldots, x_n)$ de números do corpo $\mathbb{K}$.

Definimos a soma das n-uplas $x = (x_1, \ldots, x_n)$ e $y = (y_1, \ldots, y_n)$ como a n-upla

$$X + Y = (x_1 + y_1, \ldots, x_n + y_n).$$

Se c é um número de $\mathbb{K}$, então

$$cX = (cx_1, \ldots, cx_n)$$

define o produto por escalar em $\mathbb{K}^n$.

O leitor pode verificar que a soma e o produto por escalares, assim definidos em $\mathbb{K}^n$, satisfazem as mesmas propriedades algébricas que a soma e o produto por escalar do $\mathbb{R}^n$, isto é, se X, Y e Z são n-uplas de $\mathbb{K}^n$ e c, d são números de $\mathbb{K}$, então:

1. $(X+Y)+Z = X+(Y+Z)$;
2. $0+X = X+0 = X$;

3. $X + (-1)X = 0$;
4. $X + Y = Y + X$;
5. $c(X + Y) = cX + cY$;
6. $(c + d)X = cX + dX$;
7. $(cd)X = c(dX)$;
8. $1X = X$.

Analogamente, definimos o produto interno das n-uplas $X = (x_1, ..., x_n)$ e $Y = (y_1, ..., y_n)$ de $\mathbb{K}^n$ por

$$X \cdot Y = x_1 y_1 + ... + x_n y_n.$$

Vê-se, facilmente, que esse produto interno possui as três primeiras propriedades do produto interno do $\mathbb{R}^n$, isto é, se X, Y e Z são n-uplas de $\mathbb{K}^n$ e c é um número de $\mathbb{K}$, então:

1. $X \cdot Y = Y \cdot X$;
2. $X \cdot (Y + Z) = X \cdot Y + X \cdot Z$;
3. $X \cdot (cY) = (cX) \cdot Y = c(X \cdot Y)$.

Observe que, como estamos usando números complexos, $X \cdot X$ pode não ser um número real. Além disso, mesmo se $Y \cdot Y$ e $Z \cdot Z$ forem reais, podemos ter $Y \cdot Y < 0$ e $Z \cdot Z = 0$ com $Z \neq 0$.

Exemplo 5.1 Sejam $X = (0, 1 + i)$, $Y = (1, 2i)$ e $Z = (1, i)$. Então, $X \cdot X = (1 + i)^2 = 2i$, $Y \cdot Y = 1^2 + (2i)^2 = -3 < 0$ e $Z \cdot Z = 1^2 + i^2 = 0$.

Assim, o produto interno de $\mathbb{K}^n$ não é, em geral, positivo definido. Porém, é *não degenerado*, isto é, possui a seguinte propriedade:

4. Se $X \cdot Y = 0$ para toda n-upla Y de $\mathbb{K}^n$, então $X = 0$.

Para demonstrar essa propriedade, considere as n-uplas $E_1, ..., E_n$ de $\mathbb{K}^n$, definidas como no $\mathbb{R}^n$: E_i é a n-upla que possui todas as coordenadas nulas, com exceção da i-ésima, que é igual a 1. Observe que

$$X \cdot E_i = x_i, \quad i = 1, ..., n.$$

Assim, como por hipótese $X \cdot Y = 0$ qualquer que seja Y em $\mathbb{K}^n$, então, em particular,

$$0 = X \cdot E_i = x_i, \quad i = 1, ..., n.$$

Portanto, $X = 0$.

Combinação linear, dependência e independência linear, subespaços e bases são definidos para $\mathbb{K}^n$ da mesma maneira como definimos para $\mathbb{R}^n$. Chamaremos as n-uplas de $\mathbb{K}^n$, indiferentemente, de pontos ou vetores. O conjunto dos vetores $\{E_1, ..., E_n\}$ é a base *natural* de $\mathbb{K}^n$.

5.3 Matrizes

As matrizes são generalizações naturais das n-uplas. Sejam $\mathbb{K}$ um corpo e m, n inteiros positivos. Uma matriz $m \times n$, com elementos no corpo $\mathbb{K}$, é um quadro A da forma:

$$A = \begin{bmatrix} A_{11} & A_{12} & \cdots & A_{1n} \\ A_{21} & A_{22} & \cdots & A_{2n} \\ \cdots & \cdots & \cdots & \cdots \\ A_{m1} & A_{m2} & \cdots & A_{mn} \end{bmatrix},$$

em que os números A_{ij} ($1 \le i \le m, 1 \le j \le n$) pertencem ao corpo $\mathbb{K}$. O número A_{ij} chama-se o elemento de ordem ij de A. A i-ésima linha da matriz A é a n-upla

$$A_i = (A_{i1}, \ldots, A_{in}).$$

Portanto, um vetor de K^n. A j-ésima coluna de A é a m-upla

$$A^j = \begin{bmatrix} A_{1j} \\ \vdots \\ \vdots \\ A_{mj} \end{bmatrix}$$

Assim, as colunas de A são vetores de $\mathbb{K}^m$ (a notação vertical é para sugerir a disposição da m-upla A^j na matriz A). Logo, uma matriz $m \times n$ possui m linhas e n colunas.

Exemplo 5.2

a) O quadro $\begin{bmatrix} 2 & 1 & 1 \\ 3 & -1 & 5 \end{bmatrix}$ é uma matriz real 2×3. Suas linhas são os vetores $(2, 1, 1)$ e $(3, -1, 5)$ do $\mathbb{R}^3$. Os vetores $\begin{bmatrix} 2 \\ 3 \end{bmatrix}, \begin{bmatrix} 1 \\ -1 \end{bmatrix}, \begin{bmatrix} 1 \\ 5 \end{bmatrix}$ do $\mathbb{R}^2$ são as colunas dessa matriz.

b) Uma n-upla (linha) $X = (x_1, \ldots, x_n)$ de $\mathbb{K}^n$ é uma matriz $1 \times n$. Suas colunas são

$$(x_1), \ldots, (x_n).$$

c) Uma m-upla (coluna)

$$Y = \begin{bmatrix} y_1 \\ \vdots \\ \vdots \\ y_m \end{bmatrix}$$

de $\mathbb{K}^m$ é uma matriz $m \times 1$. Suas linhas são $(y_1), \ldots, (y_m)$.

d) Um número x do corpo $\mathbb{K}$ pode ser considerado como uma matriz $[x]$, 1×1.

Uma matriz em que o número de linhas é igual ao número de colunas chama-se *quadrada*. A matriz

$$\begin{bmatrix} 0 & 1 \\ -1 & 0 \end{bmatrix}$$

é quadrada, 2×2.

A matriz $m\times n$ que possui todos os elementos nulos denomina-se a *matriz nula*, $m\times n$, e é indicada por 0. Assim,

$$0 = \begin{bmatrix} 0 & 0 & 0 \\ 0 & 0 & 0 \\ 0 & 0 & 0 \end{bmatrix}$$

é a matriz nula 3×3.

O conjunto de todas as matrizes $m\times n$ com elementos em um corpo $\mathbb{K}$ será indicado por $\mathcal{M}_{mn}(\mathbb{K})$. Definiremos adição e produto por escalares em $\mathcal{M}_{mn}(\mathbb{K})$ de maneira análoga ao que foi feito para $\mathbb{K}^n$.

Sejam A e B matrizes $m\times n$. A matriz soma $A+B$ é definida por

$$(A+B)_{ij} = A_{ij} + B_{ij}, \quad 1\le i\le m, \quad 1\le j\le n.$$

Em outras palavras, $A+B$ é a matriz $m\times n$ cujo elemento de ordem ij é a soma dos elementos de ordem ij de A e B.

Exemplo 5.3 Se

$$A = \begin{bmatrix} 1 & -1 & 5 \\ 3 & 2 & 1 \end{bmatrix} \quad \text{e} \quad B = \begin{bmatrix} 0 & -2 & 1 \\ 1 & 3 & 1 \end{bmatrix},$$

então

$$A+B = \begin{bmatrix} 1+0 & -1-2 & 5+1 \\ 3+1 & 2+3 & 1+1 \end{bmatrix} = \begin{bmatrix} 1 & -3 & 6 \\ 4 & 5 & 2 \end{bmatrix}.$$

Observe que, se A e B são matrizes $1\times n$, isto é, n-uplas, então $A+B$ coincide com a soma de n-uplas definida na Seção 5.2. Portanto, a soma de matrizes é uma generalização natural da soma de n-uplas.

A matriz nula $m\times n$ comporta-se em $\mathcal{M}_{mn}(\mathbb{K})$ da mesma maneira que o vetor nulo em $\mathbb{K}^n$: se A é uma matriz qualquer em $\mathcal{M}_{mn}(\mathbb{K})$, então

$$0+A = A+0 = A.$$

Se A é uma matriz em $\mathcal{M}_{mn}(\mathbb{K})$ e c é um número qualquer em $\mathbb{K}$, a matriz cA é definida por

$$(cA)_{ij} = cA_{ij}, \quad 1 \le i \le m, \quad 1 \le j \le n,$$

isto é, o elemento de ordem ij da matriz cA é c multiplicado pelo elemento de ordem ij de A. O produto por escalares, assim definido em $\mathcal{M}_{mn}(\mathbb{K})$, possui as propriedades usuais, isto é, se A, B são matrizes em $\mathcal{M}_{mn}(\mathbb{K})$ e c, d são escalares em $\mathbb{K}$, então

$$c(A+B) = cA + cB$$
$$(c+d)A = cA + dA$$
$$(cd)A = c(dA).$$

Exemplo 5.4 Se

$$A = \begin{bmatrix} 2 & 0 & 1 \\ 1 & -1 & 0 \end{bmatrix},$$

então

$$2A = \begin{bmatrix} 2 \times 2, & 2 \times 0, & 2 \times 1 \\ 2 \times 1, & 2(-1), & 2 \times 0 \end{bmatrix} = \begin{bmatrix} 4 & 0 & 2 \\ 2 & -2 & 0 \end{bmatrix}.$$

Observe que se A é uma matriz qualquer, então $A + (-1)A = 0$. A matriz $(-1)A$ é geralmente indicada por $-A$.

A adição e o produto por escalares definidos em $\mathcal{M}_{mn}(\mathbb{K})$ têm as mesmas propriedades que as referidas operações possuem em $\mathbb{K}^n$, isto é, se A, B e C são matrizes $m \times n$ e c, d são escalares, então:

1. $A + (B + C) = (A + B) + C$;
2. $0 + A = A + 0 = A$;
3. $A + (-1)A = 0$;
4. $A + B = B + A$;
5. $c(A + B) = cA + cB$;
6. $(c + d)A = cA + dA$;
7. $(cd)A = c(dA)$;
8. $1A = A$.

A *matriz transposta* de uma A, $m \times n$, é a matriz $n \times m$, indicada por ${}^tA$, definida por ${}^tA_{ij} = A_{ji}$, $1 \le i \le m$, $1 \le j \le n$. Em outras palavras, a matriz ${}^tA$ é obtida a partir da matriz A trocando-se as linhas pelas colunas.

Exemplo 5.5

a) Se $A = \begin{bmatrix} 2 & 0 & 3 \\ 1 & -1 & 2 \end{bmatrix}$, então ${}^t A = \begin{bmatrix} 2 & 1 \\ 0 & -1 \\ 3 & 2 \end{bmatrix}$

b) Se $A = \begin{bmatrix} 1 & 2 & 3 \end{bmatrix}$, então ${}^t A = \begin{bmatrix} 1 \\ 2 \\ 3 \end{bmatrix}$

O leitor pode verificar facilmente que, se A e B são matrizes $m \times n$ e c é um escalar em $\mathbb{K}$, então

1. ${}^t(A+B) = {}^t A + {}^t B$;
2. ${}^t(cA) = c \, {}^t A$;
3. ${}^t({}^t A) = A$.

Uma matriz quadrada A chama-se *simétrica* se ${}^t A = A$ e *anti-simétrica* se ${}^t A = -A$. A *diagonal* de uma matriz quadrada A, $n \times n$, é a n-upla

$$(A_{11}, A_{22}, ..., A_{nn}).$$

Observe que a diagonal de uma matriz anti-simétrica A é o vetor nulo, pois ${}^t A = -A$ acarreta $A_{ii} = -A_{ii}$, onde $A_{ii} = 0$ para $i = 1, ..., n$.

Exemplo 5.6

a) A matriz 3×3 $A = \begin{bmatrix} 1 & 2 & 3 \\ 2 & 0 & -1 \\ 3 & -1 & 1 \end{bmatrix}$ é simétrica.

b) A matriz 3×3 $B = \begin{bmatrix} 0 & 2 & 3 \\ -2 & 0 & -1 \\ -3 & 1 & 0 \end{bmatrix}$ é anti-simétrica.

c) A diagonal da matriz $C = \begin{bmatrix} 1 & 3 & 0 \\ 0 & 2 & 7 \\ 2 & 1 & 3 \end{bmatrix}$ é o vetor $(1, 2, 3)$.

Uma matriz D, quadrada, $n \times n$, é diagonal se $D_{ij} = 0$ quando $i \neq j$. A matriz

$$\begin{bmatrix} 1 & 0 & 0 \\ 0 & 0 & 0 \\ 0 & 0 & 2 \end{bmatrix} \quad \text{é diagonal.}$$

Exercícios

1. Sejam

$$A = \begin{bmatrix} 1 & 2 & 2 \\ 0 & 1 & 3 \\ 2 & 0 & 1 \end{bmatrix} \quad \text{e} \quad B = \begin{bmatrix} 0 & -1 & 3 \\ 1 & 0 & 1 \\ 2 & 1 & -2 \end{bmatrix}.$$

   a) Calcule $A + {}^tB$, ${}^tA + B$, $A + {}^tA$ e $B - {}^tB$.
   b) Calcule $A + B$, $A - B$, $2A + 3B$ e $2A - 3B$.

2. Se A, B e C são matrizes $m \times n$ e x é um escalar, demonstre que:
   a) ${}^t(A + B) = {}^tA + {}^tB$;
   b) ${}^t(xA) = x {}^tA$;
   c) ${}^t({}^tA) = A$.

3. Demonstre que a única matriz quadrada $n \times n$, que é ao mesmo tempo simétrica e anti-simétrica, é a matriz nula.

4. a) Seja A uma matriz quadrada. Mostre que $A + {}^tA$ é simétrica e $A - {}^tA$ é anti-simétrica.

   b) Demonstre que toda matriz quadrada pode ser escrita de maneira única como a soma de uma matriz simétrica com uma matriz anti-simétrica.

5.4 Produto de Matrizes

Sejam A uma matriz $m \times n$ e B uma matriz $n \times p$. O produto de A por B é a matriz AB, $m \times p$ cujo elemento de ordem ij é o produto interno da i-ésima linha de A pela j-ésima coluna de B, isto é,

$$(AB)_{ij} = A_i \cdot B^j = A_{i1}B_{1j} + \ldots + A_{in}B_{nj} \qquad (5.1)$$

para $1 \le i \le m$ e $1 \le j \le p$.

Assim,

$$AB = \begin{bmatrix} A_1 \cdot B^1 & \ldots & A_1 \cdot B^p \\ \vdots & & \vdots \\ \vdots & & \vdots \\ A_m \cdot B^1 & \ldots & A_m \cdot B^p \end{bmatrix}.$$

É conveniente usar a notação de somatório. Nessa notação, (5.1) dada se escreve como

$$(AB)_{ij} = \sum_{k=1}^{n} A_{ik} B_{kj}.$$

Capítulo 5 Matrizes e Sistemas de Equações Lineares | 117

Exemplo 5.7

a) Sejam

$$A = \begin{bmatrix} 1 & 0 & -1 \\ 2 & 1 & 3 \end{bmatrix} \quad \text{e} \quad B = \begin{bmatrix} 1 & 2 \\ 0 & 1 \\ 0 & 1 \end{bmatrix}.$$

A sendo uma matriz real 2×3 e B uma matriz real 3×2, então AB é a matriz real 2×2

$$AB = \begin{bmatrix} 1 & 0 & -1 \\ 2 & 1 & 3 \end{bmatrix} \cdot \begin{bmatrix} 1 & 2 \\ 0 & 1 \\ 0 & 1 \end{bmatrix}$$

$$= \begin{bmatrix} 1\times1+0\times0+(-1)\times0, & 1\times2+0\times1+(-1)\times1 \\ 2\times1+1\times0+3\times0, & 2\times2+1\times1+3\times1 \end{bmatrix} = \begin{bmatrix} 1 & 1 \\ 2 & 8 \end{bmatrix}.$$

b) Se $A = \begin{bmatrix} 0 & 0 \\ 1 & 1 \end{bmatrix}$ e $B = \begin{bmatrix} 0 & 1 \\ 0 & 0 \end{bmatrix}$, então $AB = \begin{bmatrix} 0 & 0 \\ 0 & 1 \end{bmatrix}$ e $BA = \begin{bmatrix} 1 & 1 \\ 0 & 0 \end{bmatrix}$.

Portanto, $AB \neq BA$, o que mostra que o produto de matrizes não é, em geral, comutativo.

Teorema 5.1 Se A é uma matriz $m \times n$, B e C são matrizes $n \times p$ e x é um escalar qualquer, então

1. $A(B+C) = AB + AC$;
2. $(B+C)A = BA + CA$ \quad (B, C são $m \times n$ e A é $n \times p$);
3. $A(xB) = (xA)B = x(AB)$.

Demonstração: Desde que $B + C$ seja uma matriz $n \times p$, podemos multiplicar A por $B + C$. Além disso, AB e AC podem ser somadas, pois ambas são matrizes $m \times p$.
Observe agora que

$$\begin{aligned}
\left[A(B+C) \right]_{ij} &= A_i \cdot (B+C)^j \\
&= A_i \cdot (B^j + C^j) \\
&= A_i \cdot B^j + A_i \cdot C^j \\
&= (AB)_{ij} + (AC)_{ij} \\
&= (AB+AC)_{ij}
\end{aligned}$$

Demonstrando (1), a demonstração de (2) é análoga. Quanto a (3), observemos que

$$\left[A(xB) \right]_{ij} = A_i \cdot (xB)^j = A_i \cdot (xB^j)$$

$$= (xA_i) \cdot B^j = (xA)_i \cdot B^j = \left[(xA)B \right]_{ij}$$

e, além disso,
$$[A(xB)]_{ij} = x(A_i \cdot B^j) = x(AB)_{ij} = [x(AB)]_{ij}.$$

O leitor deve ter observado que as propriedades demonstradas são conseqüências de propriedades análogas de produto interno de n-uplas.

Teorema 5.2 Se A, B e C são matrizes $m \times n$, $n \times p$ e $p \times q$, respectivamente, então
$$(AB)C = A(BC).$$

Demonstração: Desde que AB seja uma matriz $m \times p$ e BC é $n \times q$, podemos multiplicar AB por C e multiplicar A por BC. Observemos, agora, que

$$\begin{aligned}
[(AB)C]_{ij} &= \sum_{k=1}^{p}(AB)_{ik}C_{kj} \\
&= \sum_{k=1}^{p}\left(\sum_{r=1}^{n}A_{ir}B_{rk}\right)C_{kj} \\
&= \sum_{r=1}^{n}A_{ir}\left(\sum_{k=1}^{p}B_{rk}C_{kj}\right) \\
&= \sum_{r=1}^{n}A_{ir}(BC)_{rj} \\
&= [A(BC)]_{ij}, \quad 1 \le i \le m, \quad 1 \le j \le q.
\end{aligned}$$

Portanto $(AB)C = A(BC)$, isto é, o produto de matrizes é associativo.

Teorema 5.3 Sejam A uma matriz $m \times n$ e B uma matriz $n \times p$. Então, ${}^t A$ é $n \times m$ e ${}^t B$ é $p \times n$ e, além disso,
$${}^t(AB) = {}^t B {}^t A.$$

Demonstração: Note, primeiramente, que $\left({}^t A\right)^j = A_j$ e $\left({}^t B\right)_i = B^i$. Assim,

$$\begin{aligned}
\left[{}^t(AB)\right]_{ij} &= (AB)_{ji} \\
&= A_j \cdot B^i \\
&= \left({}^t A\right)^j \cdot \left({}^t B\right)_i \\
&= \left({}^t B\right)_i \cdot \left({}^t A\right)^j \\
&= \left({}^t B {}^t A\right)_{ij}, \quad \text{para} \quad 1 \le i \le p, \quad 1 \le j \le m.
\end{aligned}$$

Portanto, ${}^t(AB) = {}^t B {}^t A$.

A *matriz identidade* $n \times n$ é a matriz I tal que $I_{ij=0}$ se $i \ne j$ e $I_{ii} = 1$ para $1 \le i, j \le n$.

Exemplo 5.8 As matrizes identidade 2×2 e 3×3 são, respectivamente,

$$\begin{bmatrix} 1 & 0 \\ 0 & 1 \end{bmatrix} \quad \text{e} \quad \begin{bmatrix} 1 & 0 & 0 \\ 0 & 1 & 0 \\ 0 & 0 & 1 \end{bmatrix}.$$

Observe que, se A for uma matriz $m \times n$ e I, a matriz identidade $m \times m$, então $IA = A$. Se I for a matriz identidade $n \times n$, então $AI = A$. Logo, se A for uma matriz quadrada $n \times n$ e I a matriz identidade $n \times n$, então

$$AI = IA = A,$$

justificando o nome identidade dado à matriz I.

Sejam A, B e C matrizes quadradas $n \times n$ e I a matriz identidade $n \times n$. Se $BA = I$, diremos que B é uma *inversa à esquerda* de A; e se $AC = I$, diremos que C é uma *inversa à direita* de A. Observe que se A possui uma inversa à direita, B, e uma inversa à esquerda, C, então $B = C$. Realmente,

$$B = BI = B(AC) = (BA)C = IC = C.$$

Assim, se A possui inversas à direita e à esquerda, diremos que A é *invertível* e indicaremos sua inversa por A^{-1}. Portanto, uma matriz A é invertível se existir uma matriz A^{-1}, chamada *inversa* de A, tal que

$$AA^{-1} = A^{-1}A = I.$$

Mostraremos na Seção 5.10 que, se uma matriz A possui uma inversa à direita (ou à esquerda), então A é invertível.

Observe que se A é invertível, então A^{-1} é também invertível e $\left(A^{-1}\right)^{-1} = A$; e que, se A e B são matrizes $n \times n$, invertíveis, então AB é também invertível e

$$(AB)^{-1} = B^{-1}A^{-1}.$$

Portanto, um produto de matrizes invertíveis é uma matriz invertível.

O *traço* de uma matriz quadrada A, $n \times n$, indicado por $tr(A)$ é a soma dos elementos da diagonal de A, isto é

$$tr(A) = A_{11} + \ldots + A_{nn} = \sum_{i=1}^{n} A_{1i}.$$

É fácil ver que, se A e B são matrizes $n \times n$ e x é um escalar qualquer, então

1. $tr(A+B) = tr(A) + tr(B)$;
2. $tr(xA) = x\,tr(A)$;
3. $tr(AB) = tr(BA)$.

Se A for uma matriz quadrada $n \times n$, I, a matriz identidade $n \times n$, e m for um inteiro não-negativo, definimos: $A^0 = I$ e $A^m = A...A$ (produto de m fatores iguais a A).

Mais geralmente, se $p(t) = a_m t^m + a_{m-1} t^{m-1} + ... + a_0$ for um polinômio qualquer, definimos $p(A)$ como a matriz quadrada $n \times n$.

$$p(A) = a_m A^m + a_{m-1} A^{m-1} + ... + a_0 I.$$

Note que, se $\mathbb{K}$ é um corpo, A é uma matriz em $\mathcal{M}_{mn}(\mathbb{K})$ e todos os coeficientes de $p(t)$ estão em $\mathbb{K}$, então a matriz $p(A)$ também está em $\mathcal{M}_{mn}(\mathbb{K})$. Se m é um inteiro positivo e A é uma matriz invertível $n \times n$, definimos $A^{-m} = (A^{-1})^m$.

Exercícios

1. Em cada um dos casos a seguir, calcule $(AB)C$ e $A(BC)$:

   a) $A = \begin{bmatrix} 1 & 0 \\ 0 & 0 \end{bmatrix}$, $B = \begin{bmatrix} 0 & 0 \\ 1 & 0 \end{bmatrix}$, $C = \begin{bmatrix} 0 & 1 \\ 0 & 0 \end{bmatrix}$.

   b) $A = \begin{bmatrix} 1 & 0 & 1 \\ 0 & -1 & 1 \end{bmatrix}$, $B = \begin{bmatrix} 1 & 0 \\ 0 & 0 \\ 0 & 1 \end{bmatrix}$, $C = \begin{bmatrix} 0 \\ 1 \end{bmatrix}$.

   c) $A = \begin{bmatrix} 1 & 0 & 0 \\ 0 & 0 & 1 \end{bmatrix}$, $B = \begin{bmatrix} 0 & 1 & 0 \\ 1 & 0 & 0 \\ 0 & 1 & 1 \end{bmatrix}$, $C = \begin{bmatrix} 0 & 0 & 0 \\ 0 & 1 & 0 \\ 1 & 0 & 0 \end{bmatrix}$.

2. Sejam A, B e C matrizes 2×2. Demonstre, sem usar somatórios, que $(AB)C = A(BC)$.

3. Sejam A e B matrizes $n \times n$ tais que $AB = BA$.

   a) Demonstre a fórmula do binômio:
   $$(A+B)^n = \sum_{k=0}^{n} \binom{n}{k} A^k B^{n-k} \text{ sendo } \binom{n}{k} = \frac{n!}{k!(n-k)!}.$$

   b) Se $AB \neq BA$, mostre que (a) anterior é falso.

4. Se $A = \begin{bmatrix} 1 & 2 \\ 3 & -1 \end{bmatrix}$ e $B = \begin{bmatrix} 2 & 0 \\ 1 & 1 \end{bmatrix}$, calcule AB e BA.

5. Se $E_1 = \begin{bmatrix} 1 & 0 & 0 \end{bmatrix}$ e $A = \begin{bmatrix} 1 & 0 & 3 \\ 2 & 1 & 2 \\ 3 & 2 & 1 \end{bmatrix}$, calcule $E_1 A$.

6. Sejam A uma matriz $n \times n$ e E_i a n-upla que possui todas as coordenadas nulas, com exceção da i-ésima, que é 1. Mostre que $E_i A = A_i$ e $A^t E_i = A^i$.

7. Sejam A, B e C matrizes $m \times n$, $n \times p$ e $p \times q$, respectivamente. Mostre que $^t(ABC) = {}^tC\, {}^tB\, {}^tA$.

8. Seja S uma matriz simétrica $n \times n$, com elementos em um corpo $\mathbb{K}$. Se X e Y são vetores de $\mathbb{K}^n$, defina:
$$<X,Y> = XS^tY.$$
   a) Mostre que $<,>$ possui as propriedades de um produto interno.
   b) Esse produto interno é não degenerado? (Veja a Seção 5.2.)

9. Seja $A = \begin{bmatrix} 0 & 1 & 1 \\ 0 & 0 & 1 \\ 0 & 0 & 0 \end{bmatrix}$. Calcule A^2 e A^3. Generalize para matrizes 4×4.

10. Se $A = \begin{bmatrix} 1 & \alpha \\ 0 & 1 \end{bmatrix}$, calcule A^2 e A^3 e e, em geral A^n, se n for um inteiro positivo.

11. Sejam A e B matrizes invertíveis $n \times n$.
    a) Mostre que A^{-1} é invertível e $(A^{-1})^{-1} = A$.
    b) Mostre que AB é invertível e que $(AB)^{-1} = B^{-1}A^{-1}$.
    c) Mostre que ^tA é invertível e $({}^tA)^{-1} = {}^t(A^{-1})$.

12. Se A é uma matriz, seja A^* a matriz definida por $A^*_{ij} = \overline{A}_{ji}$ (isto é, o elemento de ordem ij de A^* é o conjugado complexo do elemento de ordem ji de A). A matriz A^* é chamada *adjunta* de A. Mostre que:
    a) Se A e B são matrizes $m \times n$; então $(A+B)^* = A^* + B^*$.
    b) Se A é $m \times n$ e B é $n \times p$, então $(AB)^* = B^*A^*$.
    c) Se A é uma matriz qualquer, então $\left(A^*\right)^* = A$.

13. Seja D uma matriz diagonal tal que $D_{ii} \neq 0$ para $i = 1, \ldots, n$. Mostre que D é invertível. Qual é a inversa de D?

14. Uma matriz A, $n \times n$, chama-se *superiormente triangular* (estritamente) quando $A_{ij} = 0$ se $i \leq j$. Mostre que $A^n = 0$. (Sugestão: Indução sobre n.)

15. Seja A uma matriz quadrada $n \times n$ tal que $A^n = I$ para algum $n > 0$. Mostre que A é invertível. Qual é a inversa de A?

16. Seja A uma matriz quadrada tal que $A^{n+1} = 0$ para algum inteiro $n > 0$. Mostre que a matriz $I - A$ é invertível e que $(I-A)^{-1} = I + A + \ldots + A^n$.

17. Sejam A e B matrizes quadradas $n \times n$ e x um escalar qualquer. Mostre que
   a) $tr(A+B) = tr(A) + tr(B)$;
   b) $tr(xA) = x\,tr(A)$;
   c) $tr(AB) = tr(BA)$;
   d) se B é invertível, então $tr(B^{-1}AB) = tr(A)$.

18. Sejam A, B e C matrizes quadradas $n \times n$ e x um escalar qualquer. Defina $[A,B] = AB - BA$ (colchete de Lie de matrizes). Mostre que
   a) $[A+B,C] = [A,C] + [B,C]$;
   b) $[A,B] = -[B,A]$;
   c) $[xA,B] = [A,xB] = x[A,B]$;
   d) $[A,[B,C]] + [C,[A,B]] + [B,[C,A]] = 0$ (identidade de Jacobi).

19. Mostre que não existem matrizes quadradas A e B tais que $AB - BA = I$. (Sugestão: Utilize o Exercício 17.)

20. Uma matriz quadrada A denomina-se *nilpotente* se existir um inteiro $r > 0$ tal que $A^r = 0$. Sejam A e B matrizes nilpotentes $n \times n$ tais que $AB = BA$. Mostre que AB e $A+B$ são também nilpotentes. (Sugestão: Utilize o Exercício 3.)

5.5 Sistemas de Equações Lineares

Se $\mathbb{K}$ é um corpo, vamos considerar o seguinte problema: determinar o conjunto S das n-uplas $X = (x_1, \ldots, x_n)$ de $\mathbb{K}^n$ cujas coordenadas satisfazem às equações:

$$
\begin{aligned}
A_{11}x_1 + A_{12}x_2 + \ldots + A_{1n}x_n &= b_1 \\
A_{21}x_1 + A_{22}x_2 + \ldots + A_{2n}x_n &= b_2 \\
&\vdots \\
A_{m1}x_1 + A_{m2}x_2 + \ldots + A_{mn}x_n &= b_m,
\end{aligned}
\tag{5.2}
$$

onde b_i e A_{ij}, $1 \le i \le m$; $1 \le j \le n$ são escalares em $\mathbb{K}$. O conjunto de equações (5.2) chama-se *sistema de m equações lineares com n incógnitas*. Os vetores de S são as *soluções* do sistema (5.2) e o conjunto S chama-se o *espaço das soluções* desse sistema. O sistema (5.2) é dito *homogêneo* se $b_1 = b_2 = \ldots = b_m = 0$.

Observe que o sistema dado anteriormente pode também ser escrito como

$$
\begin{aligned}
A_1 \cdot X &= b_1 \\
A_2 \cdot X &= b_2 \\
&\vdots \\
A_m \cdot X &= b_m
\end{aligned}
\tag{5.3}
$$

onde $A_i = (A_{i1}, A_{i2}, ..., A_{im})$, $i = 1, ..., m$, e $X = (x_1, ..., x_n)$. Como $A_i \cdot X = b_i$ é a equação de um hiperplano normal ao vetor A_i, então o conjunto S é a interseção de m hiperplanos. Portanto, estamos considerando o problema geométrico de achar a interseção de m hiperplanos de $\mathbb{K}^n$.

O sistema (5.2) pode ainda ser escrito como

$$AX = B \qquad (5.4)$$

com

$$A = \begin{bmatrix} A_{11} & A_{12} & \cdots & A_{1n} \\ A_{21} & A_{22} & \cdots & A_{2n} \\ \vdots & \vdots & \ddots & \vdots \\ A_{m1} & A_{m2} & \cdots & A_{mn} \end{bmatrix}$$

$$X = \begin{bmatrix} x_1 \\ x_2 \\ \vdots \\ x_n \end{bmatrix} \quad \text{e} \quad B = \begin{bmatrix} b_1 \\ b_2 \\ \vdots \\ b_m \end{bmatrix}.$$

A matriz A, $m \times n$, é a *matriz dos coeficientes* do sistema.

Teorema 5.4 Seja A uma matriz $m \times n$, com elementos no corpo $\mathbb{K}$. O conjunto S das n-uplas X de $\mathbb{K}^n$ que são soluções do sistema homogêneo $AX = 0$ é um subespaço vetorial de $\mathbb{K}^n$.

Demonstração: Realmente,

1. O vetor nulo pertence a S, pois $A0 = 0$.

2. Se X e Y pertencem a S, então $X + Y$ também pertence a S, pois

$$A(X + Y) = AX + AY$$
$$= 0 + 0$$
$$= 0.$$

3. Se X pertence a S e c é um escalar qualquer em $\mathbb{K}^n$, então cX também pertence a S, pois

$$A(cX) = cAX = c0 = 0.$$

Observe que o conjunto das soluções de um sistema não-homogêneo $AX = B$ não é um subespaço vetorial, porque o vetor nulo não é solução.

Seja X_0 uma solução qualquer do sistema $AX = B$. Uma n-upla Y é solução desse sistema se, e somente se, $Y = X + X_0$, onde X é solução do sistema homogêneo $AX = 0$. Realmente, se X é solução de $AX = 0$ e se $Y = X + X_0$, então

$$AY = A(X + X_0) = AX + AX_0$$
$$= 0 + B$$
$$= B.$$

Reciprocamente, se Y é solução do sistema não-homogêneo, então o vetor $X = Y - X_0$ é solução do sistema homogêneo e $Y = X + X_0$, pois

$$AX = A(Y - X_0) = AY - AX_0$$
$$= B - B$$
$$= 0.$$

A técnica básica para achar as soluções do sistema não-homogêneo de um sistema de equações lineares é a *eliminação*. Ilustraremos o método da eliminação com o seguinte exemplo: considere o sistema de duas equações lineares com três incógnitas

$$x_1 + 2x_2 - x_3 = 0$$
$$2x_1 + x_2 + x_3 = 0. \tag{5.5}$$

Somando as equações desse sistema, obtemos

$$3x_1 + 3x_2 = 0,$$

onde concluímos que, $x_1 = -x_2$. Multiplicando a primeira equação por -2 e somando à segunda, obtemos

$$-3x_2 + 3x_3 = 0,$$

onde $x_3 = x_2$. Portanto, se $X = (x_1, x_2, x_3)$ é uma solução de (5.5), então $x_1 = -x_2 = -x_3$. De forma recíproca, se $x_1 = -x_2 = -x_3$, então $X = (x_1, x_2, x_3)$ é solução de (5.5). Assim, o espaço das soluções reais desse sistema é a reta $X = t(1,-1,-1)$ de $\mathbb{R}^3$, enquanto o espaço das soluções complexas é a reta:

$$X = t(1,-1,-1) \text{ de } \mathbb{C}^3.$$

O método usado para achar as soluções do sistema anterior foi o de eliminação de incógnitas, que consiste em multiplicar equações por escalares e então somar equações de maneira a obter equações que não contenham dada incógnita. Desejamos formalizar esse processo, tendo em vista obter um método mais organizado para resolver sistemas. Além disso, desejamos entender a razão pela qual o processo de eliminação funciona.

Sejam $c_1,...,c_m$ escalares quaisquer do corpo $\mathbb{K}$. Multipliquemos a primeira equação do sistema (5.2) por c_1, a segunda por c_2 etc., a m-ésima por c_m. Somando as equações assim obtidas, o resultado é

$$(c_1 A_{11} + ... + c_m A_{m1})x_1 + ... + (c_1 A_{1n} + ... + c_m A_{mn})x_n = c_1 b_1 + ... + c_m b_m$$

que chamaremos de *combinação linear* das equações do sistema (5.2). Observe que toda solução do sistema (5.2) é também solução da equação anterior, mas nem toda solução dessa equação é necessariamente solução do sistema (5.2), como nos mostra o seguinte exemplo:

Exemplo 5.9 O espaço das soluções reais do sistema

$$x + y + z = 0$$
$$x - y - z = 0$$

é a reta $X = t(0,1,-1)$ de $\mathbb{R}^3$, enquanto o espaço das soluções da equação

$$x + y + z = 0$$

é o plano que passa pela origem e é normal ao vetor $A = (1, 1, 1)$. Entretanto, essa equação pode ser obtida como a combinação linear

$$1(x + y + z) + 0(x - y - z) = 0$$

das equações do sistema anterior. (Veja também o Exemplo 2.14.)

Considere o sistema

$$\begin{aligned} B_{11}x_1 + ... + B_{1n}x_n &= d_1 \\ B_{21}x_1 + ... + B_{2n}x_n &= d_2 \\ &\cdots\cdots\cdots\cdots\cdots\cdots \\ B_{k1}x_1 + ... + B_{kn}x_n &= d_k \end{aligned} \quad (5.6)$$

de k equações lineares com n incógnitas.

Se toda Equação (5.6) é uma combinação linear das Equações (5.1), então toda solução (5.2) é também solução (5.6). Pode acontecer, porém, que algumas soluções (5.6) não sejam soluções (5.2). Mas isso não acontecerá se, por sua vez, cada Equação (5.2) for também combinação linear das Equações (5.6), o que nos sugere a seguinte definição:

Definição 5.1 Dois sistemas de equações lineares chamam-se *equivalentes* se cada equação de um deles for combinação linear das equações do outro, e reciprocamente.

O que foi visto antes nos leva à seguinte conclusão:

Teorema 5.5 Sistemas de equações lineares equivalentes têm as mesmas soluções.

O método de eliminação consiste em reduzir dado sistema a um que lhe seja equivalente cuja solução seja imediata. Este será o objetivo da próxima seção.

Exercícios

1. Determine se os sistemas a seguir são ou não equivalentes. Se forem equivalentes, exprima cada equação de cada um dos sistemas como uma combinação linear das equações do outro.

   $$2x_1 + x_2 = 0 \qquad\qquad x_1 + x_2 = 0$$
   $$x_1 + x_2 = 0 \quad\text{e}\quad 3x_1 + x_2 = 0.$$

2. Repita o Exercício 1 com os seguintes sistemas:

   $$x_1 + 2x_2 + 5x_3 = 0$$
   $$-x_1 + x_2 + 4x_3 = 0 \quad\text{e}\quad \begin{aligned}x_1 - x_3 &= 0\\ x_2 + 3x_3 &= 0.\end{aligned}$$
   $$x_1 + 3x_2 + 8x_3 = 0$$

3. Repita o Exercício 1 com os sistemas:

   $$x_1 + ix_2 - x_3 = 0 \qquad\qquad x_1 - x_3 = 0$$
   $$x_1 - ix_2 - x_3 = 0 \quad\text{e}\quad -ix_1 + x_2 - ix_3 = 0.$$

4. Demonstre que, se dois sistemas de equações lineares homogêneas com duas incógnitas possuem as mesmas soluções, então eles são equivalentes.

5.6 Operações Elementares

Nosso objetivo nesta seção é estudar as operações sobre linhas de uma matriz A, que correspondem a formar combinações lineares das equações do sistema $AX = B$. Consideraremos três tipos de operações elementares:

1. multiplicação de uma linha A_r por um escalar não-nulo c do corpo $\mathbb{K}$ ($\mathbb{K}$ é o menor corpo que contém todos os elementos de A);
2. substituição da linha A_r por $A_r + cA_s$, onde c é um escalar qualquer de $\mathbb{K}$ e $r \neq s$;
3. permutação de duas linhas de A, isto é, substituição da linha A_r pela linha A_s e da linha A_s pela linha A_r.

Mais precisamente, uma operação elementar sobre linhas é uma função (correspondência) e que a cada matriz A faz corresponder uma matriz $e(A)$.

Se A for $m \times n$, então a matriz $e(A)$ será também $m \times n$. Podemos descrever cada uma das operações elementares como segue:

1. $e(A)_i = A_i$ se $i \neq r$; $e(A)_r = cA_r$, onde c é um escalar não-nulo de $\mathbb{K}$.
2. $e(A)_i = A_i$ se $i \neq r$; $e(A)_r = A_r + cA_s$, onde $r \neq s$ e c é um escalar qualquer de $\mathbb{K}$.
3. $e(A)_i = A_i$ se $i \neq r,s$; $e(A)_r = A_s$, $e(A)_s = A_r$.

Observe que, na definição das operações elementares, o número de colunas de A não é importante. Vamos supor, portanto, que uma operação elementar e seja definida no conjunto $\mathcal{M}_m(\mathbb{K})$ de todas as matrizes, com elementos em $\mathbb{K}$, que possuem m linhas (o número de colunas sendo arbitrário).

Teorema 5.6 A cada operação elementar e corresponde uma operação elementar e_1, do mesmo tipo que e, tal que $e_1(e(A)) = e(e_1(A)) = A$, para cada matriz A que possui m linhas. Em outras palavras, a operação inversa e_1 de uma operação elementar e existe e é do mesmo tipo que e.

Demonstração:
1. Se e é a operação que consiste em multiplicar a r-ésima linha de uma matriz por um escalar $c \neq 0$, então e_1 consiste em multiplicar essa mesma linha por c^{-1};
2. Se e é a operação que consiste na substituição da r-ésima linha de uma matriz pela soma da r-ésima linha com c vezes a s-ésima linha, então e_1 consiste em somar $(-c)$ vezes a s-ésima linha à r-ésima linha;
3. Se e consiste em permutar a r-ésima linha com a s-ésima linha, então $e_1 = e$.

Nos três casos anteriores, temos

$$e_1(e(A)) = e(e_1(A)) = A$$

qualquer que seja a matriz A que possui m linhas.

A operação elementar e_1 será indicada por e^{-1}.

Definição 5.2 Sejam A e B matrizes $m \times n$ com elementos em um corpo $\mathbb{K}$. Diremos que A é *equivalente por linhas a* B se B pode ser obtida de A após um número finito de operações elementares.

Utilizando o teorema anterior, verificamos que:

a) cada matriz é equivalente por linhas a si mesma (reflexividade);
b) se A é equivalente por linhas a B, então B é equivalente por linhas a A (simetria);
c) se A é equivalente por linhas a B e B é equivalente por linhas a C, então A é equivalente por linhas a C (transitividade).

Devido a essas propriedades, diremos que a equivalência por linhas é uma *relação de equivalência* no conjunto das matrizes $m \times n$ com elementos em um corpo $\mathbb{K}$.

Lema 5.1 Seja e uma operação elementar no conjunto das matrizes que possuem p linhas. Se A é uma matriz $m \times n$ e B é uma matriz $p \times m$, então

$$e(BA) = e(B)A.$$

Demonstração:

1. Se e consiste na multiplicação da r-ésima linha por $c \neq 0$, então

$$e(BA)_{rj} = c(BA)_{rj} = c(B_r \cdot A^j) = (cB_r \cdot A^j) = e(B)_r \cdot A^j = [e(B)A]_{rj}$$

para $1 \leq j \leq n$.
Se $i \neq r$ e $1 \leq j \leq n$, então

$$e(BA)_{ij} = (BA)_{ij} = B_i \cdot A^j = e(B)_i \cdot A^j = [e(B)A]_{ij}.$$

2. Se e consiste em somar à r-ésima linha c-vezes a s-ésima linha, então:

$$e(BA)_{rj} = (BA)_{rj} + c(BA)_{sj} = B_r \cdot A^j + c(B_s \cdot A^j) = (B_r + cB_s) \cdot A^j$$
$$= e(B)_r \cdot A^j = [e(B)A]_{rj}$$

para $1 \leq j \leq n$.
Se $i \neq r$ e $1 \leq j \leq n$, então

$$e(BA)_{ij} = (BA)_{ij} = B_i \cdot A^j = e(B)_i A^j = [e(B) \cdot A]_{ij}$$

3. Se e consiste em permutar as linhas de ordem r e s entre si, então

$$e(BA)_{rj} = (BA)_{sj} = B_s \cdot A^j = e(B)_r \cdot A^j = [e(B)A]_{rj}$$

e

$$e(BA)_{sj} = (BA)_{rj} = B_r \cdot A^j = e(B)_s \cdot A^j = [e(B)A]_{sj}$$

para $1 \leq j \leq n$.

Vemos, assim, nos três casos anteriores que

$$e(BA) = e(B)A.$$

Teorema 5.7 Se A for uma matriz $m \times n$ e e, uma operação elementar sobre as matrizes que possuem m linhas, então os sistemas homogêneos $AX = 0$ e $e(A)X = 0$ possuem as mesmas soluções.

Demonstração: Realmente, se X é tal que $AX = 0$, então pelo lema dado,

$$e(A)X = e(AX) = e(0) = 0.$$

Reciprocamente, se $e(A)X = 0$, e e^{-1} é operação elementar inversa de e (veja o Teorema 5.6), então,

$$AX = e^{-1}(e(A))X = e^{-1}(e(A)X) = e^{-1}(0) = 0.$$

Corolário 5.1 Se A e B são matrizes equivalentes por linhas, então os sistemas homogêneos $AX = 0$ e $BX = 0$ possuem as mesmas soluções.

Demonstração: De fato, se A é equivalente por linhas a B, existe uma seqüência finita $e_1,...,e_k$ de operações elementares tais que

$$B = e_k(e_{k-1}(...e_1(A))).$$

Pelo teorema anterior, $AX = 0$ e $e_1(A)X = 0$ possuem as mesmas soluções; $e_1(A)X = 0$ e $e_2 = (e_1(A))X = 0$ possuem as mesmas soluções etc., $e_k(...e_1(A)...)X = 0$ e $BX = 0$ possuem as mesmas soluções. Portanto, $AX = 0$ e $BX = 0$ possuem as mesmas soluções.

Exemplo 5.10 Considere o sistema homogêneo

$$x_1 - 2x_2 + x_3 = 0$$
$$2x_1 + x_2 - x_3 = 0$$
$$3x_1 - x_2 + 2x_3 = 0.$$

A matriz dos coeficientes desse sistema é a matriz racional

$$A = \begin{bmatrix} 1 & -2 & 1 \\ 2 & 1 & -1 \\ 3 & -1 & 2 \end{bmatrix}.$$

Efetuaremos uma seqüência de operações elementares sobre as linhas de A, a fim de obter uma matriz B tal que o sistema $BX = 0$ seja de solução imediata. Indicaremos por números entre parênteses os tipos de operações efetuadas.

$$A = \begin{bmatrix} 1 & -2 & 1 \\ 2 & 1 & -1 \\ 3 & -1 & 2 \end{bmatrix} \xrightarrow{(2)} \begin{bmatrix} 1 & -2 & 1 \\ 0 & 5 & -3 \\ 3 & -1 & 2 \end{bmatrix} \xrightarrow{(2)} \begin{bmatrix} 1 & -2 & 1 \\ 0 & 5 & -3 \\ 0 & 5 & -1 \end{bmatrix}$$

$$\xrightarrow{(1)} \begin{bmatrix} 1 & -2 & 1 \\ 0 & 1 & -3/5 \\ 0 & 5 & -1 \end{bmatrix} \xrightarrow{(2)} \begin{bmatrix} 1 & -2 & 1 \\ 0 & 1 & -3/5 \\ 0 & 0 & 2 \end{bmatrix} \xrightarrow{(1)} \begin{bmatrix} 1 & -2 & 1 \\ 0 & 1 & -3/5 \\ 0 & 0 & 1 \end{bmatrix}$$

$$\xrightarrow{(2)} \begin{bmatrix} 1 & 0 & -1/5 \\ 0 & 1 & -3/5 \\ 0 & 0 & 1 \end{bmatrix} = B.$$

Portanto, pelo corolário anterior, o sistema $AX = 0$ possui as mesmas soluções que o sistema $BX = 0$, isto é,

$$x_1 - 1/5 x_3 = 0$$
$$x_2 - 3/5 x_3 = 0$$
$$x_3 = 0.$$

Logo, o sistema $AX = 0$ só admite a solução trivial $x_1 = x_2 = x_3 = 0$.

Exemplo 5.11 Considere o sistema homogêneo

$$x_1 + 2x_2 - x_3 + x_4 = 0$$
$$2x_1 - x_2 + 2x_3 - x_4 = 0$$
$$-x_1 + x_2 - x_3 + x_4 = 0$$

de três equações a quatro incógnitas. A matriz desse sistema é a matriz racional

$$A = \begin{bmatrix} 1 & 2 & -1 & 1 \\ 2 & -1 & 2 & -1 \\ -1 & 1 & -1 & 1 \end{bmatrix}.$$

Ao tentar obter uma matriz mais simples B, equivalente por linhas à matriz A, é conveniente efetuarmos ao mesmo tempo várias operações do tipo (2). Tendo isso em mente, podemos escrever:

$$A = \begin{bmatrix} 1 & 2 & -1 & 1 \\ 2 & -1 & 2 & -1 \\ -1 & 1 & -1 & 1 \end{bmatrix} \xrightarrow{(2)} \begin{bmatrix} 1 & 2 & -1 & 1 \\ 0 & -5 & 4 & -3 \\ 0 & 3 & -2 & 2 \end{bmatrix} \xrightarrow{(2)}$$

$$\begin{bmatrix} 1 & 2 & -1 & 1 \\ 0 & -2 & 2 & -1 \\ 0 & 3 & -2 & 2 \end{bmatrix} \xrightarrow{(2)} \begin{bmatrix} 1 & 2 & -1 & 1 \\ 0 & -2 & 2 & -1 \\ 0 & 1 & 0 & 1 \end{bmatrix} \xrightarrow{(1)}$$

$$\begin{bmatrix} 1 & 2 & -1 & 1 \\ 0 & 1 & -1 & 1/2 \\ 0 & 1 & 0 & 1 \end{bmatrix} \xrightarrow{(2)} \begin{bmatrix} 1 & 2 & -1 & 1 \\ 0 & 0 & -1 & -1/2 \\ 0 & 1 & 0 & 1 \end{bmatrix} \xrightarrow{(1)}$$

$$\begin{bmatrix} 1 & 2 & -1 & 1 \\ 0 & 0 & 1 & 1/2 \\ 0 & 1 & 0 & 1 \end{bmatrix} \xrightarrow{(2)} \begin{bmatrix} 1 & 0 & -1 & -1 \\ 0 & 0 & 1 & 1/2 \\ 0 & 1 & 0 & 1 \end{bmatrix} \xrightarrow{(2)} \begin{bmatrix} 1 & 0 & 0 & -1/2 \\ 0 & 0 & 1 & 1/2 \\ 0 & 1 & 0 & 1 \end{bmatrix} = B.$$

O sistema $BX = 0$ se escreve como

$$x_1 - 1/2 x_4 = 0$$
$$x_3 + 1/2 x_4 = 0$$
$$x_2 + x_4 = 0$$

cujas soluções são obtidas atribuindo-se valores arbitrários a x_4 e calculando os valores correspondentes para x_1, x_2 e x_3. Assim, as soluções do sistema $AX = 0$ são

$$X = c(1/2, -1, -1/2, 1),$$

onde c é um escalar qualquer.

Exemplo 5.12 Considere o sistema

$$-x_1 + ix_2 = 0$$
$$-ix_1 + 3x_2 = 0$$
$$x_1 + 2x_2 = 0$$

de três equações lineares homogêneas com duas incógnitas e coeficientes complexos. A matriz desse sistema é a matriz complexa 3×2,

$$A = \begin{bmatrix} -1 & i \\ -i & 3 \\ 1 & 2 \end{bmatrix}.$$

De maneira análoga ao que fizemos nos dois exemplos anteriores, temos:

$$A = \begin{bmatrix} -1 & i \\ -i & 3 \\ 1 & 2 \end{bmatrix} \xrightarrow{(2)} \begin{bmatrix} 0 & 2+i \\ 0 & 3+2i \\ 1 & 2 \end{bmatrix} \xrightarrow{(1)}$$

$$\begin{bmatrix} 0 & 1 \\ 0 & 3+2i \\ 1 & 2 \end{bmatrix} \xrightarrow{(2)} \begin{bmatrix} 0 & 1 \\ 0 & 0 \\ 1 & 0 \end{bmatrix} = B.$$

É claro que o sistema $BX = 0$ possui apenas a solução trivial. Portanto, o mesmo é verdade em relação ao sistema $AX = 0$.

Definição 5.3 Uma matriz L chama-se *reduzida por linhas* se:
  a) o primeiro elemento não-nulo de cada linha não-nula de L for igual a 1;
  b) cada coluna de L que contém o primeiro elemento não-nulo de alguma linha de L tiver todos os outros elementos iguais a zero.

Exemplo 5.13
  a) A matriz identidade I, $n \times n$, é reduzida por linhas.
  b) As matrizes

$$\begin{bmatrix} 1 & 0 & 0 & -1/2 \\ 0 & 0 & 1 & 1/2 \\ 0 & 1 & 0 & 1 \end{bmatrix} \quad \text{e} \quad \begin{bmatrix} 0 & 1 \\ 0 & 0 \\ 1 & 0 \end{bmatrix}$$

obtidas nos Exemplos 5.11 e 5.12, respectivamente, são reduzidas por linhas.

c) A matriz

$$\begin{bmatrix} 1 & 0 & -1/5 \\ 0 & 1 & -3/5 \\ 0 & 0 & 1 \end{bmatrix},$$

obtida no Exemplo 5.10, *não* é reduzida por linhas.

Demonstraremos a seguir que é sempre possível obter uma matriz L, reduzida por linhas, após um número finito de operações elementares sobre as linhas de uma matriz qualquer A. Desde que os sistemas $AX = 0$ e $LX = 0$ possuam as mesmas soluções e $LX = 0$ seja de solução imediata, estaremos, assim, de posse de um método efetivo para achar as soluções de qualquer sistema de equações lineares homogêneas.

Teorema 5.8 Toda matriz $m \times n$ com elementos em um corpo $\mathbb{K}$ é equivalente por linhas a uma matriz reduzida por linhas com elementos no mesmo corpo.

Demonstração: Seja A uma matriz $m \times n$ com elementos em $\mathbb{K}$. Se todos os elementos da primeira linha de A são nulos, então essa linha já satisfaz à condição (a) da definição de matriz reduzida por linhas. Se a primeira linha de A não for nula, existe um primeiro elemento não-nulo A_{1k} nessa linha. Multiplique essa linha por A_{1k}^{-1}. A primeira linha da matriz B, assim obtida, satisfará à condição (a). Agora substitua cada linha B_i, $i > 2$ por $B_i - A_{ik}B_1$. Seja C a matriz assim obtida. Observe que o único elemento não-nulo da coluna C^k é $C_{1k} = 1$.

Considere agora a segunda linha de C. Se todos os elementos dessa linha são nulos, não a modificaremos. Caso contrário, seja C_{2l}, o primeiro elemento não-nulo dessa linha. Multiplique a segunda linha de C por C_{2l}^{-1}. Observe que $k \neq l$. Seja D a matriz assim obtida. Substitua a linha D_i, $i > 3$, por $D_i - C_{il}D_2$. Seja E a matriz assim obtida. Observe que $E_{il} = 0$ se $i \neq 2$ e $E_{2l} = 1$. Além disso, $C_{1i} = E_{1i}$ para $i = 1,...,k$.

Procedendo com uma linha de cada vez, como fizemos para a primeira e a segunda linha obteremos, após um número finito de operações elementares, uma matriz reduzida por linhas.

Exercícios

1. Ache todas as soluções do sistema

$$3x_1 + x_2 + 2x_3 = 0$$
$$2x_1 + x_2 + 3x_3 = 0$$
$$x_1 + x_2 + x_3 = 0.$$

2. Qual é o espaço das soluções do sistema
$$\begin{cases} -ix_1 + x_2 = 0 \\ 2x_1 - ix_2 = 0. \end{cases}$$

3. Ache as soluções dos sistemas $AX = 0$, $AX = 2X$ e $AX = 3X$, sendo
$$A = \begin{bmatrix} 1 & -1 & 1 \\ 2 & 1 & 3 \\ 0 & 2 & 0 \end{bmatrix}.$$

4. Encontre uma matriz reduzida por linhas que seja equivalente por linhas à matriz
$$A = \begin{bmatrix} i & 0 & 0 \\ 1 & -2 & 1 \\ 1 & 2i & -1 \end{bmatrix}.$$

5. Demonstre que as matrizes
$$\begin{bmatrix} 2 & 0 & 0 \\ a & -1 & 0 \\ b & c & 3 \end{bmatrix} \quad \text{e} \quad \begin{bmatrix} 1 & 1 & 2 \\ -2 & 0 & -1 \\ 1 & 3 & 5 \end{bmatrix}$$
não são equivalentes por linhas.

6. Mostre que existem apenas três tipos de matrizes reduzidas por linhas $A = \begin{bmatrix} a & b \\ c & d \end{bmatrix}$, tais que $a + b + c + d = 0$.

7. Demonstre que a permutação de duas linhas de uma matriz pode ser obtida por um número finito de operações elementares dos outros tipos.

8. Considere o sistema homogêneo $AX = 0$, em que $A = \begin{bmatrix} a & b \\ c & d \end{bmatrix}$. Demonstre que:
    a) se $a = b = c = d = 0$, então todo vetor $X = (x_1, x_2)$ de $\mathbb{R}^2$ é solução de $AX = 0$;
    b) se $ad - bc \neq 0$, então o sistema $AX = 0$ só possui a solução trivial $x_1 = x_2 = 0$;
    c) se $A \neq 0$ e $ad - bc = 0$, então o espaço das soluções reais de $AX = 0$ é uma reta que passa pela origem de $\mathbb{R}^2$.

9. Ache uma base para o espaço das soluções reais do sistema homogêneo
$$x_1 + x_2 + x_3 + x_4 = 0$$
$$2x_1 + x_2 + x_3 + 2x_4 = 0.$$

10. Encontre todas as soluções do sistema
$$x + 3y - z + w = 0$$
$$2x + y + 3z - w = 0$$
$$x - y + 4z - 2w = 0.$$

11. Seja A uma matriz $m \times n$ com elementos em um corpo $\mathbb{K}$. Demonstre que, se existir um vetor não-nulo X em $\mathbb{C}^n$ tal que $AX = 0$, então também existe um vetor não nulo X_0 em $\mathbb{K}^n$ tal que $AX_0 = 0$.

5.7 Matrizes Escalonadas

Para obtermos mais informações sobre as soluções dos sistemas de equações lineares, introduziremos as matrizes escalonadas.

Definição 5.4 Uma matriz E, $m \times n$, com elementos em um corpo $\mathbb{K}$, reduzida por linhas, chama-se *escalonada* se:

a) as linhas nulas de E ocorrem abaixo de todas as linhas não-nulas de E;

b) $E_1, ..., E_r$ são as linhas não-nulas de E, e se E_{ik_i} é o primeiro elemento não-nulo da linha E_i, $1 \le i \le r$, então $k_1 < k_2 < ... < k_r$.

Em outras palavras, a matriz E é escalonada se:

1. $E_i = 0$, para $i > r$; $E_{ij} = 0$ se $j < k_i$.
2. $E_{ik_j} = 0$, se $i \ne j$; $E_{ik_i} = 1$ para $1 \le i \le r$ e $1 \le j \le r$. $E_{ik_i} = 1$ é o elemento líder da i-ésima linha.
3. $k_1 < k_2 < ... < k_r$.

Exemplo 5.14

a) A matriz nula, $m \times n$, é escalonada. A matriz identidade, $n \times n$, é escalonada.

b) A matriz
$$\begin{bmatrix} 0 & 1 & 0 & 0 & 2 \\ 0 & 0 & 0 & 1 & 5 \\ 0 & 0 & 0 & 0 & 0 \end{bmatrix} \quad \text{é escalonada.}$$

c) As seguintes matrizes $\begin{bmatrix} 1 & 0 & 1 & 0 \\ 0 & 0 & 0 & 1 \\ 0 & 1 & 0 & 0 \end{bmatrix}$ e $\begin{bmatrix} 1 & 0 & 0 & 0 \\ 0 & 0 & 0 & 0 \\ 0 & 0 & 1 & 2 \end{bmatrix}$ são reduzidas por linhas, mas não são escalonadas.

Teorema 5.9 Toda matriz A, $m \times n$, com elementos em um corpo $\mathbb{K}$ é equivalente por linhas a uma única matriz reduzida por linhas e escalonada, com elementos no mesmo corpo.

Demonstração: Pelo Teorema 5.8, A é equivalente por linhas a uma matriz B, reduzida por linhas com elementos em $\mathbb{K}$. Agora, observe que, efetuando-se um número finito de permutações de linhas em B, obtemos uma matriz escalonada E. Note que duas matrizes, **de mesma dimensão**, reduzidas por linhas e escalonadas equivalentes por linhas são iguais.

Observação: Seja E uma matriz $m \times n$, reduzida por linhas e escalonada, que possui as linhas não-nulas $E_1, \ldots, E_r$. Sejam $E_{1k_1} = \ldots = E_{rk_r} = 1$ os elementos líderes não-nulos dessas linhas. É fácil ver que todas as soluções do sistema $EX = 0$ podem ser obtidas atribuindo-se valores arbitrários às $(n-r)$ incógnitas distintas de $x_{k_1}, \ldots, x_{k_r}$ e, então, calculando os valores correspondentes para $x_{k_1}, \ldots, x_{k_r}$. Por essa razão, chamaremos as incógnitas $x_{k_1}, \ldots, x_{k_r}$ *dependentes* e as incógnitas restantes serão chamadas *independentes*.

Exemplo 5.15 Considere a matriz escalonada

$$E = \begin{bmatrix} 0 & 1 & -3 & 0 & 1/2 \\ 0 & 0 & 0 & 1 & 2 \\ 0 & 0 & 0 & 0 & 0 \end{bmatrix}.$$

As soluções do sistema

$$x_2 - 3x_3 + \frac{1}{2}x_5 = 0$$
$$x_4 + 2x_5 = 0$$

podem ser obtidas atribuindo valores arbitrários $x_1 = a$, $x_3 = b$ e $x_5 = c$ às incógnitas x_1, x_3 e x_5 e calculando os valores $x_2 = 3b - \dfrac{c}{2}$ e $x_4 = -2c$ correspondentes a x_2 e x_4. Portanto, as soluções do sistema $EX = 0$ são

$$X = (a, 3b - \frac{c}{2}, b, -2c, c),$$

onde a, b e c são escalares quaisquer.

Observação: Uma maneira de descrever completamente o espaço das soluções de um sistema homogêneo $BX = 0$ é achar uma base para esse espaço. Assim, se $A_1, \ldots, A_s$ for uma base para o espaço das soluções do sistema $BX = 0$, então todas as soluções podem ser escritas como combinações lineares:

$$X = c_1 A_1 + \ldots + c_s A_s.$$

No Exemplo 5.15, fazendo $x_1 = 1$, $x_3 = 0$, $x_5 = 0$, obtemos a solução $A_1 = (1,0,0,0,0)$, pondo $x_1 = 0$, $x_3 = 1$, $x_5 = 0$, obtemos a solução $A_2 = (0,3,1,0,0)$ e, finalmente, colocando $x_1 = x_3 = 0$, $x_5 = 1$, obtemos a solução $A_3 = \left(0, -\frac{1}{2}, 0, -2, 1\right)$. É fácil ver que $\{A_1, A_2, A_3\}$ é uma base para o espaço das soluções desse sistema.

O processo anterior é geral. Para construir uma base para o espaço das soluções do sistema homogêneo $BX = 0$, calculamos a matriz escalonada E equivalente por linhas a B. Sejam $x_{i_1}, ..., x_{i_{n-r}}$ as incógnitas independentes. Seja A_j a solução obtida pondo $x_{i_j} = 1$, $x_{i_k} = 0$, se $k \neq j$ e calculando os valores correspondentes para as incógnitas dependentes. É fácil ver que $A_1, ..., A_{n-r}$ é uma base para o espaço das soluções do sistema $BX = 0$.

Teorema 5.10 Todo sistema de equações lineares homogêneas, cujo número de equações é menor que o número de incógnitas, possui soluções não triviais.

Demonstração: Seja $AX = 0$ um sistema de m equações com n incógnitas, com coeficientes em um corpo $\mathbb{K}$. Pelo Teorema 5.9, a matriz A é equivalente por linhas a uma única matriz escalonada E. Assim, o número r de equações não-nulas do sistema $EX = 0$ é menor que o número n de incógnitas (pois $r \leq m < n$). Sejam, como antes, $E_{1k_1} = ... = E_{rk_r} = 1$ os elementos líderes não-nulos das linhas não-nulas de E. Podemos, então, obter soluções não triviais para o sistema $EX = 0$, atribuindo valores não-nulos para as $(n-r)$ incógnitas distintas de $x_{k_1}, ..., x_{k_r}$. Pelo Corolário 5.1, $AX = 0$ e $EX = 0$ possuem as mesmas soluções. Portanto, $AX = 0$ possui soluções não triviais.

Teorema 5.11 Seja A uma matriz quadrada, $n \times n$. Então o sistema homogêneo $AX = 0$ possui apenas a solução trivial se, e somente se, A é equivalente por linhas à matriz identidade $n \times n$.

Demonstração: Pelo Teorema 5.9, A é equivalente por linhas a uma única matriz reduzida por linhas e escalonada E. Além disso, pelo Corolário 5.1, os sistemas $AX = 0$ e $EX = 0$ possuem as mesmas soluções. Portanto, se $AX = 0$ só tem a solução trivial, então $EX = 0$ também só possui a solução trivial. Pela demonstração do Teorema 5.10, vemos que a matriz E não possui linhas nulas. É fácil ver que a única matriz $n \times n$, reduzida por linhas e escalonada, que não tem linhas nulas, é a matriz identidade $n \times n$. Reciprocamente, se $E = I$, então $EX = 0$ só possui a solução trivial.

5.8 Sistemas Não-Homogêneos

Utilizando as operações elementares, podemos achar as soluções de sistemas do tipo $AX = C$, onde $C \neq 0$. Há uma diferença essencial entre um sistema homogêneo e um sistema não-homogêneo: o primeiro possui sempre pelo menos a solução trivial $X = 0$, enquanto o sistema não-homogêneo pode não admitir nenhuma solução.

Sejam A uma matriz $m \times n$ e C uma matriz $m \times 1$, ambas com elementos em um corpo $\mathbb{K}$. A *matriz completa* do sistema $AX = C$ é definida como a matriz $m \times (n+1)$:

$$\hat{A} = \begin{bmatrix} A_{11} & A_{12} & \cdots & A_{1n} & C_1 \\ A_{21} & A_{22} & \cdots & A_{2n} & C_2 \\ \cdots & \cdots & \cdots & \cdots & \cdots \\ A_{m1} & A_{m2} & \cdots & A_{mn} & C_m \end{bmatrix} \quad \text{se} \quad C = \begin{bmatrix} C_1 \\ \vdots \\ C_m \end{bmatrix}.$$

Mais precisamente, $\hat{A}$ é a matriz $m \times (n+1)$ cujas colunas são

$$\hat{A}^i = A^i \text{ se } i = 1, \ldots, n \text{ e } \hat{A}^{n+1} = C.$$

Pelo Teorema 5.9, é possível efetuar uma seqüência de operações elementares sobre as linhas da matriz A, obtendo uma matriz reduzida por linhas e escalonada, E. Após efetuarmos a mesma seqüência de operações elementares sobre as linhas da matriz completa $\hat{A}$, obtemos uma matriz $\hat{E}$ cujas n primeiras colunas são as colunas de E. Seja $D = \begin{bmatrix} d_1 \\ \vdots \\ d_m \end{bmatrix}$ a $(n+1)$-ésima coluna de $\hat{E}$.

Observe que a matriz D é obtida efetuando-se a mesma seqüência de operações elementares sobre as linhas da matriz C. Como na demonstração do Corolário 5.1, é fácil ver que os sistemas $AX = C$ e $EX = D$ possuem as mesmas soluções. Dessa forma, podemos verificar se o sistema $AX = C$ possui solução e, em caso afirmativo, achar as soluções. Realmente, suponha que a matriz E tenha r linhas não-nulas e que o elemento líder da linha E_i ocorra na coluna de ordem k_i de E, $i = 1, \ldots, r$. As r primeiras equações do sistema $EX = D$ nos dão os valores das incógnitas $x_{k_i}, \ldots, x_{k_r}$ em função das $(n-r)$ incógnitas restantes e dos escalares $d_1, \ldots, d_r$. As últimas $(m-r)$ equações do sistema são:

$$0 = d_{r+1}$$
$$0 = d_{r+2}$$
$$\cdots\cdots\cdots$$
$$0 = d_m.$$

Portanto, o sistema $AX = C$ possui solução se, e somente se, $d_{r+1} = \ldots = d_m = 0$. Se essa condição for satisfeita, as soluções do sistema $AX = C$ podem ser obtidas atribuindo valores arbitrários às $(n-r)$ incógnitas distintas de $x_{k_1}, \ldots, x_{k_r}$ e, então, calculando os valores correspondentes para $x_{k_1}, \ldots, x_{k_r}$.

Exemplo 5.16 Determinaremos os valores das constantes c_1, c_2, c_3, c_4 para os quais o sistema

$$\begin{aligned} 3x_1 - 6x_2 + 2x_3 - x_4 &= c_1 \\ -2x_1 + 4x_2 + x_3 + 3x_4 &= c_2 \\ x_3 + x_4 &= c_3 \\ x_1 - 2x_2 + x_3 &= c_4 \end{aligned} \quad (5.7)$$

possui solução. A matriz completa do sistema é

$$\hat{A} = \begin{bmatrix} 3 & -6 & 2 & -1 & c_1 \\ -2 & 4 & 1 & 3 & c_2 \\ 0 & 0 & 1 & 1 & c_3 \\ 1 & -2 & 1 & 0 & c_4 \end{bmatrix}.$$

Efetuando operações elementares sobre as linhas de $\hat{A}$, obtemos a matriz reduzida por linhas e escalonada

$$\hat{E} = \begin{bmatrix} 1 & -2 & 0 & -1 & c_1 + c_2 - 3c_3 \\ 0 & 0 & 1 & 1 & c_3 \\ 0 & 0 & 0 & 0 & 2c_1 + 3c_2 - 7c_3 \\ 0 & 0 & 0 & 0 & -c_1 - c_2 + 2c_3 + c_4 \end{bmatrix}$$

Portanto, a condição necessária e suficiente para que o sistema (5.7) possua solução é que

$$\begin{aligned} 2c_1 + 3c_2 - 7c_3 &= 0 \\ -c_1 - c_2 + 2c_3 + c_4 &= 0. \end{aligned} \quad (5.8)$$

Resolvendo o sistema homogêneo (5.8), obtemos

$$\begin{aligned} c_1 &= -c_3 + 3c_4 \\ c_2 &= 3c_3 - 2c_4. \end{aligned} \quad (5.9)$$

Se a condição (5.9) for satisfeita, as soluções do sistema (5.7) são

$$\begin{aligned} x_1 &= 2a + b - c_3 + c_4 \\ x_2 &= a \\ x_3 &= -b + c_3 \\ x_4 &= b, \end{aligned}$$

onde a e b são escalares arbitrários.

Observação: Estamos agora em condições de resolver o seguinte problema: dados n pontos $P_1, ..., P_n$ do $\mathbb{R}^n$, saber se eles determinam ou não um hiperplano H (veja o Exercício 5 da Seção 4.4). O hiperplano H deve ser paralelo aos vetores $P_1 - P_j$, $j = 2, ..., n$ e passar pelo ponto P_1. Se $A = (a_1, ..., a_n)$ é o vetor normal a H, então devemos ter

$$A \cdot (P_1 - P_j) = 0, \ j = 2, ..., n$$

que é um sistema homogêneo de $(n - 1)$ equações com n incógnitas $a_1, ..., a_n$. Como o número de incógnitas é maior que o número de equações, o sistema sempre possui soluções não triviais. As linhas da matriz B do sistema anterior são $B_j = P_1 - P_j$, $j = 2, ..., n$. Assim, existe um único hiperplano H passando pelos pontos $P_1, ..., P_n$ se, e somente se, a matriz escalonada E, equivalente por linhas a B não possui linhas nulas. Deixamos para o leitor verificar que isso é equivalente à independência linear dos vetores $P_1 - P_2, ..., P_1 - P_n$.

Exercícios

1. Ache todas as soluções do sistema homogêneo

$$x_1 + 6x_2 - 18x_3 = 0$$
$$4x_1 - 5x_3 = 0$$
$$3x_1 - 6x_2 + 13x_3 = 0$$
$$7x_1 - 6x_2 + 8x_3 = 0.$$

2. **a)** Ache uma matriz reduzida por linhas e escalonada equivalente por linhas à matriz

$$A = \begin{bmatrix} 1 & 2i \\ i & i-1 \\ 1 & 2 \end{bmatrix}$$

   b) Qual é o espaço das soluções complexas do sistema $AX = 0$?

3. Ache todas as soluções do sistema

$$x_1 - x_2 + 2x_3 + x_4 = 2$$
$$2x_1 + 2x_3 - x_4 = 1$$
$$x_1 - 3x_2 + 4x_3 - x_4 = 0.$$

4. Considere o sistema

$$x_1 - 2x_2 + x_3 = a$$
$$2x_1 + x_2 + x_3 = b$$
$$5x_2 - x_3 = c.$$

   a) Para que valores de a, b e c o sistema anterior possui solução?
   b) Ache todas as soluções do sistema.

5. Repita o Exercício 4 para o sistema $AX = C$, onde

$$A = \begin{bmatrix} 3 & -1 & 2 \\ 2 & 1 & 1 \\ 1 & -3 & 0 \\ 0 & 2 & 1 \end{bmatrix} \quad \text{e} \quad C = \begin{bmatrix} a \\ b \\ c \\ d \end{bmatrix}.$$

6. Repita o Exercício 4 para o sistema $AX = C$, onde

$$A = \begin{bmatrix} 1 & 2 & 0 \\ 0 & 1 & 2 \\ 2 & 0 & 3 \\ 0 & 3 & 1 \end{bmatrix} \quad \text{e} \quad C = \begin{bmatrix} a \\ b \\ c \\ d \end{bmatrix}.$$

7. Verifique se o sistema $AX = 0$ possui solução não trivial, sendo A a matriz do Exercício 6.

8. Sejam A e B matrizes 2×3, reduzidas por linhas e escalonadas. Demonstre que se $AX = 0$ e $BX = 0$ possuem as mesmas soluções, então $A = B$.

9. Considere o sistema
$$ix_1 - (1+i)x_2 + x_4 = a$$
$$x_1 - 2x_2 + x_3 + 2x_4 = b$$
$$x_1 + 2ix_2 - x_3 - x_4 = c.$$

Repita o Exercício 4 para esse sistema.

10. Repita o Exercício 4 para o sistema
$$x_1 - x_2 + x_3 - x_4 + x_5 = a$$
$$x_1 + 2x_2 - 3x_3 + 4x_4 - 5x_5 = b$$
$$2x_1 - x_2 + 2x_3 + x_4 - 3x_5 = c.$$

11. Verificar se os seguintes pontos do $\mathbb{R}^4$ determinam um hiperplano:
    a) $P_1 = (2,1,3,0)$, $P_2 = (1,0,2,5)$, $P_3 = (1,4,1,2)$ e $P_4 = (0,1,3,2)$.
    b) $P_1 = (1,0,0,2)$, $P_2 = (1,3,4,5)$, $P_3 = (0,2,0,5)$ e $P_4 = (2,1,0,3)$.

5.9 Matrizes Elementares

Se A é uma matriz $m \times n$ e I é a matriz identidade $m \times m$, então $A = IA$. Seja e uma operação elementar sobre as matrizes que possuem m linhas. O Lema 5.1 nos diz que

$$e(A) = e(I)A .\qquad(5.10)$$

Isso nos sugere a seguinte definição.

Definição 5.5 Uma matriz E, $m \times m$, chama-se *elementar* se existir uma operação elementar e tal que $E = e(I)$, onde I é a matriz identidade $m \times m$.

A igualdade (5.10) nos diz que

$$e(A) = EA \qquad (5.11)$$

onde $E = e(I)$ é uma matriz elementar.

Exemplo 5.17 Existem cinco tipos de matrizes elementares 2×2:

$$\begin{bmatrix} 0 & 1 \\ 1 & 0 \end{bmatrix}, \begin{bmatrix} 1 & c \\ 0 & 1 \end{bmatrix}, \begin{bmatrix} 1 & 0 \\ c & 1 \end{bmatrix} \text{ sendo } c \text{ um escalar qualquer e}$$

$$\begin{bmatrix} c & 0 \\ 0 & 1 \end{bmatrix}, \begin{bmatrix} 1 & 0 \\ 0 & c \end{bmatrix} \text{ sendo } c \text{ um escalar qualquer não-nulo.}$$

Teorema 5.12 Sejam A e B matrizes $m \times n$, com elementos em um corpo $\mathbb{K}$. Então A é equivalente por linhas a B se, e somente se, $B = PA$, onde P é um produto de matrizes elementares $m \times m$.

Demonstração: Se A é equivalente por linhas a B, existem operações elementares $e_1, \ldots, e_s$ tais que

$$B = e_s(e_{s-1}(\ldots e_1(A))).$$

Assim, a igualdade (5.11) nos diz que $B = PA$, em que $P = E_s E_{s-1} \ldots E_1$ e $E_i = e_i(I)$ para $i = 1, \ldots, s$.

Reciprocamente, se $B = PA$, em que $P = E_s E_{s-1} \ldots E_1$ e $E_i = e_i(I)$, então, ainda pela igualdade (5.11), obtemos

$$B = e_s(e_{s-1}(\ldots e_1(A)))$$

e, portanto, A é equivalente por linhas a B.

Teorema 5.13 Toda matriz elementar é invertível.

Demonstração: Seja $E = e(I)$ uma matriz elementar. Pelo Teorema 5.6, existe a operação e^{-1}, inversa de e. Afirmo: E é invertível e $E^{-1} = e^{-1}(I)$. Realmente,

$$E^{-1}E = e^{-1}(I)E = e^{-1}(E) = e^{-1}(e(I)) = I = e(e^{-1}(I)) = e(E^{-1}) = e(I)E^{-1} = EE^{-1}.$$

Exemplo 5.18 As inversas das matrizes elementares do Exemplo 5.17 são:

$$\begin{bmatrix} 0 & 1 \\ 1 & 0 \end{bmatrix}^{-1} = \begin{bmatrix} 0 & 1 \\ 1 & 0 \end{bmatrix}, \begin{bmatrix} 1 & c \\ 0 & 1 \end{bmatrix}^{-1} = \begin{bmatrix} 1 & -c \\ 0 & 1 \end{bmatrix}, \begin{bmatrix} 1 & 0 \\ c & 1 \end{bmatrix}^{-1} = \begin{bmatrix} 1 & 0 \\ -c & 1 \end{bmatrix}.$$

Para os outros dois tipos, temos

$$\begin{bmatrix} c & 0 \\ 0 & 1 \end{bmatrix}^{-1} = \begin{bmatrix} c^{-1} & 0 \\ 0 & 1 \end{bmatrix}, \begin{bmatrix} 1 & 0 \\ 0 & c \end{bmatrix}^{-1} = \begin{bmatrix} 1 & 0 \\ 0 & c^{-1} \end{bmatrix} \text{ sendo } c \neq 0.$$

Exercícios

1. Considere a matriz real $A = \begin{bmatrix} 1 & -1 & 1 \\ 2 & 0 & 1 \\ 3 & 0 & 1 \end{bmatrix}$. Ache as matrizes elementares $E_1, E_2, ..., E_s$ tais que $I = E_s...E_2 E_1 A$.

2. Sejam $A = \begin{bmatrix} 1 & -1 \\ 2 & 2 \\ 1 & 0 \end{bmatrix}$ e $B = \begin{bmatrix} 1 & -1 & 1 \\ 2 & 0 & 1 \\ 3 & 0 & 1 \end{bmatrix}$.

   Demonstre que não existe uma matriz C, 2×3, tal que $B = AC$.

3. Seja A uma matriz quadrada $n \times n$ equivalente por linhas à matriz identidade I, $n \times n$. Mostre que A é invertível.

5.10 Matrizes Invertíveis

Sejam A e B matrizes $m \times n$. Considere as proposições:

a) A é equivalente por linhas a B,

b) $B = PA$, sendo P um produto de matrizes elementares $m \times m$.

O Teorema 5.12, nos diz que a proposição (a) implica a proposição (b), isto é, se (a) é verdadeira, então (b) é também verdadeira. Indicaremos isso escrevendo $(a) \Rightarrow (b)$. O mesmo teorema nos diz também que $(b) \Rightarrow (a)$. Quando $(a) \Rightarrow (b)$ e $(b) \Rightarrow (a)$, dizemos que as proposições (a) e (b) são *equivalentes* e escrevemos $(a) \Leftrightarrow (b)$. Sejam $(a_1),...,(a_n)$ n proposições. Dizemos que essas proposições são equivalentes se quaisquer duas dessas proposições forem equivalentes, isto é, se $(a_i) \Leftrightarrow (a_j)$ para $1 \leq i$, $j < n$.

Teorema 5.14 Seja A uma matriz quadrada $n \times n$ com elementos em um corpo $\mathbb{K}$. Então as seguintes proposições são equivalentes:

1. A é invertível.
2. A possui uma inversa à esquerda.
3. O sistema homogêneo $AX = 0$ só possui a solução trivial $X_0 = 0$.
4. A é equivalente por linhas à matriz identidade $n \times n$.
5. A é um produto de matrizes elementares.
6. A possui uma inversa à direita.
7. O sistema $AX = Y$ possui solução para cada Y em $\mathbb{K}^n$.

Demonstração: Por conveniência, demonstraremos as implicações, $(1) \Rightarrow (2) \Rightarrow (3) \Rightarrow (4) \Rightarrow (5) \Rightarrow (1)$, e depois as implicações $(1) \Rightarrow (7) \Rightarrow (6) \Rightarrow (1)$. É fácil ver que isso mostra que duas quaisquer das proposições do teorema são equivalentes. Por exemplo, $(2) \Leftrightarrow (7)$, pois a primeira seqüência de implicações mostra que $(1) \Leftrightarrow (2)$ e a segunda seqüência mostra que $(1) \Leftrightarrow (7)$. Demonstremos a primeira seqüência de implicações:

$(1) \Rightarrow (2)$. Realmente, se A é invertível, então A^{-1} é uma inversa à esquerda de A.

$(2) \Rightarrow (3)$. Sejam B uma inversa à esquerda de A (isto é, B é uma matriz $n \times n$ tal que $BA = I$) e X_0 uma solução do sistema $AX = 0$. Mostraremos que $X^0 = 0$. Realmente:

$$X_0 = IX_0 = (BA)X_0 = B(AX_0) = B0 = 0.$$

$(3) \Rightarrow (4)$. Suponha que o sistema $Ax = 0$ só possua a solução trivial. Pelo Teorema 5.9, A é equivalente por linhas a uma matriz reduzida por linhas e escalonada, E. O Corolário 5.1 nos diz que o sistema $EX = 0$ só possui a solução trivial. Pela observação que se segue à demonstração do Teorema 5.9, é fácil ver que $E = I$.

$(4) \Rightarrow (5)$. Se A é equivalente por linhas à matriz identidade I, então pela reflexividade da equivalência por linhas, I é também equivalente por linhas a A. Portanto, pelo Teorema 5.12,

$$A = PI = P,$$

sendo P um produto de matrizes elementares.

$(5) \Rightarrow (1)$. Seja $A = E_1, \ldots, E_s, E_i$ sendo matrizes elementares. O Teorema 5.13 nos diz que as matrizes E_i são invertíveis. Assim, a matriz A é invertível e $A^{-1} = E_s^{-1} \ldots E_1^{-1}$.

Demonstraremos agora que $(1) \Rightarrow (7) \Rightarrow (6) \Rightarrow (1)$.

$(1) \Rightarrow (7)$. Seja A^{-1} a inversa da matriz A. Se Y é um vetor qualquer de $\mathbb{K}^n$, então $X_0 = A^{-1}Y$ é uma solução do sistema $AX = Y$, pois,

$$AX_0 = A(A^{-1}Y) = (AA^{-1})Y = IY = Y.$$

$(7) \Rightarrow (6)$. Seja I^j a j-ésima coluna da matriz identidade $n \times n$. Então, por hipótese, para cada $j = 1, \ldots, n$ existe uma solução B^j para o sistema $AX = I^j$. Se B é a matriz cujas colunas são $B^1, \ldots, B^n$, então $AB = I$. Portanto, B é uma inversa à direita de A.

$(6) \Rightarrow (1)$. Seja B uma inversa à direita de A. Então $AB = I$ e A é inversa à esquerda de B. Assim, a proposição (2) é verdadeira para a matriz B e, como já demonstramos que $(2) \Rightarrow (1)$, então B é invertível. Como $AB = I$, então $A = B^{-1}$ e, portanto, A é invertível e $A^{-1} = B$.

Corolário 5.2 Sejam A e B matrizes $m \times n$ com elementos em um corpo $\mathbb{K}$. Então A é equivalente por linhas a B se, e somente se, $B = PA$, onde P é uma matriz invertível $m \times m$.

Demonstração: O Teorema 5.12 diz que A é equivalente por linhas a B se, e somente se, $B = PA$ sendo P um produto de matrizes elementares. O Teorema 5.14 diz que P ser um produto de matrizes elementares é equivalente a P ser invertível.

Corolário 5.3 Sejam $P_1,...,P_k$ matrizes quadradas $n \times n$. Então a matriz-produto $P = P_1,...P_k$ é invertível se, e somente se, cada matriz P_i for invertível.

Demonstração: Se as matrizes $P_1,...,P_k$ são invertíveis, então P é invertível, pois a matriz-produto $P_k^{-1}...P_1^{-1}$ é a inversa de P. Igualmente, se P for invertível, usaremos indução sobre k para mostrar que as matrizes $P_1,...,P_k$ são invertíveis. Se $k = 1$, o teorema é óbvio. Suponha que o teorema seja verdadeiro para $k = n$. Mostraremos que o teorema é também verdadeiro para $k = n + 1$. Realmente, se a matriz-produto $P = P_1,...,P_n P_{n+1}$ for invertível e X_0, uma solução do sistema $P_{n+1} X = 0$, então,

$$PX_0 = (P_1...P_n)P_{n+1}X_0 = (P_1...P_n)0 = 0.$$

Portanto, X_0 é também solução do sistema $PX = 0$. Como, por hipótese, P é invertível, então o Teorema 5.14, nos diz que $X_0 = 0$. Assim, o sistema $P_{n+1}X = 0$ só possui a solução trivial. Desse modo, ainda pelo Teorema 5.14, a matriz P_{n+1} é invertível. Logo, $P_1...P_n = PP_{n+1}^{-1}$ é invertível, como produto de matrizes invertíveis P e P_{n+1}^{-1}. A hipótese de indução nos diz então que $P_1,...,P_n$ são invertíveis.

Inversão de Matrizes: Podemos utilizar as operações elementares para achar a inversa de matrizes. Seja A uma matriz $n \times n$. Pelo Teorema 5.9, A é equivalente por linhas a uma matriz reduzida por linhas e escalonada E. Como na demonstração de $(3) \Rightarrow (4)$ do Teorema 5.14, vemos que A é invertível se, e somente se, $E = I$, I matriz identidade $n \times n$. Portanto, se A é invertível, existe uma seqüência de operações elementares $e_1,...,e_s$ tal que $I = e_s(e_{s-1}...e_1(A))$. Assim, se $E_i = e_i(I)$ para $i = 1,...,s$, então, pelo Lema 5.1, $I = (E_s E_{s-1}...E_1)A$, e o Teorema 5.14 nos diz que:

$$A^{-1} = E_s E_{s-1}...E_1 = e_s(e_{s-1}...e_1(I)).$$

Exemplo 5.19 Verifiquemos se a matriz

$$A = \begin{bmatrix} 1 & -1 & 2 \\ 3 & 2 & 4 \\ 0 & 1 & -2 \end{bmatrix}$$

é invertível e, em caso afirmativo, calculemos sua inversa. Consideremos a matriz 3×6

$$\hat{A} = \begin{bmatrix} 1 & -1 & 2 & 1 & 0 & 0 \\ 3 & 2 & 4 & 0 & 1 & 0 \\ 0 & 1 & -2 & 0 & 0 & 1 \end{bmatrix}$$

cujas colunas são $\hat{A}^j = A^j$ e $\hat{A}^{j+3} = I^j$ para $j = 1, 2, 3$, sendo I_j a j-ésima coluna da matriz identidade 3×3. Procuremos uma matriz reduzida por linhas e escalonada equivalente por linhas a $\hat{A}$:

$$\hat{A} = \begin{bmatrix} 1 & -1 & 2 & 1 & 0 & 0 \\ 3 & 2 & 4 & 0 & 1 & 0 \\ 0 & 1 & -2 & 0 & 0 & 1 \end{bmatrix} \xrightarrow{(2)} \begin{bmatrix} 1 & -1 & 2 & 1 & 0 & 0 \\ 0 & 5 & -2 & -3 & 1 & 0 \\ 0 & 1 & -2 & 0 & 0 & 1 \end{bmatrix}$$

$$\xrightarrow{(3)} \begin{bmatrix} 1 & -1 & 2 & 1 & 0 & 0 \\ 0 & 1 & -2 & 0 & 0 & 1 \\ 0 & 5 & -2 & -3 & 1 & 0 \end{bmatrix} \xrightarrow{(2)} \begin{bmatrix} 1 & 0 & 0 & 1 & 0 & 1 \\ 0 & 1 & -2 & 0 & 0 & 1 \\ 0 & 0 & 8 & -3 & 1 & -5 \end{bmatrix}$$

$$\xrightarrow{(1)} \begin{bmatrix} 1 & 0 & 0 & 1 & 0 & 1 \\ 0 & 1 & -2 & 0 & 0 & 1 \\ 0 & 0 & 1 & -\frac{3}{8} & \frac{1}{8} & -\frac{5}{8} \end{bmatrix} \xrightarrow{(2)} \begin{bmatrix} 1 & 0 & 0 & 1 & 0 & 1 \\ 0 & 1 & 0 & -\frac{3}{4} & \frac{1}{4} & -\frac{1}{4} \\ 0 & 0 & 1 & -\frac{3}{8} & \frac{1}{8} & -\frac{5}{8} \end{bmatrix}$$

Pela observação feita anteriormente, vemos que A é invertível e

$$A^{-1} = \begin{bmatrix} 1 & 0 & 1 \\ -\frac{3}{4} & \frac{1}{4} & -\frac{1}{4} \\ -\frac{3}{8} & \frac{1}{8} & -\frac{5}{8} \end{bmatrix}$$

Exercícios

1. Seja $A = \begin{bmatrix} 1 & 2 & 1 & 0 \\ -1 & 0 & 3 & 5 \\ 1 & -2 & 1 & 1 \end{bmatrix}$.

   Ache uma matriz reduzida por linhas e escalonada E, equivalente por linhas a A, e uma matriz invertível P tal que $E = PA$.

2. Repita o Exercício 1 para a matriz

$$A = \begin{bmatrix} 2 & 0 & i \\ 1 & -3 & -i \\ i & 1 & 1 \end{bmatrix}$$

3. Verifique se as matrizes
$$\begin{bmatrix} 2 & 5 & -1 \\ 4 & -1 & 2 \\ 6 & 4 & 1 \end{bmatrix}, \begin{bmatrix} 2 & 1 & 2 \\ 0 & 3 & -1 \\ 4 & 1 & 1 \end{bmatrix}, \begin{bmatrix} 3 & -1 & 5 \\ -1 & 2 & 1 \\ -2 & 4 & 3 \end{bmatrix} \text{ e } \begin{bmatrix} -1 & 5 & 3 \\ 4 & 0 & 0 \\ 2 & 7 & 8 \end{bmatrix}$$
são invertíveis e, em caso afirmativo, calcule suas inversas.

4. Seja
$$A = \begin{bmatrix} 5 & 0 & 0 \\ 1 & 5 & 0 \\ 0 & 1 & 5 \end{bmatrix}.$$
Para que valores de X existe um número c tal que $AX = cX$?

5. Seja A uma matriz 2×1 e B uma matriz 1×2. Demonstre que a matriz $C = AB$ não pode ser invertível.

6. Seja A uma matriz $n \times n$. Demonstre as seguintes afirmações:
   a) Se A é invertível e existe uma matriz B, $n \times n$, tal que $AB = 0$, então $B = 0$. A e B chamam-se divisores de zero.
   b) Se A não é invertível, existe uma matriz não-nula B, $n \times n$, tal que $AB = 0$.

7. Demonstre a seguinte generalização do Exercício 5: se A é uma matriz $n \times p$ e B, uma matriz $p \times n$ com $p < n$, então AB não é invertível.

8. Sejam $\{E_1, ..., E_n\}$ a base natural do $\mathbb{R}^n$ e A uma matriz real, quadrada, $n \times n$. Demonstre que as seguintes afirmações são equivalentes:
   a) A é invertível;
   b) os vetores $AE_1, ..., AE_n$ são linearmente independentes;
   c) os sistemas $AX = E_i$ possuem solução para $i = 1, ..., n$;
   d) $\{AE_1, ..., AE_n\}$ é uma base do $\mathbb{R}^n$.

9. a) Sejam $\mathbb{K}$ um corpo e S o subespaço vetorial de $\mathbb{K}^n$ gerado por r vetores $A_1, ..., A_r$. Demonstre que todo conjunto de vetores de S com mais de r vetores é linearmente dependente.
   b) Utilize (a) para mostrar que todas as bases de S possuem o mesmo número de vetores (esse número denomina-se a *dimensão* de S).

10. Seja A uma matriz $m \times n$ com elementos em um corpo $\mathbb{K}$. Sejam S o subespaço vetorial gerado pelas linhas de A e E a matriz reduzida por linhas e escalonada, equivalente por linhas a A. Demonstre que as linhas não-nulas do E constituem uma base para o subespaço S (a dimensão de S chama-se o *posto* da matriz A). Este exercício fornece um método para achar uma base para o subespaço vetorial S de $\mathbb{K}^n$ gerado pelos vetores $A_1, ..., A_r$ de $\mathbb{K}^n$, a saber, considere a matriz A $m \times n$ cujas linhas são esses vetores.

11. Sejam A e B matrizes quadradas $n\times n$. Mostre que $\det(AB) = \det A \cdot \det B$.

Sugestões:

a) Mostre primeiro quando $A = E$ é matriz elementar. Utilize o Lema 5.1.

b) Considere agora o caso em que A é invertível, observando que A é invertível $\Leftrightarrow$ A é um produto de matrizes elementares.

c) Mostre que A não é invertível $\Leftrightarrow$ $A = PE$, onde P é invertível e E escalonada com linha nula. Conclua que A não invertível $\Leftrightarrow$ $\det A = 0$.

d) Se A não é invertível, então AB também não é invertível e, nesse caso, $0 = \det(AB) = \det A \cdot \det B = 0 \cdot \det B$.

6

$$\begin{bmatrix} \cos\theta & -\sin\theta & 0 \\ \sin\theta & \cos\theta & 0 \\ 0 & 0 & \lambda \end{bmatrix}$$

Funções Lineares

6.1 Funções

Sejam A e B dois conjuntos quaisquer. Uma *função* $f: A \to B$, com *domínio* A e *contradomínio* B, é uma correspondência que associa, a cada elemento x de A, um único elemento $f(x)$ de B. A *imagem* de uma função $f: A \to B$ é o subconjunto de B que consiste nos elementos y que podem ser expressos sob a forma $y = f(x)$, para algum elemento x em A. A imagem de uma função $f: A \to B$ será denotada por $\operatorname{Im} f$.

Consideremos a equação $y = f(x)$. Se para cada y em B essa equação possui solução, diremos que a função $f: A \to B$ é *sobrejetora*. Observe que uma função $f: A \to B$ é sobrejetora se, e somente se, $B = \operatorname{Im} f$.

Exemplo 6.1 A função $f: \mathbb{R}^2 \to \mathbb{R}$ dada por $f(x_1, x_2) = x_1$ é sobrejetora, pois, para cada número real y, a equação $y = f(x_1, x_2)$ tem as soluções (y, x_2), onde x_2 é um número real qualquer.

Diremos que a função $f: A \to B$ é *injetora* se a equação $y = f(x)$ possui no máximo uma solução para cada y em B. (Podendo não ter solução para certos elementos y em B.) Em outras palavras, $f: A \to B$ é injetora se, e somente se, $f(x_1) = f(x_2)$ implica $x_1 = x_2$, quaisquer que sejam x_1 e x_2 em A.

Exemplo 6.2 A função $g: \mathbb{R} \to \mathbb{R}^2$ dada por $g(x) = (x, 0)$ é injetora, pois se $g(x_1) = g(x_2)$, então $(x_1, 0) = (x_2, 0)$ e, portanto, $x_1 = x_2$.

Uma função $f: A \to B$ é *bijetora* se para cada y em B a equação $y = f(x)$ possui uma única solução x em A. Assim, $f: A \to B$ é bijetora se, e somente se, f é injetora e sobrejetora.

Exemplo 6.3 As *translações* $f: \mathbb{R}^n \to \mathbb{R}^n$, $f(X) = X + Z$ são funções bijetoras, pois, para cada Y em $\mathbb{R}^n$, a equação $Y = f(X)$ possui a única solução $X = Y - Z$.

Observe que a função $f: \mathbb{R}^2 \to \mathbb{R}$, $f(x_1, x_2) = x_1$ é sobrejetora, mas não é injetora. Um exemplo de função de injetora, mas não sobrejetora, é a função $g: \mathbb{R} \to \mathbb{R}^2$, $g(x) = (x, 0)$.

Exemplo 6.4 A função $f : \mathbb{R} \to \mathbb{R}$ dada por $f(x) = x^2$ não é injetora nem sobrejetora. Realmente:

a) A equação $y = x^2$ não tem solução real se $y < 0$. Portanto, $f(x) = x^2$ não é sobrejetora.

b) A equação $y = x^2$ possui para cada $y > 0$ duas soluções $x_1 = \sqrt{y}$ e $x_2 = -\sqrt{y}$. Portanto, $f(x) = x^2$ não é injetora.

Sejam $f : A \to B$ e $g : C \to D$ duas funções tais que B é subconjunto de C. Então podemos definir uma nova função $g \circ f : A \to D$ fazendo $(g \circ f)(x) = g(f(x))$ qualquer que seja x em A. Diremos que a função $g \circ f : A \to D$ é a *função composta* de f e g.

Exemplo 6.5 A função composta $g \circ f : \mathbb{R}^2 \to \mathbb{R}$ das funções $f : \mathbb{R}^2 \to \mathbb{R}^2$, $f(x_1, x_2) = (x_1, 0)$ e $g : \mathbb{R}^2 \to \mathbb{R}$, $g(x_1, x_2) = x_1$ é dada por:

$$(g \circ f)(x_1, x_2) = g(f(x_1, x_2)) = g(x_1, 0) = x_1.$$

Não podemos definir a função composta $f \circ g : \mathbb{R}^2 \to \mathbb{R}$, pois o contradomínio de g não é subconjunto do domínio de f.

O *produto cartesiano* dos conjuntos A e B é o conjunto $A \times B$ em todos os pares ordenados (a,b) de elementos a em A e b em B. O *gráfico* de uma função $f : A \to B$ é o subconjunto do produto cartesiano $A \times B$ que consiste de todos os pares ordenados $(x, f(x))$ para todo x em A.

Exemplo 6.6 O gráfico da função $f : \mathbb{R} \to \mathbb{R}$, $f(x) = x^2$ é a parábola $y = x^2$, isto é, o subconjunto $\{(x, x^2);\ x \in \mathbb{R}\}$ de $\mathbb{R}^2$.

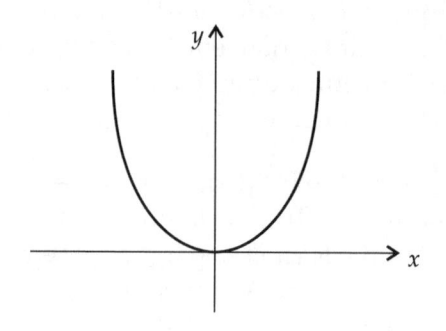

Figura 6.1

A *inversa* de uma função bijetora $f : A \to B$ é a função $f^{-1} : B \to A$ definida por $f^{-1}(y) = x$ se $f(x) = y$.

Exemplo 6.7 A inversa da translação $f : \mathbb{R}^n \to \mathbb{R}^n$, $f(X) = X + Z$ é a translação $f^{-1} : \mathbb{R}^n \to \mathbb{R}^n$, $f^{-1}(X) = X - Z$, pois

$$f(X - Z) = (X - Z) + Z = X$$
$$= f^{-1}(X + Z) = (X + Z) - Z.$$

Exercícios

1. Verifique se as funções a seguir são injetoras, sobrejetoras ou bijetoras. Justifique sua resposta.
   a) $f : \mathbb{R}^n \to \mathbb{R}$, $f(X) = X \cdot A$, onde A é um vetor fixo do $\mathbb{R}^n$;
   b) $f : \mathbb{R} \to \mathbb{R}$, $f(x) = e^x$;
   c) $f : \mathbb{R} \to \mathbb{R}$, $f(x) = x^3$;
   d) $f : \mathbb{R}^2 \to \mathbb{R}^2$, $f(x_1, x_2) = (x_1 + x_2, x_2)$.

2. a) Mostre que a composta por duas translações do $\mathbb{R}^n$ ainda é uma translação do $\mathbb{R}^n$.
   b) Mostre que a inversa de uma translação do $\mathbb{R}^n$ é também uma translação.

3. Quais são as funções compostas das funções:
   a) $f : \mathbb{R} \to \mathbb{R}$, $f(x) = x^2$ e $g : \mathbb{R} \to \mathbb{R}$, $g(x) = x + 1$;
   b) $f : \mathbb{R} \to \mathbb{R}$, $f(x) = e^x$ e $g : \mathbb{R} \to \mathbb{R}$, $g(x) = \operatorname{sen} x$;
   c) $f : \mathbb{R}^2 \to \mathbb{R}$, $f(x_1, x_2) = x_2$ e $g : \mathbb{R}^2 \to \mathbb{R}^2$, $g(x_1, x_2) = (x_1 + x_2, x_2 - x_1)$.

6.2 Funções Lineares

Nosso objetivo nesta seção é estudar as funções lineares. Essas funções são muito importantes, pois aparecem freqüentemente em matemática e suas aplicações, são suficientemente simples e suas propriedades são bastante conhecidas.

Definição 6.1 Uma função ou transformação $L : \mathbb{R}^n \to \mathbb{R}^m$ é *linear* se

1. $L(X + Y) = L(X) + L(Y)$
2. $L(cX) = cL(X)$

quaisquer que sejam os vetores X e Y do $\mathbb{R}^n$ e o escalar c em $\mathbb{R}$.

Em todo o texto, função linear, transformação linear ou aplicações lineares serão tratadas como sinônimos.

A cada matriz real A $n \times m$ corresponde à função linear $L_A : \mathbb{R}^n \to \mathbb{R}^m$ dada por $L_A(X) = AX$. Aqui, estamos considerando os vetores de $\mathbb{R}^n$ e $\mathbb{R}^m$ como vetores colunas.

Estudaremos primeiramente as funções ou transformações lineares invertíveis do plano $\mathbb{R}^2$. Elas são rotações, semelhanças, reflexões, alongamentos, cisalhamentos. Toda transformação linear e invertível do $\mathbb{R}^2$ é composta por reflexões, alongamentos e cisalhamentos. (Ver a Seção 6.5, Exercício 8.)

A rotação de ângulo θ é a transformação $R_\theta : \mathbb{R}^2 \to \mathbb{R}^2$ que consiste em girar de um ângulo θ cada vetor $X = (x_1, x_2)$ ao redor da origem.

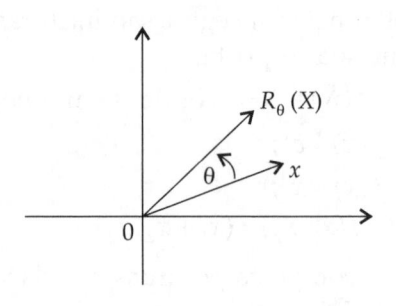

Figura 6.2

Observe que se $X = (x_1, x_2)$, então $R_\theta(X) = (x_1 \cos\theta - x_2 \sin\theta, x_1 \sin\theta + x_2 \cos\theta)$. É fácil ver que $R_\theta(X + Y) = R_\theta(X) + R_\theta(Y)$ e $R_\theta(cX) = cR_\theta(X)$ quaisquer que sejam os vetores X e Y do $\mathbb{R}^2$ e o escalar c. Portanto, as rotações são transformações lineares do $\mathbb{R}^2$. Observe que $R_\theta(X) = AX$, onde:

$$A = \begin{bmatrix} \cos\theta & -\sin\theta \\ \sin\theta & \cos\theta \end{bmatrix}.$$

Uma *semelhança de razão* k é a transformação $S_k : \mathbb{R}^2 \to \mathbb{R}^2$ que consiste em multiplicar cada vetor X do $\mathbb{R}^2$ pelo escalar $k \neq 0$. Claramente, as semelhanças são transformações lineares, pois

$$S_k(X + Y) = k(X + Y) = kX + kY = S_k(X) + S_k(Y)$$

e

$$S_k(cX) = k(cX) = c(kX) = cS_k(X)$$

A *reflexão* em torno do eixo dos x é a transformação $R_x : \mathbb{R}^2 \to \mathbb{R}^2$ dada por $R_x(x,y) = (x,-y)$. A reflexão em torno do eixo dos y é a transformação $R_y : \mathbb{R}^2 \to \mathbb{R}^2$, $R_y(x,y) = (-x,y)$. Note que $R_x(X) = AX$ onde $A = \begin{bmatrix} 1 & 0 \\ 0 & -1 \end{bmatrix}$ e $R_y(X) = BX$, onde $B = \begin{bmatrix} -1 & 0 \\ 0 & 1 \end{bmatrix}$.

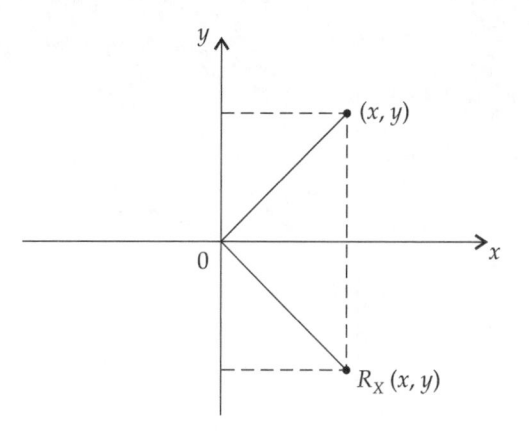

Figura 6.3

O leitor pode verificar facilmente que as reflexões são funções lineares.

Um *alongamento* de razão k ao longo do eixo dos y é a transformação $A_k : \mathbb{R}^2 \to \mathbb{R}^2$ dada por $A_k(x,y) = (x,ky)$. Analogamente, define-se alongamento ao longo do eixo dos x.

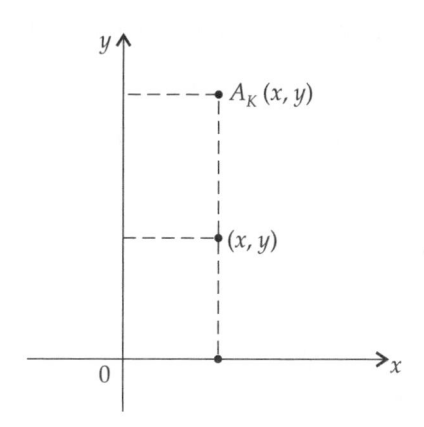

Figura 6.4

Observe que $A_k(X) = \begin{bmatrix} 1 & 0 \\ 0 & k \end{bmatrix} \begin{bmatrix} x \\ y \end{bmatrix}$.

Deixamos a cargo do leitor verificar que os alongamentos são funções lineares.

Um *cisalhamento* paralelo ao eixo dos x é uma transformação $C_k : \mathbb{R}^2 \to \mathbb{R}^2$ dada por $C_k(x,y) = (x+ky,y)$. De forma semelhante, define-se cisalhamento paralelo ao eixo dos y.

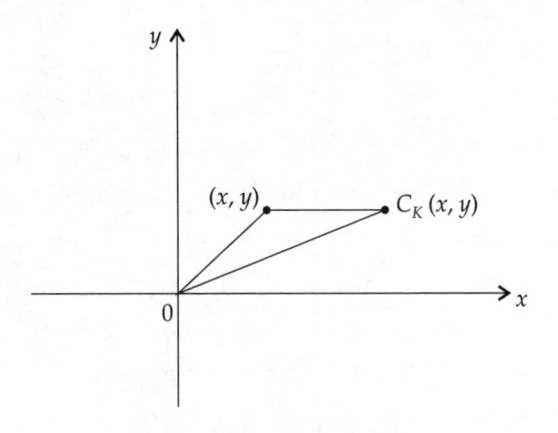

Figura 6.5

Observe que $C_k(X) = \begin{bmatrix} 1 & k \\ 0 & 1 \end{bmatrix}\begin{bmatrix} x \\ y \end{bmatrix}$.

Verifica-se facilmente que os cisalhamentos são funções lineares.

As *projeções ortogonais* são exemplos importantes de funções lineares. No $\mathbb{R}^2$, temos as *projeções canônicas*

$$P_1 : \mathbb{R}^2 \to \mathbb{R}^2, \ P_1(x_1, x_2) = (x_1, 0)$$

e

$$P_2 : \mathbb{R}^2 \to \mathbb{R}^2, \ P_2(x_1, x_2) = (0, x_2)$$

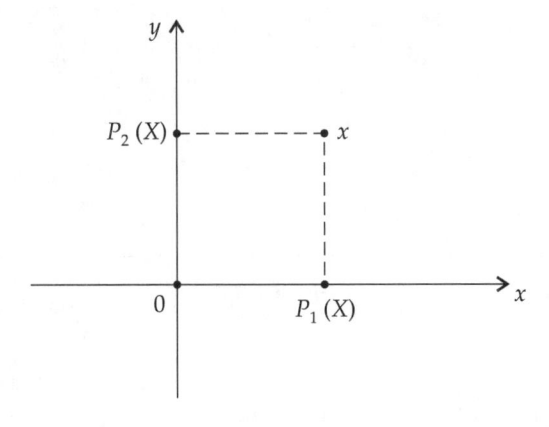

Figura 6.6

P_1 é a projeção ortogonal sobre o eixo dos x e P_2 é a projeção ortogonal sobre o eixo dos y.

Mais geralmente, seja S um subespaço vetorial do $\mathbb{R}^n$ e $S^\perp$ seu complemento ortogonal. Como foi visto no Exercício 12, da Seção 4.7, cada vetor X do $\mathbb{R}^n$ se decompõe de maneira única como uma soma $X = Y + Z$, onde Y pertence a S, e Z a $S^\perp$. Isso nos permite definir a função $P : \mathbb{R}^n \to \mathbb{R}^n$ dada por $P(X) = Y$ (veja a Figura 6.7). P é a *projeção ortogonal sobre o subespaço S*.

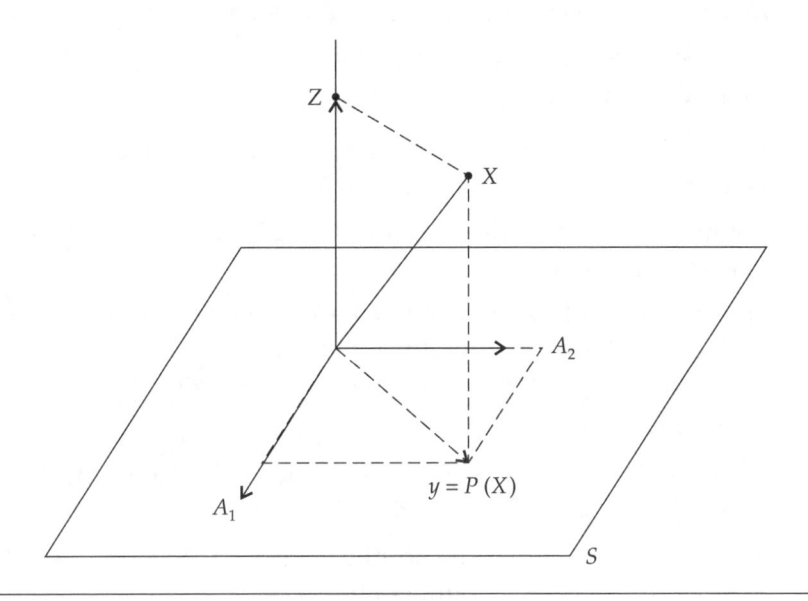

Figura 6.7

Vamos obter uma fórmula para a projeção P. Escolhamos pelo processo de Gram-Schmidt (Seção 4.7) uma base ortonormal $B = \{A_1, ..., A_r\}$ para o subespaço S. Vemos então que

$$Y = (X \cdot A_1)A_1 + ... + (X \cdot A_r)A_r$$

pertence a S, e $Z = X - Y$ a $S^\perp$. Assim, pela unicidade da decomposição $X = Y + Z$, vemos que

$$P(X) = (X \cdot A_1)A_1 + ... + (X \cdot A_r)A_r \qquad (6.1)$$

A fórmula (6.1) mostra facilmente a linearidade da função $P : \mathbb{R}^n \to \mathbb{R}^n$.

Exercícios

1. a) Mostre que a composta de duas rotações $R_{\theta_1} : \mathbb{R}^2 \to \mathbb{R}^2$ e $R_{\theta_2} : \mathbb{R}^2 \to \mathbb{R}^2$ é a rotação $R_{\theta_1 + \theta_2} : \mathbb{R}^2 \to \mathbb{R}^2$ e conclua que $R_{\theta_1 + \theta_2} = R_{\theta_1} R_{\theta_2} = R_{\theta_2} R_{\theta_1}$.
   b) Mostre que as rotações $R_\theta : \mathbb{R}^2 \to \mathbb{R}^2$ são funções bijetoras ou invertíveis e que $R_\theta^{-1} = R_{-\theta}$.

2. Sejam $B = \{V_1,...,V_n\}$ uma base do $\mathbb{R}^n$ e $A_1,...,A_n$ um conjunto qualquer de vetores do $\mathbb{R}^n$. Mostre que existe uma única função linear $L: \mathbb{R}^n \to \mathbb{R}^n$, tal que $L(V_j) = A_j$ para $1 \le j \le n$.

3. Verifique quais dentre as funções a seguir são lineares:
   a) $L: \mathbb{R}^2 \to \mathbb{R}^2$, $L(x_1, x_2) = (x_1, x_1 + x_2)$;
   b) $L: \mathbb{R}^3 \to \mathbb{R}$, $L(x_1, x_2, x_3) = a_1 x_1 + a_2 x_2 + a_3 x_3$;
   c) $L: \mathbb{R}^2 \to \mathbb{R}^2$, $L(x_1, x_2) = (x_1^2, x_1)$;
   d) $L: \mathbb{R}^2 \to \mathbb{R}^2$, $L(x_1, x_2) = (x_1 + 1, x_2 + 2)$.

4. Seja $L: \mathbb{R}^n \to \mathbb{R}^m$ uma função linear. Mostre que L transforma o vetor nulo do $\mathbb{R}^n$ no vetor nulo do $\mathbb{R}^m$.

5. Sejam A e B funções lineares do $\mathbb{R}^n$ no $\mathbb{R}^m$ e c um número real qualquer. Mostre que:
   a) $A + B: \mathbb{R}^n \to \mathbb{R}^m$, definida por $(A+B)(X) = A(X) + B(X)$ para todo $X \in \mathbb{R}^n$ é também uma função linear;
   b) $cA: \mathbb{R}^n \to \mathbb{R}^m$, definida por $(cA)(X) = cA(X)$, $X \in \mathbb{R}^n$ é também uma função linear.

6. Sejam $A: \mathbb{R}^m \to \mathbb{R}^p$ e $B: \mathbb{R}^n \to \mathbb{R}^m$ funções lineares. Mostre que a função composta $AB: \mathbb{R}^n \to \mathbb{R}^p$ é linear.

7. Seja $L: \mathbb{R}^n \to \mathbb{R}^n$ uma função linear bijetora. Mostre que a função inversa $L^{-1}: \mathbb{R}^n \to \mathbb{R}^n$ é também linear.

8. Mostre que uma transformação linear $L: \mathbb{R}^n \to \mathbb{R}^m$ leva reta em reta.

9. Seja $F: \mathbb{R}^n \to \mathbb{R}^n$ uma função que leva reta em reta e $F(0) = 0$. Mostre que F é linear.

6.3 Matriz de uma Função Linear

A cada matriz real A $m \times n$ associamos uma função linear $L_A: \mathbb{R}^n \to \mathbb{R}^m$, definida por $L_A(X) = AX$. Aqui, estamos considerando os vetores do $\mathbb{R}^n$ e $\mathbb{R}^m$ como vetores coluna. A linearidade de L_A segue de propriedades do produto de matrizes, a saber:

a) $L_A(X + Y) = A(X + Y) = A(X) + A(Y) = L_A(X) + L_A(Y)$;
b) $L_A(cX) = A(cX) = cA(X) = cL_A(X)$.

Reciprocamente, se $L: \mathbb{R}^n \to \mathbb{R}^m$ é uma função linear, existe uma única matriz real $m \times n$ A, tal que $L = L_A$. Realmente, sejam $B_n = \{E_1,...,E_n\}$ e $B_m = \{E_1,...,E_m\}$ as bases naturais do $\mathbb{R}^n$ e $\mathbb{R}^m$, respectivamente. Para cada vetor E_j em B_n, temos

$$L(E_j) = A_{1j} E_1 + ... + A_{mj} E_m, \quad 1 \le j \le n \tag{6.2}$$

Seja A a matriz cujos elementos são as coordenadas de (6.2). Desde que

$$L_A(E_j) = AE_j = A_{1j}E_1 + \ldots + A_{mj}E_m, \ 1 \leq j \leq n \qquad (6.3)$$

vemos do Exercício 2, da Seção 6.2, que $L = L_A$. A matriz A é a *matriz de L em relação às bases* B_n e B_m.

Mais geralmente, se $B = \{V_1, \ldots, V_n\}$ e $B' = \{W_1, \ldots, W_m\}$ são bases ordenadas de $\mathbb{R}^n$ e $\mathbb{R}^m$, respectivamente, então a *matriz de L em relação às bases B e B'*, denotada por $L]_{B'}^B$, é a matriz A obtida expressando cada $L(V_j)$ como combinação linear dos vetores de B', a saber:

$$L(V_j) = A_{1j}W_1 + \ldots + A_{mj}W_m, \ 1 \leq j \leq n \qquad (6.4)$$

Se $m = n$ e $B = B'$, escreveremos $L]_B$ em lugar de $L]_{B'}^B$.

Dados dois vetores quaisquer $V \in \mathbb{R}^n$ e $W \in \mathbb{R}^m$, escrevemos V e W como combinações lineares dos vetores de B e B', respectivamente, obtendo

$$V = x_1V_1 + \ldots + x_nV_n$$

e $\qquad (6.5)$

$$W = y_1W_1 + \ldots + y_mW_m$$

Os vetores coluna

$$X = V]_B = \begin{bmatrix} x_1 \\ \vdots \\ x_n \end{bmatrix}$$

e

$$Y = W]_{B'} = \begin{bmatrix} y_1 \\ \vdots \\ y_m \end{bmatrix} \qquad (6.6)$$

são as *matrizes de V e W* em relação às bases B e B', respectivamente.

Teorema 6.1 Sejam $B = \{V_1, \ldots, V_n\}$ e $B' = \{W_1, \ldots, W_m\}$ bases de $\mathbb{R}^n$ e $\mathbb{R}^m$, respectivamente, e $L : \mathbb{R}^n \to \mathbb{R}^m$ uma função linear. Então,

$$L(V)]_{B'} = L]_{B'}^B V]_B.$$

Demonstração: Seja $A = L]_{B'}^B$. De (6.5) e da linearidade de L segue que

$$L(V) = \sum_{j=1}^{n} x_j L(V_j) = W \qquad (6.7)$$

Substituindo (6.4) em (6.7), obtemos

$$L(V) = \sum_{j=1}^{n} x_j \left(\sum_{i=1}^{m} A_{ij} W_i \right) = \sum_{i=1}^{m} \left(\sum_{j=1}^{n} A_{ij} x_j \right) W_i \qquad (6.8)$$

De (6.8), vemos que $Y = AX$, onde X e Y são dados por (6.6), demonstrando o teorema.

Exemplo 6.8 Considere a função linear $L: \mathbb{R}^2 \to \mathbb{R}^2$ dada por $L(x_1, x_2) = (x_1 - x_2, 2x_2)$, e $B = \{E_1, E_2\}$ a base natural do $\mathbb{R}^2$. O conjunto $B' = \{(1,1), (-1,1)\}$ é linearmente independente, pois a matriz $\begin{bmatrix} 1 & 1 \\ -1 & 1 \end{bmatrix}$ tem determinante não-nulo. Calculemos as matrizes $L]_B$, $L]_{B'}$ e $L]_{B'}^{B}$. Desde que

$$L(E_1) = L(1,0) = (1,0) = 1E_1 + 0E_2$$

e

$$L(E_2) = L(0,1) = (-1,2) = -E_1 + 2E_2$$

Vemos que

$$L]_B = \begin{bmatrix} 1 & -1 \\ 0 & 2 \end{bmatrix}.$$

Por outro lado, temos

$$L(1,1) = (0,2) = 1(1,1) + 1(-1,1)$$

e

$$L(-1,1) = (-2,2) = 0(1,1) + 2(-1,1),$$

portanto

$$L]_{B'} = \begin{bmatrix} 1 & 0 \\ 1 & 2 \end{bmatrix}.$$

Finalmente, observando que

$$L(E_1) = (1,0) = \frac{1}{2}(1,1) - \frac{1}{2}(-1,1)$$

e

$$L(E_2) = (-1,2) = \frac{1}{2}(1,1) + \frac{3}{2}(-1,1)$$

concluímos que:

$$L]_{B'}^{B} = \begin{bmatrix} \frac{1}{2} & \frac{1}{2} \\ -\frac{1}{2} & \frac{3}{2} \end{bmatrix}$$

Exemplo 6.9 Seja $L:\mathbb{R}^2 \to \mathbb{R}^2$ a função linear cuja matriz na base $B=\{(1,1),(-1,1)\}$ é $A=\begin{bmatrix} 2 & 1 \\ 1 & 0 \end{bmatrix}$. Calculemos $L(1,0)$ e $L(0,1)$. Para utilizar o Teorema 6.1, devemos calcular $(1,0)]_B$ e $(0,1)]_B$. Observando que

$$(1,0) = \frac{1}{2}(1,1) - \frac{1}{2}(-1,1)$$

e

$$(0,1) = \frac{1}{2}(1,1) + \frac{1}{2}(-1,1)$$

concluímos que $(1,0)]_B = \begin{bmatrix} 1/2 \\ -1/2 \end{bmatrix}$ e $(0,1)]_B = \begin{bmatrix} 1/2 \\ 1/2 \end{bmatrix}$.

Utilizando o Teorema 6.1, obtemos

$$L(1,0)]_B = \begin{bmatrix} 2 & 1 \\ 1 & 0 \end{bmatrix}\begin{bmatrix} 1/2 \\ -1/2 \end{bmatrix} = \begin{bmatrix} 1/2 \\ 1/2 \end{bmatrix}$$

e

$$L(0,1)]_B = \begin{bmatrix} 2 & 1 \\ 1 & 0 \end{bmatrix}\begin{bmatrix} 1/2 \\ 1/2 \end{bmatrix} = \begin{bmatrix} 3/2 \\ 1/2 \end{bmatrix}.$$

Portanto,

$$L(1,0) = \frac{1}{2}(1,1) + \frac{1}{2}(-1,1) = (0,1)$$

e

$$L(0,1) = \frac{3}{2}(1,1) + \frac{1}{2}(-1,1) = (1,2).$$

O teorema seguinte relaciona a matriz da função composta por duas funções lineares com o produto de duas matrizes.

Teorema 6.2 Sejam $T:\mathbb{R}^n \to \mathbb{R}^n$ e $L:\mathbb{R}^n \to \mathbb{R}^n$ funções lineares e $B=\{V_1,...,V_n\}$ uma base do $\mathbb{R}^n$. Então, a matriz da função composta TL na base B é o produto das matrizes de T e L na base B, isto é

$$TL]_B = T]_B L]_B$$

Demonstração: Sejam $A = T]_B$, $B = L]_B$ e $C = TL]_B$. Portanto,

$$L(V_j) = \sum_{k=1}^{n} B_{kj} V_k \tag{6.9}$$

$$T(V_k) = \sum_{i=1}^{n} A_{ik} V_i \tag{6.10}$$

e

$$(TL)(V_j) = \sum_{i=1}^{n} C_{ij} V_i . \tag{6.11}$$

Aplicando T em ambos os membros de (6.9), obtemos:

$$TL(V_j) = \sum_{k=1}^{n} B_{kj} T(V_k). \quad (6.12)$$

Substituindo (6.10) em (6.12), temos

$$(TL)(V_j) = \sum_{k=1}^{n} B_{kj} \left(\sum_{i=1}^{n} A_{ik} V_i \right) = \sum_{i=1}^{n} \left(\sum_{k=1}^{n} A_{ik} B_{kj} \right) V_i. \quad (6.13)$$

Finalmente, (6.11) e (6.13) nos dão

$$C_{ij} = \sum_{k=1}^{n} A_{ik} B_{kj},\ 1 \leq i,\ j \leq n,$$

mostrando que $C = AB$.

Segue do Teorema 6.2 que se $L_1,...,L_p$ são transformações lineares do $\mathbb{R}^n$ no $\mathbb{R}^n$ e B é uma base qualquer do $\mathbb{R}^n$, então

$$L_1...L_p]_B = L_1]_B...L_p]_B$$

6.4 Mudança de Base

Sejam $B = \{V_1,...,V_n\}$ e $B' = \{V'_1,...,V'_n\}$ bases do $\mathbb{R}^n$ e $L:\mathbb{R}^n \to \mathbb{R}^n$ uma transformação linear. Um problema importante é saber como estão relacionadas as matrizes $A = L]_B$ e $A' = L]_{B'}$. Da definição de A' segue que

$$L(V'_j) = B_{1j} V'_1 + ... + B_{nj} V'_n \quad (6.14)$$

e, pelo Exercício 2 da Seção 6.2, existe uma única função linear $T:\mathbb{R}^n \to \mathbb{R}^n$, tal que $T(V_j) = V'_j$ para $1 \leq j \leq n$. Além disso, T é invertível e sua inversa T^{-1} é dada por $T^{-1}(V'_j) = V_j$, $1 \leq j \leq n$. Aplicando T^{-1} a ambos os membros de (6.14), temos

$$(T^{-1}L)(V'_j) = B_{1j} V_1 + ... + B_{nj} V_n. \quad (6.15)$$

Desde que $V'_j = T(V_j)$, $1 \leq j \leq n$, de (6.15), obtemos

$$(T^{-1}LT)(V_j) = B_{1j} V_1 + ... + B_{nj} V_n \quad (6.16)$$

Segue de (6.16) que a matriz de $T^{-1}LT$ na base B é A'. Seja $P = T]_B$ e, pelo Teorema 6.2, vemos que:

$$A' = P^{-1} A P \quad (6.17)$$

Exemplo 6.10 Sabendo-se que a matriz de uma função linear $L:\mathbb{R}^2 \to \mathbb{R}^2$ na base $B = \{(1,2),(0,1)\}$ do R^2 é $A = \begin{bmatrix} 2 & 0 \\ 2 & 1 \end{bmatrix}$, calcular a matriz A' de L na base natural $B' = \{E_1, E_2\}$ do R^2. Seja T a transformação linear do R^2 tal que $T(1,2) = E_1$ e $T(0,1) = E_2$. Calculando a matriz de T na base B', obtemos $P = \begin{bmatrix} 1 & 0 \\ -2 & 1 \end{bmatrix}$ e $P^{-1} = \begin{bmatrix} 1 & 0 \\ 2 & 1 \end{bmatrix}$. Portanto,

$$A' = P^{-1}AP = \begin{bmatrix} 2 & 0 \\ 4 & 1 \end{bmatrix}.$$

6.5 O Teorema do Posto e da Nulidade

No estudo de uma função linear $L : \mathbb{R}^n \to \mathbb{R}^m$ existem dois subespaços vetoriais que são importantes: o *núcleo* e a *imagem*. O núcleo de L é o conjunto

$$N = \{V \in R^n ; L(V) = 0\} \tag{6.18}$$

A imagem de L é o conjunto

$$\text{Im} L = \{W \in \mathbb{R}^m ; \text{ existe } V \in \mathbb{R}^n \text{ com } L(V) = W\}$$

Deixamos a cargo do leitor verificar que o núcleo e a imagem de L são subespaços vetoriais do $\mathbb{R}^n$ e $\mathbb{R}^m$, respectivamente. A dimensão do núcleo de L chama-se a *nulidade* de L, denotado por $L : \mathbb{R}^n \to \mathbb{R}^m$, e o *posto* de L é a dimensão da imagem de L, denotado por $posto(L)$. Recordemos que a dimensão de um subespaço vetorial é o número de vetores em uma base qualquer desse subespaço (Seção 5.10, Exercício 9). Existe uma relação fundamental entre o posto e a nulidade, a saber:

Teorema 6.3 Se $L : \mathbb{R}^n \to \mathbb{R}^m$ é uma função linear, então

$$posto(L) + nulidade(L) = n.$$

Demonstração: Escolha base $B = \{V_1, ..., V_n\}$ do $\mathbb{R}^n$ tal que $B_r = \{V_1, ..., V_r\}$ é base do núcleo N de L. Para demonstrar o teorema é suficiente mostrar que $B' = \{L(V_{r+1}), ... L(V_n)\}$ é base da imagem $\text{Im} L$ de L. Se $W \in \text{Im} L$, então $W = L(V)$, $V \in \mathbb{R}^n$. Como B é base do $\mathbb{R}^n$, então $V = c_1 V_1 + ... + c_n V_n$. Portanto,

$$W = L(V) = c_{r+1} L(V_{r+1}) + ... + c_n L(V_n) \tag{6.19}$$

pois, $L(V_j) = 0$ para $1 \leq j \leq r$. Assim B' gera $\text{Im} L$. Para mostrar que B' é linearmente independente, suponha que $x_{r+1} L(V_{r+1}) + ... + x_n L(V_n) = 0$. Pela linearidade de L, temos

$$L(x_{r+1} V_{r+1} + ... + x_n V_n) = 0, \tag{6.20}$$

mostrando dessa forma que $x_{r+1} V_{r+1} + ... + x_n V_n$ pertence ao núcleo de L. Desde que B_r seja base do núcleo de L, existem escalares $x_1, ..., x_r$ tais que

$$x_1 V_1 + ... + x_r V_r = x_{r+1} V_{r+1} + ... + x_n V_n,$$

ou seja,
$$x_1 V_1 + \ldots + x_r V_r - x_{r+1} V_{r+1} - \ldots - x_n V_n = 0. \tag{6.21}$$
E pela independência linear de B, obtemos:
$$x_1 = \ldots = x_r = x_{r+1} = \ldots = x_n = 0,$$
mostrando que B' é linearmente independente.

Exercícios

1. Calcule as matrizes na base canônica do $\mathbb{R}^3$ das seguintes funções lineares:
   a) $L: \mathbb{R}^3 \to \mathbb{R}^3, L(x_1, x_2, x_3) = (x_1 + x_2, x_2 - x_3, 3x_3)$;
   b) $L: \mathbb{R}^3 \to \mathbb{R}^3, L(x_1, x_2, x_3) = (x_3, x_2, x_1)$;
   c) $L: \mathbb{R}^3 \to \mathbb{R}^3, L(x_1, x_2, x_3) = (x_1 + x_2, x_3, x_1 - x_3)$.

2. Seja $L: \mathbb{R}^3 \to \mathbb{R}^3$ a transformação linear cuja matriz na base $B' = \{(1,1,1), (1,0,2), (0,1,0)\}$ é $A = \begin{bmatrix} 0 & 1 & 0 \\ 1 & 0 & 1 \\ 0 & 0 & 1 \end{bmatrix}$. Calcule a matriz de L na base canônica do $\mathbb{R}^3$.

3. Calcule o núcleo e a imagem da função linear cuja matriz na base canônica é:
$$A = \begin{bmatrix} 1 & 2 & 0 \\ 2 & 4 & 0 \\ 1 & 2 & 1 \end{bmatrix}.$$
   Verifique nesse exemplo a validade do teorema do posto e da nulidade.

4. Demonstre que uma função linear $L: \mathbb{R}^n \to \mathbb{R}^m$ é injetora se, e somente se, seu núcleo é nulo.

5. Seja A uma matriz real $n \times n$. Sabendo que o subespaço vetorial do $\mathbb{R}^n$ gerado pelas colunas de A tem dimensão p, calcule a dimensão do espaço das soluções do sistema homogêneo $AX = 0$.

6. Seja $L: \mathbb{R}^2 \to \mathbb{R}^2$ uma função linear tal que $L^2 = 0$ e $L \neq 0$.
   a) Ache uma base B do $\mathbb{R}^2$ tal que $L]_B = \begin{bmatrix} 0 & 0 \\ 1 & 0 \end{bmatrix}$;
   b) Calcule o posto e a nulidade de L.

7. Seja $L: \mathbb{R}^n \to \mathbb{R}^m$ uma função linear invertível cuja matriz na base canônica do $\mathbb{R}^n$ é A. Calcule a matriz da função inversa de L na base canônica.

8. Mostre que toda transformação linear invertível do $\mathbb{R}^2$ é composta por reflexões, alongamentos e cisalhamentos. (Sugestão: Utilize o Teorema 5.14 (item 5)).

6.6 Autovalores e Autovetores

No estudo de uma transformação linear $L:\mathbb{R}^n \to \mathbb{R}^n$, é importante decompor o $\mathbb{R}^n$ em soma direta de subespaços invariantes, nos quais a restrição de L seja uma função mais simples.

Definição 6.2 Um subespaço vetorial S do $\mathbb{R}^n$ é *invariante* por uma transformação linear $L:\mathbb{R}^n \to \mathbb{R}^n$ se $L(V) \in S$ qualquer que seja $V \in S$.

Se S é um subespaço vetorial invariante por $L:\mathbb{R}^n \to \mathbb{R}^n$, então L se restringe a S como uma função linear $L:S \to S$.

Exemplo 6.11 A transformação linear $L:\mathbb{R}^3 \to \mathbb{R}^3$ dada por

$$L(x_1, x_2, x_3) = (2x_1 + x_2, x_1 + x_2, x_3)$$

deixa invariante o plano $S_1 = \{X \in \mathbb{R}^3; x_3 = 0\}$ e a reta $S_2 = \{X \in \mathbb{R}^3; x_1 = x_2 = 0\}$.

Seja S um subespaço vetorial de dimensão 1, invariante por uma transformação linear $L:\mathbb{R}^n \to \mathbb{R}^n$. Então S é gerado por um vetor $V \neq 0$. Assim, $L(V) = \lambda V$ para algum número real λ. Além disso, se $X \in S$, então $X = cV$ e

$$L(X) = L(cV) = cL(V) = c\lambda V = \lambda(cV) = \lambda X.$$

Isso justifica a seguinte definição:

Definição 6.3 Um número real λ é um *valor próprio* ou *autovalor* de uma transformação linear $L:\mathbb{R}^n \to \mathbb{R}^n$ se existe um vetor não-nulo $V \in \mathbb{R}^n$ tal que $L(V) = \lambda V$. O vetor V é um *vetor próprio* ou *autovetor* de L associado ao autovalor λ.

O conjunto S_λ de todos os autovetores de L associados ao autovalor λ é um subespaço vetorial do $\mathbb{R}^n$. S_λ é chamado *subespaço próprio* associado a λ. Vamos estudar os métodos para o cálculo dos autovalores e autovetores de transformações lineares do $\mathbb{R}^2$ e $\mathbb{R}^3$.

Seja A a matriz de uma transformação linear $L:\mathbb{R}^n \to \mathbb{R}^n$, $1 \leq n \leq 3$, na base canônica B. Um número real λ é um autovalor de L se existe $V \in \mathbb{R}^n$, $V \neq 0$ tal que

$$L(V) = \lambda V \qquad (6.22)$$

ou pelo Teorema 6.1

$$L(V)]_B = L]_B V]_B = \lambda V]_B \qquad (6.23)$$

Se $X = V]_B$, (6.23) nos dá

$$AX = \lambda X, \qquad (6.24)$$

ou seja, $(\lambda I - A)X = 0$. Assim λ é autovalor de L se, e somente se, o sistema homogêneo $(\lambda I - A)X = 0$ tem solução não-nula. Isso equivale à matriz $\lambda I - A$ ter determinante nulo. Assim, os autovalores de L são as raízes reais do polinômio $p(\lambda) = \det(\lambda I - A)$ Esse polinômio é chamado *polinômio característico de L*.

Exemplo 6.12 Calcular os autovalores e o espaço próprio da função linear $L : \mathbb{R}^2 \to \mathbb{R}^2$, $L(x_1, x_2) = (2x_1, x_1 + 3x_2)$. Desde que $L(1,0) = (2,1)$ e $L(0,1) = (0,3)$, a matriz de L na base canônica do R^2 é $A = \begin{bmatrix} 2 & 0 \\ 1 & 3 \end{bmatrix}$. O polinômio característico de L é

$$p(\lambda) = \det(\lambda I - A) = \begin{vmatrix} \lambda - 2 & 0 \\ -1 & \lambda - 3 \end{vmatrix} = (\lambda - 2)(\lambda - 3).$$

Portanto, os autovalores de L são $\lambda_1 = 2$ e $\lambda_2 = 3$.

Os espaço próprios são

$$S_2 = \{X \in \mathbb{R}^2; \, AX = 2X\}$$

e

$$S_3 = \{X \in \mathbb{R}^2; \, AX = 3X\},$$

isto é, S_2 e S_3 são os espaços das soluções dos sistemas homogêneos $(2I - A)X = 0$ e $(3I - A)X = 0$, respectivamente. Calculando as soluções desses sistemas vemos que S_2 é a reta $x_1 = -x_2$ e S_3 é a reta $x_1 = 0$.

Diremos que uma transformação linear $L : \mathbb{R}^n \to \mathbb{R}^n$ é *diagonalizável* se existe base do $\mathbb{R}^n$ formada de autovetores de L.

Exemplo 6.13 A função linear $L : \mathbb{R}^2 \to \mathbb{R}^2$, do Exemplo 6.12, é diagonalizável, pois $B = \{(1,-1), (0,1)\}$ é uma base do $\mathbb{R}^2$ e $L(1,-1) = 2(1,-1)$ e $L(0,1) = 3(0,1)$. Observe que a matriz de L na base B é a matriz diagonal $\begin{bmatrix} 2 & 0 \\ 0 & 3 \end{bmatrix}$.

Exemplo 6.14 A função linear $L : \mathbb{R}^2 \to \mathbb{R}^2$, $L(x_1, x_2) = (x_1, x_1 + x_2)$ não é diagonalizável. Realmente, sua matriz na base canônica é $A = \begin{bmatrix} 1 & 0 \\ 1 & 1 \end{bmatrix}$ e o polinômio característico é $p(\lambda) = \begin{vmatrix} \lambda - 1 & 0 \\ -1 & \lambda - 1 \end{vmatrix} = (\lambda - 1)^2$. Assim, $\lambda = 1$ é o único autovalor de L. O espaço próprio associado 1 é a reta $x_1 = 0$. Portanto, não existe base do $\mathbb{R}^2$ formada de autovetores de L.

Os *autovalores* e *autovetores* reais de uma matriz real $m \times m$ A são, por definição, os autovalores e autovetores da transformação linear $L_A : \mathbb{R}^n \to \mathbb{R}^n$, $L_A(X) = AX$ (veja a Seção 6.3). As raízes complexas do polinômio característico $p(\lambda) = \det(\lambda I - A)$ são os autovalores complexos de L_A (ou de A). Observe que são autovalores da função linear $L_A : \mathbb{C}^n \to \mathbb{C}^n$ dada por $L_A(Z) = AZ$, $Z \in \mathbb{C}^n$.

Exemplo 6.15 Calcular os autovetores e os autovalores da matriz

$$A = \begin{bmatrix} 1 & 2 & 0 \\ 2 & 1 & 0 \\ 0 & 0 & 3 \end{bmatrix}.$$

O polinômio característico de A é

$$p(\lambda) = \det(\lambda I - A) = \begin{vmatrix} \lambda-1 & -2 & 0 \\ -2 & \lambda-1 & 0 \\ 0 & 0 & \lambda-3 \end{vmatrix} = (\lambda-3)^2(\lambda+1).$$

Assim, os autovalores de A são $\lambda_1 = 3$ e $\lambda_2 = -1$. Os subespaços próprios de A são:

$$S_3 = \{X;\ (A-3I)X = 0\}$$

e

$$S_{-1} = \{X;\ (A+I)X = 0\}.$$

Procedendo como na Seção 5.7, verificamos que $\{(1,1,0),(0,0,1)\}$ é uma base de S_3 e $\{(-1,1,0)\}$ é base de S_{-1}. Logo, $B = \{(1,1,0),(0,0,1),(-1,1,0)\}$ é base do $\mathbb{R}^3$ formada de autovetores de A e, conseqüentemente, A é diagonalizável.

Vamos mostrar agora que a cada autovalor complexo de uma transformação linear $L : \mathbb{R}^n \to \mathbb{R}^n$ corresponde um subespaço invariante de dimensão dois (plano). Recorde-se de que, se A for a matriz de L na base canônica, então $L = L_A$.

Teorema 6.4 Seja $\lambda = \alpha + i\beta$, $\beta \neq 0$ um autovalor complexo de uma transformação linear $L : \mathbb{R}^n \to \mathbb{R}^n$. Então, associado a λ existe um plano P_λ invariante por L.

Demonstração: Seja A a matriz de L na base canônica. Portanto, pelo Teorema 6.1, $L(X) = AX$ para todo vetor coluna X do $\mathbb{R}^n$. Por hipótese, $\det(\lambda I - A) = 0$. Pelo Teorema 5.14 existe um vetor complexo $Z = X + iY$, tal que $(\lambda I - A)Z = 0$ com X e Y não simultaneamente nulos. De $AZ = \lambda Z$, obtemos

$$AX + iAY = (\alpha X - \beta Y) + i(\beta X + \alpha Y) \qquad (6.25)$$

e igualando partes real e imaginária em (6.25), obtemos

$$AX = \alpha X - \beta Y$$
$$AY = \beta X + \alpha Y \tag{6.26}$$

o que mostra que o subespaço P_λ do $\mathbb{R}^n$ gerado por X e Y é invariante por L. Vamos mostrar que X e Y são linearmente independentes. Realmente, suponha $X \neq 0$ e $Y = cX$, $c \in \mathbb{R}$. Então (6.26) nos dá

$$c(\alpha - c\beta) = \beta + c\alpha,$$

ou seja, $(1 + c^2)\beta = 0$, o que é impossível, pois, por hipótese, $\beta \neq 0$. Analogamente, $X = cY$.

Recordemos que na Seção 4.2 consideramos o produto interno euclidiano do $\mathbb{R}^n$ definido por

$$X \cdot Y = x_1 y_1 + \ldots + x_n y_n = {}^t XY, \tag{6.27}$$

onde os vetores X e Y do $\mathbb{R}^n$ são vistos como colunas $n \times 1$. Se A é uma matriz simétrica $n \times n$, então

$$(AX) \cdot Y = {}^t(AX)Y = ({}^t X {}^t A)Y = {}^t X(AY) = X \cdot (AY) \tag{6.28}$$

Teorema 6.5 Todas as raízes do polinômio característico de uma matriz real simétrica $n \times n$ são reais.

Demonstração: Seja $\lambda = \alpha + i\beta$ uma raiz de $p(\lambda) = \det(\lambda I - A)$. Pelo Teorema 6.4 existem vetores não simultaneamente nulos X e Y do $\mathbb{R}^n$, tais que

$$AX = \alpha X - \beta Y \quad \text{e} \quad AY = \beta X + \alpha Y \tag{6.29}$$

o que nos dá

$$(AX) \cdot Y = \alpha(X \cdot Y) - \beta \|Y\|^2$$

e
$$X \cdot (AY) = \alpha(X \cdot Y) + \beta \|X\|^2. \tag{6.30}$$

Concluímos de (6.28) e (6.30) que

$$\beta \left(\|X\|^2 + \|Y\|^2 \right) = 0.$$

Portanto, $\beta = 0$ e λ é real.

Exercícios

1. Calcule os autovalores e os autovetores das matrizes a seguir:

a) $\begin{bmatrix} 2 & 1 \\ 0 & 1 \end{bmatrix}$ b) $\begin{bmatrix} 1 & 3 \\ 0 & 1 \end{bmatrix}$ c) $\begin{bmatrix} 1 & 2 & 0 \\ 2 & 1 & 0 \\ 0 & 0 & 3 \end{bmatrix}$

2. Quais dentre as seguintes matrizes são diagonalizáveis?

   a) $\begin{bmatrix} 2 & 2 \\ 1 & 3 \end{bmatrix}$;   b) $\begin{bmatrix} 2 & 1 \\ -1 & 0 \end{bmatrix}$;   c) $\begin{bmatrix} 1 & n \\ 0 & 1 \end{bmatrix}$.

3. Calcule os autovalores e os autovetores da matriz
$$\begin{bmatrix} 1 & 2 & 2 \\ 1 & 2 & -1 \\ -1 & 1 & 4 \end{bmatrix}.$$
   Ela é diagonalizável?

4. Mostre que toda transformação linear $L: \mathbb{R}^n \to \mathbb{R}^n$ deixa uma reta ou um plano invariantes.

5. Seja $L: \mathbb{R}^3 \to \mathbb{R}^3$ uma transformação linear tal que $L^3 = 0$ e $L^2 \neq 0$. Mostre que existe uma base B do $\mathbb{R}^3$ tal que
$$L]_B = \begin{bmatrix} 0 & 0 & 0 \\ 1 & 0 & 0 \\ 0 & 1 & 0 \end{bmatrix}.$$

6. Mostre que a transformação linear L_A, com $A = \begin{bmatrix} 0 & 1 & 0 \\ -1 & 0 & 0 \\ 1 & 0 & 0 \end{bmatrix}$, tem uma reta e um plano invariantes.

6.7 O Teorema Espectral

Vamos mostrar nesta seção que toda matriz real simétrica é diagonalizável. Esse resultado é necessário na Seção 3.4 para diagonalizar formas quadráticas e tem muitas aplicações na matemática.

Definição 6.4 Uma transformação linear $L: \mathbb{R}^n \to \mathbb{R}^n$ é *auto-adjunta* se
$$L(X) \cdot Y = X \cdot L(Y),$$
quaisquer que sejam X e Y no $\mathbb{R}^n$.

Exemplo 6.16 Seja A uma matriz real simétrica $n \times n$. Então, a função linear $L_A: \mathbb{R}^n \to \mathbb{R}^n$ é auto-adjunta. Realmente,
$$L_A(X) \cdot Y = (AX) \cdot Y = {}^t(AX)Y = ({}^tX{}^tA)Y = {}^tX(AY) = X \cdot L_A(Y).$$

Teorema 6.6 A matriz de uma transformação linear auto-adjunta $L: \mathbb{R}^n \to \mathbb{R}^n$ em uma base ortonormal $B = \{V_1, ..., V_n\}$ é simétrica.

Demonstração: Deixamos a cargo do leitor mostrar que o fato de B ser ortonormal implica que a matriz A de L na base B é dada por

$$A_{ij} = L(V_j) \cdot V_i$$

desde que L seja auto-adjunta, então

$$A_{ij} = L(V_j) \cdot V_i = V_j \cdot L(V_i) = L(V_i) \cdot V_j = A_{ji},$$

mostrando que A é simétrica.

Teorema 6.7 Sejam $L: \mathbb{R}^n \to \mathbb{R}^n$ uma transformação linear auto-adjunta e S um subespaço vetorial do $\mathbb{R}^n$ invariante por L. Então, o complemento ortogonal $S^\perp$ de S é também invariante por L.

Demonstração: No Exercício 10 da Seção 4.7 foi mostrado que o complemento ortogonal

$$S^\perp = \{Y \in \mathbb{R}^n; \; X \cdot Y = 0 \text{ para todo } X \in S\}$$

é um subespaço vetorial do R^n. Suponha que S seja invariante por L. Vamos mostrar que $S^\perp$ também é invariante por L. De fato, se $Y \in S^\perp$ e X é um vetor qualquer de S, então como L é auto-adjunta, obtemos

$$L(Y) \cdot X = Y \cdot L(X) = 0.$$

Pois, $L(X) \in S$. Isso mostra que $L(Y) \in S^\perp$ e $S^\perp$ é invariante por L.

Teorema 6.8 (Teorema Espectral).
Seja $L: \mathbb{R}^n \to \mathbb{R}^n$ uma transformação linear auto-adjunta. Então, existe uma base ortonormal $B = \{V_1, ..., V_n\}$ cujos vetores são todos autovetores de L.

Demonstração: Por simplicidade, vamos demonstrar o teorema para $1 \leq n \leq 3$.

- Para $n = 1$, o teorema é trivial, pois, se $L: \mathbb{R} \to \mathbb{R}$ é linear, então $L(1) = \lambda$, $L(x) = L(x \cdot 1) = xL(1) = \lambda x$. Também λ é autovalor de L e todo vetor $x \in \mathbb{R}$ é autovetor de L. Assim, $B = \{1\}$ é a base ortonormal pedida.

- $n = 2$. Seja $L: \mathbb{R}^2 \to \mathbb{R}^2$ uma transformação linear auto-adjunta. Seja A a matriz de L na base canônica. Pelo Teorema 6.6, a matriz A é simétrica e $L = L_A$. Pelo Teorema 6.5, as raízes do polinômio característico $p(\lambda) = \det(\lambda I - A)$ de A são todas reais. Portanto, se λ_1 é uma raiz de $p(\lambda)$, então λ_1 é um autovalor de L. Seja $V \neq 0$ um autovetor de L associado a λ_1, isto é, $L(V) = \lambda_1 V$.

$$V_1 = \frac{V}{\|V\|}$$

é um autovetor unitário de L associado a λ_1. Seja $S = \{tV_1; \; t \in \mathbb{R}\}$ a reta do $\mathbb{R}^2$ gerada por V_1. Desde que $L(tV_1) = tL(V_1) = \lambda_1(tV_1)$, então S é invariante por L. Pelo Teorema 6.7, o complemento ortogonal $S^\perp$ de

S é também invariante por L. Observe que $S^\perp$ é a reta que passa pela origem e é perpendicular a S. Assim, todos os vetores de $S^\perp$ são autovetores de L associados a um mesmo autovalor λ_2 de L. Escolha um vetor unitário V_2 em $S^\perp$. Portanto, $B = \{V_1, V_2\}$ é uma base ortonormal do $\mathbb{R}^2$ constituída por autovetores de L, demonstrando o teorema espectral quando $n = 2$.

- $n = 3$. Seja $L: \mathbb{R}^3 \to \mathbb{R}^3$ uma transformação linear auto-adjunta e A sua matriz na base canônica do $\mathbb{R}^3$. Pelo Teorema 6.6, A é simétrica, e pelo Teorema 6.5 todas as raízes do polinômio característico $p(\lambda) = \det(\lambda I - A)$ são reais. Sejam λ_1 uma dessas raízes e V_1 um autovetor unitário associado a λ_1, isto é

$$L(V_1) = \lambda_1 V_1 \tag{6.31}$$

Seja $S = \{tV_1;\ t \in R\}$ a reta do $\mathbb{R}^3$ gerada por V_1. Desde que S seja invariante por L e L é auto-adjunta, o complemento ortogonal $S^\perp$ de S é pelo Teorema 6.7 um plano invariante por L. Escolha uma base ortonormal $\{U_1, U_2\}$ para $S^\perp$. Assim, $B_0 = \{V_1, U_1, U_2\}$ é base ortonormal do $\mathbb{R}^3$. Pelo Teorema 6.6, a matriz de L na base B_0 é simétrica. Para calcular $L]_{B_0}$, observe que

$$\begin{aligned} L(V_1) &= \lambda_1 V_1 \\ L(U_1) &= B_{11} U_1 + B_{21} U_2 \\ L(U_2) &= B_{12} U_1 + B_{22} U_2 \end{aligned} \tag{6.32}$$

(as duas últimas equações são conseqüências de $S^\perp$ ser invariante por L). Dessa forma, obtemos

$$L]_{B_0} = \begin{bmatrix} \lambda_1 & 0 & 0 \\ 0 & B_{11} & B_{12} \\ 0 & B_{12} & B_{22} \end{bmatrix}, \tag{6.33}$$

onde a matriz

$$B = \begin{bmatrix} B_{11} & B_{12} \\ B_{21} & B_{22} \end{bmatrix} \tag{6.34}$$

é simétrica. Portanto, pelo Exemplo 6.16, a transformação linear $L_B: \mathbb{R}^2 \to \mathbb{R}^2$ é auto-adjunta. O teorema espectral em dimensão $n = 2$ nos dá uma base ortonormal $\{X, Y\}$ do $\mathbb{R}^2$ constituída por autovetores de L_B, isto é

$$BX = \lambda_2 X \qquad \text{e} \qquad BY = \lambda_3 Y, \tag{6.35}$$

onde $X = \begin{bmatrix} x_1 \\ x_2 \end{bmatrix}$ e $Y = \begin{bmatrix} y_1 \\ y_2 \end{bmatrix}$. Consideremos os vetores

$$V_2 = x_1 U_1 + x_2 U_2 \qquad \text{e} \qquad V_3 = y_1 U_1 + y_2 U_2.$$

Desde que $\{X,Y\}$ seja base ortonormal do $\mathbb{R}^2$ e $\{U_1, U_2\}$ seja a base ortonormal de $S^\perp$, então

$$V_2 \cdot V_2 = X \cdot X = 1, \ V_3 \cdot V_3 = Y \cdot Y = 1$$
$$V_2 \cdot V_3 = X \cdot Y = 0$$

Portanto, $\{V_2, V_3\}$ é base ortonormal de $S^\perp$. Além disso, pelo Teorema 6.1 e por (6.33) e (6.35), temos

$$L(V_2)]_{B_0} = L]_{B_0} \cdot V_2]_{B_0} = BX = \lambda_2 X = \lambda_2 V_2]_{B_0}$$

e, analogamente,

$$L(V_3)]_{B_0} = \lambda_3 V_3]_{B_0} \tag{6.36}$$

De (6.36) concluímos que, $L(V_2) = \lambda_2 V_2$ e $L(V_3) = \lambda_3 V_3$. Logo,

$$B = \{V_1, V_2, V_3\}$$

é base ortonormal do $\mathbb{R}^3$ constituída por autovetores de L, o que demonstra o teorema.

Uma matriz real $n \times n$ P é *ortogonal* se ${}^t PP = I$. Segue do Teorema 5.14 que P é ortogonal se, e somente se, P for invertível e $P^{-1} = {}^t P$. Observe que P é ortogonal se, e somente se, suas colunas formam uma base ortonormal do $\mathbb{R}^n$. Realmente, das fórmulas

$$({}^t P \, P)_{ij} = P^i \cdot P^j, \tag{6.37}$$

vemos que, ${}^t PP = I$ se, e somente se, as colunas de P são uma base ortonormal do $\mathbb{R}^n$. Note que P é ortogonal se, e somente se, $\|PX\| = \|X\|$ para todo $X \in \mathbb{R}^n$. Podemos agora traduzir o teorema espectral em linguagem de matrizes.

Teorema 6.9 Seja A uma matriz real e simétrica. Então, existe uma matriz diagonal D e uma matriz ortogonal P tal que

$${}^t PAP = D$$

Demonstração: Uma vez que A é real e simétrica, pelo Exemplo 6.16, a transformação linear $L_A : \mathbb{R}^n \to \mathbb{R}^n$ é auto-adjunta. Portanto, pelo teorema espectral existe base ortonormal $B = \{V_1, ..., V_n\}$, formada de autovetores de L_A, isto é

$$L_A(V_j) = AV_j = \lambda_j V_j, \ 1 \le j \le n \tag{6.38}$$

Seja $B_n = \{E_1, ..., E_n\}$ a base natural do $\mathbb{R}^n$. Pelo Exercício 2, Seção 6.2, existe uma única transformação linear invertível $T : \mathbb{R}^n \to \mathbb{R}^n$ tal que $T(E_j) = V_j$, $1 \le j \le n$. Observando que

$$(L_A T)(E_j) = \lambda_j V_j, \ 1 \le j \le n \tag{6.39}$$

e aplicando a inversa T^{-1} de T a ambos os membros da Equação (6.39), obtemos

$$(T^{-1} L_A T)(E_j) = \lambda_j E_j, \ 1 \le j \le n \tag{6.40}$$

O Teorema 6.2 nos dá

$$T^{-1}L_A T]_{B_n} = T^{-1}]_{B_n} L_A]_{B_n} T]_{B_n} = D \qquad (6.41)$$

onde D é a matriz diagonal tal que $D_{ii} = \lambda_i$, $1 \le i \le n$. Observando que $P = T]_{B_n}$ é a matriz cujas colunas são os vetores V_j e que B é base ortonormal, concluímos que P é ortogonal. Pelo Exercício 7, Seção 6.5, sabemos que $T^{-1}]_{B_n} = P^{-1} = {}^tP$. Assim, (6.41) nos dá

$${}^tPAP = D,$$

demonstrando o teorema.

Exemplo 6.17 Achar uma matriz ortogonal P e uma matriz diagonal D tal que ${}^tPAP = D$, onde A é a matriz simétrica

$$A = \begin{bmatrix} 1 & 2 & 0 \\ 2 & 1 & 0 \\ 0 & 0 & 3 \end{bmatrix}$$

a) O polinômio característico de A é $p(\lambda) = \det(\lambda I - A) = (t-3)^2(t+1)$ e, portanto, os autovalores de A são $\lambda_1 = 3$ e $\lambda_2 = -1$.

b) Os espaços próprios são

$$S_3 = \{X \in \mathbb{R}^3; (A - 3I)X = 0\} \text{ e } S_{-1} = \{X \in \mathbb{R}^3; (A + I)X = 0\}.$$

Procedendo como na Seção 5.7 achamos as bases $\{(1,1,0),(0,0,1)\}$ de S_3 e $\{(-1,1,0)\}$ de S_{-1}. Observando que a base $\{(1,1,0),(0,0,1)\}$ de S_3 é ortogonal, vemos que

$$V_1 = \frac{1}{\sqrt{2}}(1,1,0) \text{ e } V_2 = (0,0,1)$$

é uma base ortonormal de S_3 e $V_3 = \frac{1}{\sqrt{2}}(-1,1,0)$ uma base ortonormal de S_{-1}. Além disso, como $S_{-1}^\perp = S_3$, concluímos que

$$B = \{V_1, V_2, V_3\}$$

é base ortonormal formada de autovetores de A.

c) P é a matriz cujas colunas são os vetores V_1, V_2 e V_3. Assim,

$$P = \begin{bmatrix} \frac{1}{\sqrt{2}} & 0 & -\frac{1}{\sqrt{2}} \\ \frac{1}{\sqrt{2}} & 0 & \frac{1}{\sqrt{2}} \\ 0 & 1 & 0 \end{bmatrix} \text{ e } D = \begin{bmatrix} 3 & 0 & 0 \\ 0 & 3 & 0 \\ 0 & 0 & -1 \end{bmatrix}.$$

6.8 Diagonalização de Formas Quadráticas

Na Seção 3.4, consideramos o problema de achar os eixos principais de uma cônica ou quádrica. Agora estamos em condições de resolver completamente esse problema. A equação

$$q(x_1, x_2, x_3) = b_{11}x_1^2 + b_{22}x_2^2 + b_{33}x_3^2 + 2b_{12}x_1x_2 + 2b_{13}x_1x_3 + 2b_{23}x_2x_3$$

pode ser escrita em forma matricial como

$$q(X) = {}^t XBX, \qquad (6.42)$$

onde B é matriz simétrica

$$B = \begin{bmatrix} b_{11} & b_{12} & b_{13} \\ b_{12} & b_{22} & b_{23} \\ b_{13} & b_{23} & b_{33} \end{bmatrix} \quad \text{e} \quad X = \begin{bmatrix} x_1 \\ x_2 \\ x_3 \end{bmatrix}.$$

Fazendo $X = PY$, onde $Y = \begin{bmatrix} y_1 \\ y_2 \\ y_3 \end{bmatrix}$, obtemos

$$\bar{q}(Y) = q(PY) = {}^t(PX)B(PY) = {}^tY({}^tPBP)Y \qquad (6.43)$$

Pelo Teorema 6.9, existem matrizes P ortogonal e $D = \begin{bmatrix} \lambda_1 & 0 & 0 \\ 0 & \lambda_2 & 0 \\ 0 & 0 & \lambda_3 \end{bmatrix}$ diagonal

tais que ${}^tPBP = D$. Portanto, a mudança de variáveis $X = PY$ diagonaliza a forma quadrática (6.42), isto é, nas novas variáveis y_1, y_2 e y_3, temos:

$$\bar{q}(y_1, y_2, y_3) = \lambda_1 y_1^2 + \lambda_2 y_2^2 + \lambda_3 y_3^2. \qquad (6.44)$$

Exemplo 6.18 Utilizar mudança de eixos para identificar a cônica

$$3x_1^2 + 2x_1x_2 + 3x_2^2 = 4$$

Em forma matricial, temos

$${}^tXAX = 4, \text{ onde } A = \begin{pmatrix} 3 & 1 \\ 1 & 3 \end{pmatrix}.$$

a) O polinômio característico de A é

$$p(\lambda) = \det(\lambda I - A) = \lambda^2 - 6\lambda + 8 = (\lambda - 2)(\lambda - 4).$$

Logo, os autovalores de A são $\lambda_1 = 2$ e $\lambda_2 = 4$.

b) Calculando os subespaços próprios

$$S_2 = \{X \in \mathbb{R}^2;\ (A - 2I)X = 0\}$$

e

$$S_4 = \{X \in \mathbb{R}^2;\ (A - 4I)X = 0\},$$

concluímos que S_2 é a reta $x_1 = -x_2$ e S_4 é a reta $x_1 = x_2$. Assim,

$$B = \left\{\left(\frac{1}{\sqrt{2}}, -\frac{1}{\sqrt{2}}\right), \left(\frac{1}{\sqrt{2}}, \frac{1}{\sqrt{2}}\right)\right\}$$

é base ortonormal formada de autovetores de A.

c) A mudança $X = PY$, onde $P = \begin{bmatrix} \frac{1}{\sqrt{2}} & \frac{1}{\sqrt{2}} \\ -\frac{1}{\sqrt{2}} & \frac{1}{\sqrt{2}} \end{bmatrix}$ transforma a equação da cônica em $(y_1, y_2)\begin{pmatrix} 2 & 0 \\ 0 & 4 \end{pmatrix}\begin{pmatrix} y_1 \\ y_2 \end{pmatrix} = 2y_1^2 + 4y_2^2 = 4$, ou seja, após uma rotação dos eixos de $-\frac{\pi}{4}$, a cônica se escreve nos novos eixos como

$$\frac{y_1^2}{\left(\sqrt{2}\right)^2} + \frac{y_2^2}{1^2} = 1$$

que é uma elipse como na Figura 6.8, na qual os vértices nos novos eixos são $\left(\sqrt{2}, 0\right)$ e $(0, 1)$.

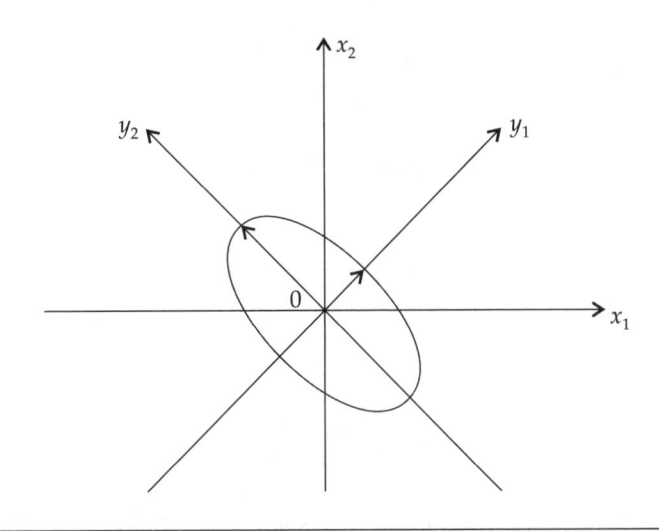

Figura 6.8

Exemplo 6.19 Identificar a quádrica

$$x_1^2 + x_2^2 + 3x_3^2 + 4x_1x_2 = 3 \qquad (6.45)$$

Em forma matricial, temos

$$^tXAX = 3 \qquad (6.46)$$

onde

$$A = \begin{bmatrix} 1 & 2 & 0 \\ 2 & 1 & 0 \\ 0 & 0 & 3 \end{bmatrix},$$

e no Exemplo 6.17 encontramos a matriz ortogonal

$$P = \begin{bmatrix} \frac{1}{\sqrt{2}} & 0 & -\frac{1}{\sqrt{2}} \\ \frac{1}{\sqrt{2}} & 0 & \frac{1}{\sqrt{2}} \\ 0 & 1 & 0 \end{bmatrix},$$

que é uma rotação de $\frac{\pi}{4}$ ao redor do eixo dos x_2 no sentido positivo, e a matriz diagonal

$$D = \begin{bmatrix} 3 & 0 & 0 \\ 0 & 3 & 0 \\ 0 & 0 & -1 \end{bmatrix}$$

tais que $^tPAP = D$. Portanto, após a mudança $X = PY$, a Equação (6.45) se transforma em

$$3y_1^2 + 3y_2^2 - y_3^2 = 3,$$

ou seja,

$$\frac{y_1^2}{1^2} + \frac{y_2^2}{1^2} - \frac{y_3^2}{(\sqrt{3})^2} = 1$$

que é um hiperbolóide de uma folha (ver a Seção 3.2, Figura 3.8). Observe que é um hiperbolóide de revolução.

Exercícios

1. Para cada uma das seguintes matrizes simétricas A, ache uma matriz ortogonal P tal que ${}^t PAP$ seja diagonal

   a) $\begin{bmatrix} 3 & 1 & 1 \\ 1 & 0 & 2 \\ 1 & 2 & 0 \end{bmatrix}$;   b) $\begin{bmatrix} 2 & 0 & 1 \\ 0 & 3 & 0 \\ 1 & 0 & 2 \end{bmatrix}$;   c) $\begin{bmatrix} 2 & 0 & -1 \\ 0 & 2 & 0 \\ -1 & 0 & 2 \end{bmatrix}$.

2. Identifique as cônicas e quádricas seguintes:
   a) $x^2 + 2xy + y^2 = 4$;
   b) $3x^2 + 2xy + 2xz + 4yz = 1$;
   c) $2x^2 + 2y^2 + 2z^2 + 2xy + 2xz + 2yz = 3$.

3. Uma matriz real e simétrica A $n \times n$ é positiva se $(AX) \cdot X > 0$ qualquer que seja $X \in \mathbb{R}^n, X \neq 0$. Mostre que
   a) todos os autovalores de A são positivos;
   b) existe uma matriz positiva B tal que $B^2 = A$.

   Sugestão: $A = PD^t P$ e existe C tal que $C^2 = D$ ponha $B = PC^t P$.

4. Seja A uma matriz invertível $n \times n$. Mostre que existe uma matriz positiva P e uma matriz ortogonal U tais que $A = PU$. Essa decomposição é única (decomposição polar de A).

5. Sejam $L: \mathbb{R}^3 \to \mathbb{R}^3$ uma transformação linear invertível e
$$S^2 = \{X \in \mathbb{R}^3; \|X\| = 1\}$$
a esfera unitária centrada na origem. Mostre que L transforma a esfera em um elipsóide.

6. Mostre que uma matriz quadrada P $n \times n$ é ortogonal se, e somente se, $\|PX\| = \|X\|$ para todo vetor $X \in \mathbb{R}^n$.

6.9 Uma Introdução à Álgebra Linear

Nas Seções 1.4, 4.1, 5.2 e 5.3, apresentamos uma lista de oito propriedades que os objetos em estudo satisfaziam. Os objetos em estudo em cada uma dessas seções são de naturezas distintas, porém têm algo em comum: há duas operações definidas no conjunto desses objetos, a saber, uma adição e um produto por escalares, e essas operações possuem as mesmas regras de comportamento.

É de fundamental importância adotar o ponto de vista que, Timothy Gowers, em seu fascinante livro *Mathematics, a very short introduction*, expressa no inspirado *slogan* "um objeto matemático é o que ele faz". Assim, consideraremos uma família muito importante de objetos matemáticos *os espaços vetoriais*. Um *espaço vetorial* sobre um corpo $\mathbb{K}$ é uma *estrutura matemática* que consiste em um conjunto V de objetos chamados "*vetores*", que podem ser somados e multiplicados pelos elementos de $\mathbb{K}$, ditos *escalares*. Mais precisamente, temos uma função $(u,v) \to u+v$ do produto cartesiano $V \times V$ em V conhecida como *adição de vetores* e uma função $(x,v) \to xv$ do produto cartesiano $\mathbb{K} \times V$ em V conhecida como *produto por escalares*. Essas operações satisfazem às seguintes regras de comportamento ou axiomas:

1. Dados elementos u, v e w quaisquer em V, então
$$(u+v)+w = u+(v+w);$$

2. Existe um elemento em V, denotado por 0, chamado vetor nulo, tal que
$$0+u = u+0 = u,$$
qualquer que seja u em V.

3. Dado u em V, o elemento $(-1)u$ satisfaz
$$u+(-1)u = 0.$$

4. Dados u e v em V arbitrários, temos
$$u+v = v+u.$$

5. Se x é um escalar qualquer em $\mathbb{K}$ e u, v vetores quaisquer em V, então
$$x(u+v) = xu+xv.$$

6. Dados escalares x e y quaisquer em $\mathbb{K}$ e um vetor qualquer u em V, temos
$$(x+y)u = xu+yu.$$

7. Se x e y são escalares quaisquer em $\mathbb{K}$ e u é um vetor qualquer em V, então
$$(xy)u = x(yu).$$

8. Para todo elemento u em V, temos $1u = u$, onde 1 é o número um em $\mathbb{K}$.

A importância e a utilidade de se considerarem os espaços vetoriais "abstratos" é que, ao demonstrarmos resultados utilizando apenas esses axiomas, os resultados serão verdadeiros para qualquer espaço vetorial, independentemente da natureza dos objetos que os constituem.

Um subconjunto S de um espaço vetorial V sobre um corpo $\mathbb{K}$ pode ser, com as mesmas operações de V, um espaço vetorial sobre $\mathbb{K}$. Esses subconjuntos chamam-se *subespaços vetoriais* de V. Mais precisamente, S é um *subespaço vetorial* de V se

- S contém o vetor nulo 0.
- u e v são dois vetores quaisquer em S, então a soma $u+v$ pertence a S.
- u é um vetor qualquer em S e x é um escalar em $\mathbb{K}$, então xu pertence a S.

Observe que V e o conjunto $\{0\}$ são subespaços de V.

Exemplos de espaços vetoriais foram estudados nos Capítulos 1, 4 e 5. A saber, o conjunto de todas as classes de eqüipolências de segmentos orientados do espaço, os espaços euclidianos $\mathbb{R}^n$, os espaços $\mathbb{K}^n$ e os espaços $\mathcal{M}_{mn}(\mathbb{K})$ de todas as matrizes $m \times n$ com elementos no corpo $\mathbb{K}$. Consideraremos mais dois exemplos importantes de espaços vetoriais.

Exemplo 6.20 Seja $\mathbb{K}[x]$ o conjunto de todos os polinômios em uma variável x com coeficientes no corpo $\mathbb{K}$. Com as operações usuais de adição de polinômios e produto de polinômios por escalares em $\mathbb{K}$, o leitor pode verificar facilmente que $\mathbb{K}[x]$ é um espaço vetorial. O conceito de dependência e independência lineares é definido analogamente ao que fizemos nos Capítulos 1, 4 e 5. Deixamos ao leitor a verificação de que o conjunto

$$B = \{x^n;\ n \text{ é inteiro não negativo}\}$$

é linearmente independente, no sentido de que qualquer subconjunto finito de B é linearmente independente.

Exemplo 6.21 Consideremos o conjunto $C[a,b]$ de todas as funções contínuas do intervalo fechado $[a,b]$ na reta $\mathbb{R}$. A soma de duas funções f e g é definida geralmente por $(f+g)(x) = f(x) + g(x)$ e o produto $(cf)(x) = cf(x)$ para todo x em $[a,b]$ e todo número real c. O leitor pode verificar facilmente que $C[a,b]$, com as operações definidas anteriormente, é um espaço vetorial sobre o corpo dos números reais. O conjunto $P[a,b]$ de todas as funções polinomiais p de $[a,b]$ em $\mathbb{R}$ é um subespaço vetorial de $C[a,b]$.

Esses dois exemplos diferem dos exemplos considerados neste livro, pois possuem conjuntos linearmente independentes com uma infinidade de vetores. São exemplos importantes de espaços vetoriais de dimensão infinita.

Todos os conceitos discutidos nas Seções 6.1 e 6.2 se estendem aos espaços vetoriais quaisquer: combinações lineares, dependência e independência lineares e funções lineares. Como exemplo final, é possível demonstrar que o conjunto dos números reais pode ser considerado como um espaço vetorial sobre o corpo $\mathbb{Q}$ dos números racionais, e que tal espaço é de dimensão infinita. Para os leitores que aceitem o desafio, uma sugestão: se n for um inteiro positivo ímpar, escolha um polinômio irredutível $p(x)$ em $\mathbb{Q}[x]$ de grau n. Então, existe $\alpha \in \mathbb{R}$ tal que $p(\alpha) = 0$. Mostre que $\{1, \alpha, \alpha^2, ..., \alpha^n\}$ é linearmente independente em $\mathbb{R}$, considerado como espaço vetorial sobre $\mathbb{Q}$. (Ver *Linear algebra*, Lang (1966), cap. XII, § 3º, ex. 13).

Para os leitores que estiverem motivados a se aprofundar no estudo de álgebra linear, sugerimos o livro *Linear algebra* (1966). Para aqueles que desejarem ter uma visão rápida e acessível dos principais conceitos da matemática, recomendamos o livro *Mathematics a very short introductions*, de Gowers (2002).

7

$$\begin{bmatrix} cos\theta & -sen\theta & 0 \\ sen\theta & cos\theta & 0 \\ 0 & 0 & \lambda \end{bmatrix}$$

Noções de Álgebra Linear Computacional

Maple é mais um sistema de computação algébrica como o Mathematica, Derive, Mupad e MathLab. Computação algébrica é sinônima de computação simbólica. Em um sistema de computação algébrica, como o Maple, é possível efetuarmos operações simbólicas e cálculos abstratos de maneira simples. Na verdade, é uma linguagem de programação que tem-se mostrado a cada dia mais eficiente. É uma tendência o uso de computação algébrica no ensino e no trabalho com ciências exatas. Estudantes, pesquisadores e engenheiros economizam tempo com essa ferramenta. Pesquisas têm demonstrado que, estudantes que utilizam as novas tecnologias possuem melhor desempenho, se comparado com seus colegas que não as usam.

Os dispositivos da informática e novas tecnologias, que hoje já são amplamente utilizados no trabalho com matemática, dão apoio às funções intelectuais que amplificam, exteriorizam e modificam numerosas funções cognitivas, como a memória (bancos de dados), a imaginação (simulação) e a percepção (realidades virtuais). Em atividades de matemática mediadas pelo computador, cálculos mecânicos e rotineiros podem ser negligenciados, e a compreensão dos conceitos e resultados ganha uma nova dimensão. Fazer conjecturas e realizar verificações ficou mais simples; os modelos matemáticos podem ser testados mais rapidamente. Mas é preciso ficar atento, também, a situações em que apareçam as deficiências dos *softwares* de computação algébrica ou da máquina. Nesse momento, somos convidados a intervir e saber interpretar as respostas obtidas, não aceitando cegamente qualquer resposta.

Os procedimentos aqui apresentados são simples e têm o objetivo de servir de apoio didático ao estudante. Ao se sentir mais seguro com os comandos do Maple, o estudante deve melhorar esses procedimentos ou escrever os seus próprios. Como a programação em Maple não é o objetivo dessas notas, estimulamos os estudantes a priorizar a compreensão dos conceitos e resultados.[1]

---

[1] Para outras informações, visite o site oficial do Maple, www.maplesoft.com. Pratique os exemplos aqui apresentados diretamente no Maple 15. Clique em + para ver o conteúdo das sessões e, depois, em – para fechá-las.

7.1 Introdução ao Maple

Nesta seção de trabalho, veremos os principais recursos do Maple para operações algébricas – numérica e simbolicamente.

Não esqueça: após uma instrução, teclar "ponto-e-vírgula" ou "dois-pontos". A diferença entre eles é que com "ponto-e-vírgula" o resultado da operação é exibido na tela e com "dois-pontos" o resultado não é mostrado.

Cada comando ou instrução de cálculo deve ser precedido do símbolo [>, que significa o parágrafo do Maple.

```
# é o símbolo de comentário. O Maple ignora tudo o que
vem a seguir.
# Símbolos de operações +,*, -, /,** = ^
# o único delimitador utilizado no Maple é parêntese.
```

1. Manipulando Números

Vamos manipular alguns cálculos aritméticos para mostrar como o Maple os realiza com rapidez.

```
[> 32*12^13; # APERTE [enter]
```
$$3423782572130304$$

```
# Calcular o fatorial de 20
[> 20!;
```
$$2432902008176640000$$

```
# Decompor o número anterior em fatores primos
ifactor(%);
```
$$2^{18} \times 3^8 \times 5^4 \times 7^2 \times 11 \times 13 \times 17 \times 19$$

```
# Expandir o número dado
```

[> expand(%); aperte "**enter**" e veja o que acontece.

De agora em diante, vamos ignorar no início do comando o símbolo [>, uma vez que ele faz parte do *defaut* do Maple. **Este símbolo precede qualquer comando de cálculo!**

2. Trabalhando com Aritmética Exata

```
(2^10/3^5)*sqrt(3);
```
$$\frac{1024\sqrt{3}}{243}$$

Note que não apareceu nenhum arredondamento, pois o valor é exato. Para ver uma aproximação em decimais, executamos o **evalf** (**evaluation with floating point**).

```
evalf(%);
```

Outro exemplo:

```
sin(sqrt(2/3)*Pi);
evalf(%);
```

Outro exemplo:

```
20*root[5](Pi);
```

$$20\sqrt[5]{\pi} = \pi^{\frac{1}{5}}$$

```
# Quantos dígitos usados?
Digits;
```

Se quisermos a resposta com mais dígitos, é só comandar.

```
Digits:= 30: evalf(sin(sqrt(2/3)*Pi));
```

Voltando a 10 dígitos.

```
Digits:= 10:
```

Fazendo somatórios, descubra a diferença entre os comandos **Sum** e **sum**:

```
Sum((1+i)/(1+i^4), i=1..10);
value(%);
Sum(1/n^2,n=1..40);
value(%);
evalf(%);
```

3. Números Complexos

```
(3+5*I)/(7+4*I); # dividindo
```

$$\frac{41}{65} + \frac{23}{65}I$$

Veja os vários cálculos com números complexos:

```
(2-4*I)*(1+I);
(2-4*I)/(1+I);
sqrt(4*I);
(sqrt(4*I))^2;
evalc(%);
```

4. Funções e Constantes Famosas

Cálculo do número $e = e^1 = \exp(1)$:

```
evalf(exp(1),40); #constante e com 40 algarismos
```

$$2.718281828459045235360287471352662497757$$

Similarmente, podemos calcular o valor aproximado de π.

```
evalf(Pi,50); #constante Pi com 50 algarismos
```

$$3.1415926535897932384626433832795028841971693993751$$

Operações simbólicas: o Maple é poderoso em cálculos simbólicos.

Podemos expandir qualquer polinômio; vejamos, por exemplo, $(x+y)^5$:

```
(x+y)^3*(x+y)^2;
expand(%); [enter]:
```

$$x^5 + 5x^4y + 10x^3y^2 + 10x^2y^3 + 5xy^4 + y^5$$

Também poderemos comprovar efetuando fatoração do polinômio dado:

```
factor(%);
```

Outro exemplo:

```
simplify(cos(x)^5 + sin(x)^4 + 2*cos(x)^2 - 2*sin(x)^2
- cos(2*x));
```

Normalizar formas racionais:

```
normal((x^3-y^3)/(x^2+x-y-y^2));
```

5. Trabalhando com nomes para expressões

```
A:= (41*x^2+x+1)^2;
B:= expand(A);
C:= 32*x^3-4;
A/C;# Dividir A por C
```

Escrevendo A/C em frações parciais.

```
convert(A/C, parfrac,x);
```

Escrevendo a função **cot** em termos de exponenciais.

```
convert(cot(x),exp);
```

Mais fatos importantes: raiz de polinômio com a multiplicidade.
```
solve(a*x^2+b*x+c,x);
```

$$-\frac{b+\sqrt{b^2-4ac}}{2a} \text{ e } -\frac{b-\sqrt{b^2-4ac}}{2a}$$

```
polinomio:=9*x^3-37*x^2+47*x-19;
solve(polinomio,x);
```

Derivando o polinômio: $p := x \to 9x^3 - 37 x^2 + 47 x - 19$.

```
p:=x->9*x^3-37*x^2+47*x-19;
D(p);
```

$$Dp := x \to 27 x^2 - 74x + 47$$

Podemos também calcular os dois valores a seguir:

```
D(p)(1);
D(p)(2);
```

Para determinar as raízes (reais ou complexas) numericamente de uma equação algébrica:

```
fsolve(p(x)=0,x);
fsolve(x*tan(x)=1,x);
solve(x^2+1=0,x);
```

6. Resolvendo um Sistema de Equações

```
eqns := {7*x-14*y=1, -14*x+140*y=-2};
```

$$eqns := \{7x - 14y = 1, -14x + 140y = -2\}$$

```
sols := solve( eqns );
```

$$sols := \{y = 0, x = 1/7\}$$

7. Utilizando o Help

Podemos ver quais são os pacotes (ou bibliotecas) do Maple e seus comandos consultando o **help**.

O **help** do Maple deve ser utilizado para outras questões. É interessante saber usá-lo. O **help** tem três níveis de ajuda com um ?questao ou com dois ??questao ou com três ???questao. Descubra a diferença entre eles.

Para ver os pacotes do Maple digite ?index[package];

```
?index[package];
```

Cada pacote é carregado com o comando with.

```
#with(student);         #exemplo- desabilite para consultar
# ?index[functions];
#with(linalg);
```

8. Definindo uma Função

Para definir a função de duas variáveis, procedemos da seguinte forma. Por exemplo:

```
f:=(x,y) -> (x^2-5*y)/(x^3+2*x);
```

$$f := (x, y) \to \frac{x^2 - 5y}{x^3 + 2x}$$

Podemos definir também uma função cuja expressão muda com as condições no argumento. Por exemplo:

```
g:=x -> piecewise(1<=x and x<2, x^2,2*x+10);
g(x);
g(1.5); g(5); #para determinar a imagem.
```

Vamos ver o gráfico de uma função. Tomemos como exemplo a função $f(x) = \dfrac{x^2 - 5}{x^2 + 1}$, no intervalo $[-2, 2]$.

```
plot(x^2-5),x=-2..2);
```

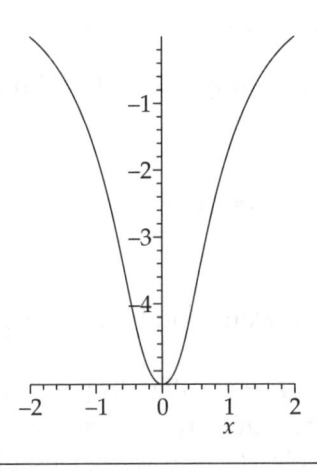

Figura 7.1

9. Calculando Integrais

O Maple tem rotinas para calcular uma integral simbólica ou numericamente. Vejamos alguns exemplos de integrais indefinidas.

```
Int(ln(x),x);        # Com I maiúscula
int(ln(x),x);        # Com i minúscula
'int(x*ln(x),x)'=int(x*ln(x),x);
```

$$\int x \ln(x)dx = \frac{1}{2}x^2 \ln(x) - \frac{x^2}{4}$$

Um exemplo de integral definida:

```
'int(x*sin(x),x=-Pi..Pi)'=int(x*sin(x),x=-Pi..Pi);
```

$$\int_{-\pi}^{\pi} x\mathrm{sen}(x)dx = 2\pi$$

Um exemplo de cálculo de integral imprópria:

$$\int_0^\infty e^{(-x^2)}dx \;.$$

```
'int(exp(-x^2),x=0..infinity)'=int(exp(-x^2),x=0.infinity);
```

$$\int_0^\infty e^{(-x^2)}dx = \frac{\sqrt{\pi}}{2}$$

10. Procedimentos

No Maple, os programas são feitos em forma de procedimentos. Um procedimento é, na verdade, uma função que transforma os argumentos inseridos em outros argumentos, conforme foi programado. A estrutura de um procedimento é a seguinte:

```
Nomeproced:=proc(argumentos)
          local (variáveis locais)
          instruções a serem executadas
             end;
```

Em um procedimento podem ser necessários comandos de repetição, iteração e seleção. Vamos falar rapidamente sobre eles.

Certas situações exigem que uma instrução seja repetida várias vezes. Para isso, usamos o comando **"for"**. A utilização desse comando segue o esquema (for-do-od)

Por exemplo:

> **for** j **from** início **by** passo **to** fim **do** expressões dependentes de j e **od**

Outro comando especial para fazer recorrências é o **"while"** que, em português, significa enquanto.

O esquema é o seguinte:

> **while** k satisfaz condição **do** instruções envolvendo k **od**

Os comandos de seleção **"if"** ou desvio são utilizados para se executar uma instrução, dentre as várias possíveis, condicionadas a uma proposição que pode ser falsa ou verdadeira. O esquema é o seguinte:

> **if** condição verdadeira **then** instruções a executar **else** outras instruções a executar **fi**

Os comandos de saída de dados são **"print"** e **"lprint"**.

Exemplo 1 Escrever um procedimento para apresentar os primeiros p números naturais múltiplos de 9.

```
m9:=proc(p)
local k;
for k from 1 to p do
print( k*9 );
od
end;
```

> $m9 := proc(p) local k; for k to p do print(9 \quad k) end do end proc$

```
m9(5);
```

Exemplo 2 Escrever um procedimento para determinar as raízes de uma equação do segundo grau.

```
R:=proc(a,b,c)
if b^2-4*a*c<0 then
print(`as raizes sao complexas` -b/(2*a)+sqrt(b^2-
4*a*c)/(2*a) , -b/(2*a)-sqrt(b^2-4*a*c)/(2*a))
```

```
else print(` as raizes sao`-b/(2*a)+sqrt(b^2-
4*a*c)/(2*a), -b/(2*a)-sqrt(b^2-4*a*c)/(2*a))
fi
end:
R(1,0,1);## solução de x^2+1=0
R(1,2,1);## solução de x^2+2*x+1=0
```

7.2 Vetores e Operações

1. Visualizando vetores no plano e no espaço

```
restart:with(linalg):with(plottools):with(plots):
```

Vamos *plotar* um vetor com extremidades na origem e no ponto (2,3) e outro vetor com extremidades na origem e no ponto (5,–2).

```
vetor1 := arrow([0, 0], [2, 3],   .1, .2, .1,
color=green):vetor2 := arrow([0, 0], [5, -2], .1, .2,
.1, color=red):
display(vetor1,vetor2, axes=FRAME);
```

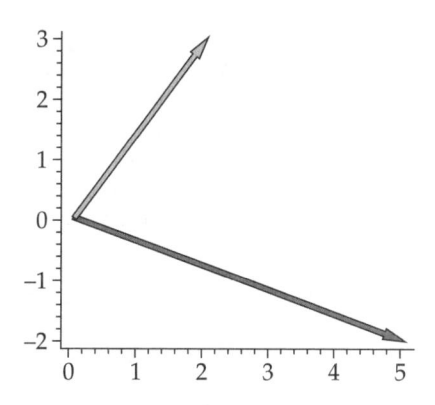

Figura 7.2

Vamos ilustrar a soma de dois vetores do plano pela regra do paralelogramo:

```
vetor1 := arrow([0, 0], [2, 3], .1, .2, .1, color=green):
vetor2 := arrow([0, 0], [5, -2], .1, .2, .1,
color=red):vetor22 := arrow([2, 3], [7, 1], .1,
.2, .1, color=red):vetor11:=arrow([5, -2], [7, 1], .1, .2,
.1, color=green):vetorS:=arrow([0, 0], [7, 1], .1, .2, .1,
color=blue):
display(vetor1,vetor11,vetor2,vetor22,vetorS,axes=FRAME);
```

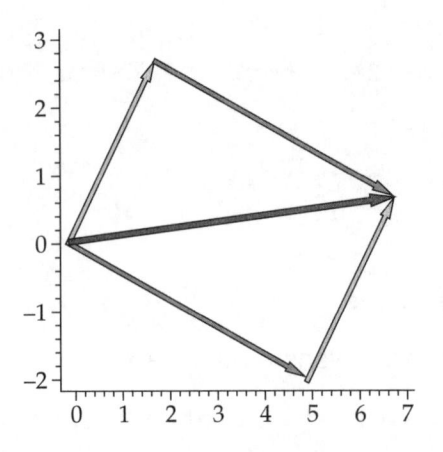

Figura 7.3

Ilustrando vetores no espaço e suas componentes. Observe a origem e as extremidades dos vetores.

```
vetor1 := arrow([0, 0,0], [7, 2,4], .2, .4, .1,
color=green):
vetor11 := arrow([0, 0,0], [7, 0,0], .2, .4, .1,
color=blue):vetor111 := arrow([0, 0,0], [0, 2,0], .2,
.4, .1, color=red):
vetor1111 := arrow([0, 0,0], [0, 0,4], .2, .4, .1,
color=yellow):
display(vetor1,vetor11,vetor111,vetor1111, axes=FRAME);
```

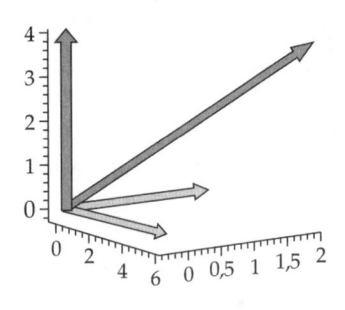

Figura 7.4

```
vetor2 := arrow([0, 0,0], [3, 4,5], .2, .4, .1,
color=red):
display(vetor2, axes=FRAME);
```

2. Adição com Vetores

Podemos também introduzir vetores no Maple, por meio dos seguintes comandos:

```
v[1]:=vector([1,-1,2]);
v[2]:=vector([1,0,2]);
v[3]:=vector([0,1,-1]);
```

Para somar vetores, use o comando:

```
'v[1]+v[2]'=evalm(v[1]+v[2]);
'3*v[1]'=evalm(3*v[1]);
'3*v[1]+4*v[2]'=evalm(3*v[1]+4*v[2]);
```

$$3v[1] + 4v[2] = [7, -3, 14]$$

ou ainda para vetores linha:

```
v[1]:=<1|-1|2>;
v[2]:=<1|0|2>;
v[3]:=<0|1|-1>;
v[1]+v[2];
evalm(3*v[1]);
evalm(3*v[1]+4*v[2]);
```

Para vetores coluna, opere naturalmente:

```
w[1]:=<1,-1,2>;w[2]:=<1,0,2>;
w[1]+w[2];
3*w[1];
3*w[1]+4*w[2];
```

3. Produto por Escalar

A multiplicação de um escalar por um vetor pode ser facilmente realizada:

```
v[1]:=vector([1,-1,2]);
v[2]:=vector([1,0,2]);
v[3]:=vector([0,1,-1]);
evalm(2*v[1]);
evalm(5*v[3]);
```

$$[0, 5, -5]$$

Visualizando o produto por um escalar positivo:

```
vetor1 := arrow([0, 0], [2, 3], .1, .2, .1, color=green):
vetor2 := arrow([0, 0], [3*2, 3*3], .1, .2, .1, color=red):
display(vetor1,vetor2, axes=FRAME, title="escalar positivo");
```

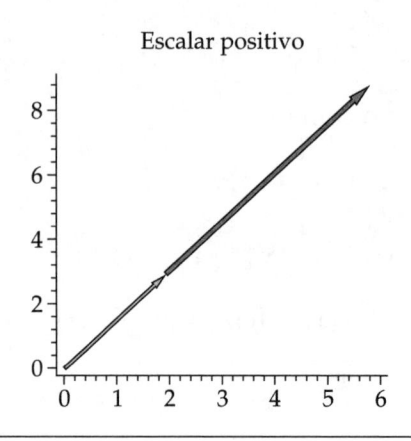

Figura 7.5

Visualizando o produto por um escalar negativo:

```
vetor1 := arrow([0, 0], [2, 3], .1, .2, .1, color=green):
vetor2 := arrow([0, 0], [-3*2, -3*3], .1, .2, .1,
color=red):
display(vetor1,vetor2, title="escalar negativo");
```

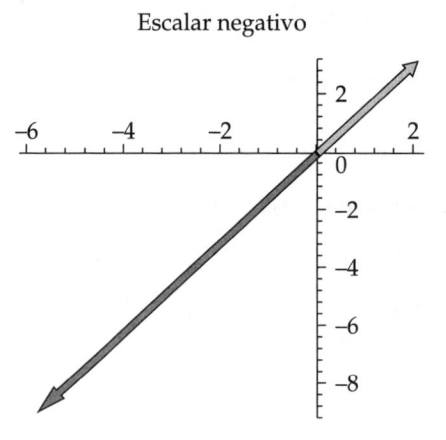

Figura 7.6

Capítulo 7   Noções de Álgebra Linear Computacional | 191

4. Produto Interno

O produto interno é uma operação entre dois vetores, que resulta um número real.

```
restart:with(linalg):
v[1]:=vector([1,-1,2]);
v[2]:=vector([1,0,2]);
v[3]:=vector([0,1,-1]);
```

$$5$$

```
dotprod(v[1],v[2]);
v[1]:=<1|-1|2>;
v[2]:=<1|0|2>;
v[3]:=<0|1|-1>;
dotprod(v[1]+v[2],v[3]);
```

$$-5$$

Exemplo 3   Determine x de modo que os vetores sejam ortogonais. Atenção: o Maple trabalha com a definição de produto interno no corpo dos números complexos, por isso aqui aparece o conjugado de x.

```
u[1]:=<1|-2|x>;
u[2]:=<x|4+x|2>;
dotprod(u[1],u[2])=0;fsolve(%,x);
w[1]:=<a|b|c>;
dotprod(w[1],w[1]);
```

5. Produto Vetorial

```
restart:with(linalg):with(plottools):with(plots):
```

Na Seção 1.8, foi definido que dados dois vetores, v_1 e v_2, o produto vetorial $v_1 \times v_2$ é o vetor ortogonal aos dois vetores simultaneamente.

```
v1 := vector([1,-1,2]);
v2 := vector([-1,0,1]);
w:=crossprod(v1,v2);
type(%,vector);
```

$$w := [-1, -3, -1]$$

Para checar que esse vetor é ortogonal a v_1 e v_2, basta calcular o produto interno.

```
dotprod(vector([1,-1,2]),w); dotprod(vector([-1,0,1]),w);
```

$$0$$
$$0$$

Agora, vamos ilustrar o produto vetorial entre dois vetores no espaço. Sejam v_1 e v_2 dois vetores no espaço, o vetor "colorido" é o vetor perpendicular aos dois vetores dados.

```
vetor1:= arrow([0, 0,0],[3, 0,0],       .2, .3, .1,
color=yellow):
vetor11:= arrow([0, 0,0], [0, 3,0],       .2, .3, .1,
color=blue):     vetor111:= arrow([0, 0,0], [0, 0,9],
.2, .3, .1, color=red):display(vetor1,vetor11,vetor111,
axes=FRAME);
```

Outro exemplo: O vetor vermelho é ortogonal aos vetores v1 e v11.

```
vetor1:= arrow([0, 0,0],[-3, 1,2],       .2, .4, .1,
color=yellow):
vetor11:= arrow([0, 0,0], [1, -3,1],       .2, .4, .1,
color=blue):     vetor111:= arrow([0, 0,0], crossprod
([-3, 1,2],[1, -3,1]),    .2, .4, .1, color=red):
display(vetor1,vetor11,vetor111, axes=FRAME);
```

6. Produto Misto

O produto misto foi introduzido na Seção 1.9. A principal interpretação para o produto misto é o volume do paralelepípedo formado pelos vetores. Mais precisamente, o valor absoluto do produto misto é o volume do paralelepípedo formado pelos três vetores.

Sejam os vetores $v_1 = (1, 0, 0)$, $v_2 = (0, 1, 0)$ e $v_3 = (0, 0, 2)$. Determine o volume do paralelepípedo formado pelos vetores.

```
v[1]:=<1|0|0>;v[2]:=<0|1|0>;v[3]:=<0|0|2>;
m:=abs(dotprod(v[3],crossprod(v[1],v[2])));
```

$$m:=2$$

O seguinte procedimento no Maple calcula o produto misto entre três vetores dados.

O comando **stackmatrix** cria uma nova matriz a partir de matrizes dadas.

```
produtomisto := proc(u::vector, v::vector, w::vector)
local misto;
misto:= stackmatrix(u, v, w);
det(misto);
end:
```

```
u := vector([1,0,0]); v := vector([0,1,0]); w:= vector
([0,0,2]);
produtomisto(u, v, w);
```

$$2$$

Calculando o produto misto entre os vetores $u := vector[1,-1,0]$; $v := vector[0,1,1]$ e $w := vector[3,9,2]$:

```
u := vector([1,-1,0]); v := vector([0,1,1]); w:= vector
([3,9,2]);
produtomisto(u, v, w);
```

$$-10$$

7.3 Retas e Planos

1. Retas e Planos

O Maple 15 possui uma biblioteca chamada **geom3d** com funções que permitem trabalhar com retas e planos no espaço. Além disso, as bibliotecas **plots** e **plottools** possibilitam esboçar gráficos no plano e no espaço.

Para iniciar a sua utilização, execute as instruções seguintes:

```
restart: with(plots): with(plottools): with(linalg):
with(geom3d):
```

Em muitas situações necessitamos *plotar* gráficos de funções definidas implicitamente. A representação de gráficos de funções implícitas é feita usando-se a instrução **implicitplot**, no plano, e **implicitplot3d**, no espaço.

Para obtermos o gráfico da reta de equação $x - 3y + 5 = 0$ no plano, usamos a instrução seguinte:

```
implicitplot(x-3*y+5,x=-10..10,y=-10..10, scaling =
constrained);
```

Para obtermos o gráfico do plano com equação $x + y - 6y - 10 = 0$, no espaço, usamos a seguinte instrução:

```
implicitplot3d(x+y-6*z-10,x=-10..10,y=-10..10,z=-10..10,
style=line,axes=boxed,style = patchnogrid,shading =
zgrayscale, lightmodel=light2,scaling=constrained);
```

No comando *implicitplot3D*, a opção **style** define o estilo como se apresenta à superfície. Podem tomar os valores: *point, hidden, patch, wireframe, contour, patchnogrid, patchcontour* e *line*. O padrão é o estilo *patch*.

A opção **axes** define o tipo de eixos do gráfico. Essa opção pode tomar os valores: *boxed, normal, frame, none*. Na opção-padrão, o Maple usa *none*. A opção **scaling** dimensiona o gráfico e pode tomar dois valores: *constrained* e *unconstrained*. O padrão, se não for especificado, é *unconstrained*. É válido o mesmo tipo de opções na instrução *implicitplot*, no plano. No espaço, pode-se ainda mudar a posição relativa do gráfico, clicando com o botão esquerdo do mouse e movendo-o.

Podemos representar o gráfico de duas funções implícitas simultaneamente. Para isso, temos de escrever as equações que as definem entre { }. Por exemplo, para representarmos simultaneamente o plano de equação $x+y-3z-2=0$ e a esfera de equação $x^2+y^2+z^2=3$, usamos a seguinte instrução:

```
implicitplot3d({x+y-3*z-2,x^2+y^2+z^2=3},x=-3..3,y=
-3..3,z=-3..3,axes=boxed,style = patchnogrid,shading=
zgrayscale, lightmodel=light2,scaling=constrained);
```

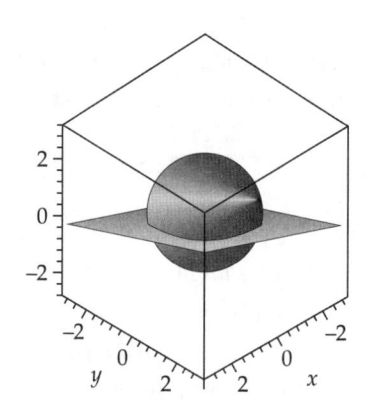

Figura 7.7

O pacote **geom3d** possui funções que criam objetos geométricos no espaço, como planos, retas e pontos.

Por exemplo:

point(A,a,b,c) cria o ponto *A* de coordenadas (*a,b,c*);

plane (p,eq,[x,y,z]) cria o plano *p* de equação *eq*;

line(r,[A,B]) cria a reta *r* que passa pelos pontos *A* e *B*;

line(r,[A,v]) cria a reta *r* que passa pelo ponto *A* e tem a direção do vetor *v*;

line(r,[A,p]) cria a reta *r* que passa pelo ponto *A* e é perpendicular ao plano *p*;

line(r,[p1,p2]) cria a reta *r* que é a interseção dos planos *p1* e *p2*;

line(r,[a1+b1*t,a2+b2*t,a3+b3*t],t) cria a reta *r* de equações paramétricas:

$$x = a1 + b1t$$
$$y = a2 + b2t$$
$$z = a3 + b3t$$

Utilize o **help** para esse pacote e conheça outras funções, digitando a instrução:

```
?geom3d;
```

Existem funções que nos dão informações sobre os objetos geométricos já criados. Por exemplo:

Equation(p) apresenta a equação de *p*, onde *p* é um plano definido pela instrução dada anteriormente.

Equation(r,'t') apresenta as equações paramétricas da reta *r*, em função do parâmetro *t*, onde *r* é uma reta definida por uma das instruções dadas anteriormente.

detail(q) apresenta as características de *q*, onde *q* é um objeto geométrico definido por uma das instruções dadas anteriormente.

Exemplo 4 Como no Exemplo 2.11, defina os planos p1 e p2 de equações $3x-y + z = 0$ e $x + 2y - z = 0$, respectivamente:

```
plane(p1,3*x-1*y+z=0,[x,y,z]);
Equation(p1);#utilizando os recursos do Maple
plane(p2,x+2*y-z=0,[x,y,z]);
implicitplot3d(Equation(p1),x=-10..10,y=-10..10,z=
-10..10,style = patchnogrid,shading=zgrayscale,
lightmodel=light2,axes=boxed);
implicitplot3d(Equation(p2),x=-10..10,y=-10..10,z=
-10..10,style = patchnogrid,shading=zgrayscale,
lightmodel=light2,axes=boxed);
```

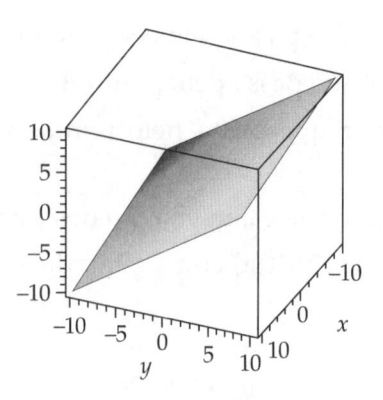

Figura 7.8

Podemos representar os dois gráficos simultaneamente, utilizando a seguinte instrução:

```
implicitplot3d({Equation(p1),Equation(p2)},x=
-10..10,y=-10..10,z=-10..10,style = patchnogrid,
shading=zgrayscale, lightmodel=light2,axes=boxed);
```

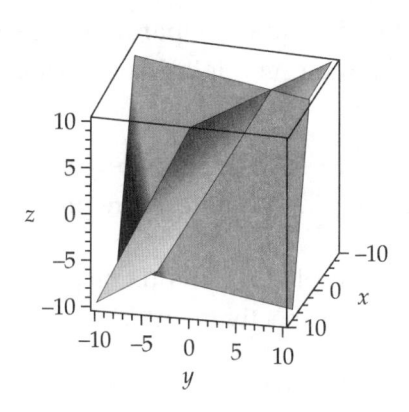

Figura 7.9

Outra maneira de esboçar os gráficos simultaneamente, de dois ou mais objetos geométricos no espaço, é criar primeiro uma instrução que gera e guarda cada um dos gráficos. Em seguida, executarmos o comando **display3d** que apresenta os gráficos criados. Por exemplo, podemos criar a estrutura geométrica **plotp1**, que guarda o gráfico da equação do plano p1, e a estrutura geométrica **plotp2**, que guarda o gráfico da equação do plano p2.

```
plotp1:=implicitplot3d(Equation(p1),x=-10..10,y=-10..10,
z=-10..10,shading=zgrayscale, lightmodel=light2):
plotp2:=implicitplot3d(Equation(p2),x=-10..10,y=-10..10,
z=-10..10,shading=zgrayscale, lightmodel=light2):
display3d([plotp1,plotp2],style = patchnogrid,
shading= zgrayscale, lightmodel=light2,scaling=
constrained,axes=boxed);
```

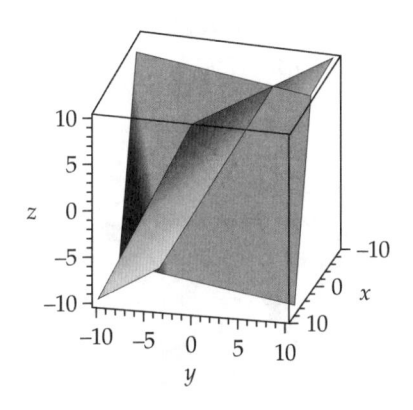

Figura 7.10

Vamos denotar por *r* a reta dada pela interseção dos planos p1 e p2:

```
line(r,[p1,p2]);
```

As equações paramétricas da reta são dadas pela instrução:

```
Equation(r,'t');
```

A representação gráfica de uma reta pode ser feita por meio da representação de um segmento de reta que une dois pontos dessa reta. Para isso, precisamos determinar dois de seus pontos.

Vamos utilizar as equações paramétricas de *r* que obtivemos anteriormente e substituir *t* por 1 e –1.

Assim, se (–1, 4, 7) e (1, –4, –7) são dois pontos da reta *r*, vamos definir uma estrutura geométrica que represente a reta que passa por esses dois pontos. Se considerarmos pontos com duas coordenadas, essa instrução define um segmento de reta no plano.

```
plotr:=plottools[line]([-1,4,7],[1,-4,-7],thickness=2,
color=green):
display3d([plotr],shading=zgrayscale, lightmodel=light2,
scaling=constrained,axes=boxed);
```

Agora, vamos representar os planos e a reta no mesmo gráfico, para podermos visualizar a reta como interseção dos dois planos.

```
display3d({plotp1,plotp2,plotr},style = patchnogrid,
shading=zgrayscale, lightmodel=light2,scaling=
constrained,axes=boxed);
```

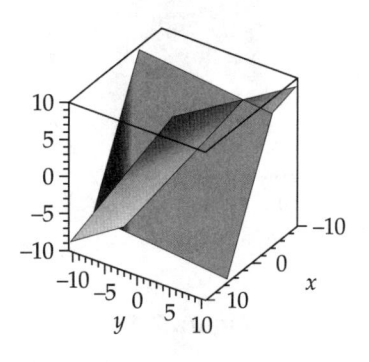

Figura 7.11

Podemos tomar facilmente a reta m que passa pelo ponto (0, 0, 0) e é perpendicular ao plano p1:

```
point(A,0,0,0);
line(m,[A,p1]);
Equation(m,'t');
```

Comando análogo para planos.

```
Equation(p1,[x,y,z]);
```

Vamos representar simultaneamente o plano p1 e a reta m (de fato, um segmento da reta m determinada por (9, –3, 3) e (0, 0, 0), que são dois pontos da reta).

```
plotm:=plottools[line]([0,0,0],[9,-3,3],thickness=2,
color=red):
display3d({plotm,plotp1},style = patchnogrid,
shading=zgrayscale, lightmodel=light2,scaling=
constrained,axes=boxed);
```

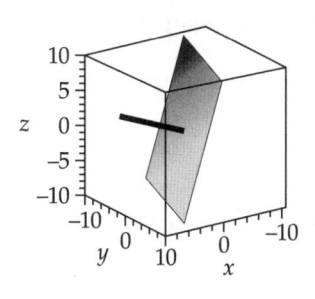

Figura 7.12

Outro exemplo: Dados os planos p1 e p2, o Maple determina as equações paramétricas da reta que é a interseção deles.

```
plane(p1,4*x+4*y-5*z=12,[x,y,z]):
plane(p2,8*x+12*y-13*z=32,[x,y,z]):
line(l,[p1,p2]);
Equation(l,'t');
```

Tendo estabelecido uma base ortonormal para o espaço, pudemos deduzir diversas fórmulas, entre elas, a distância entre pontos e ângulos entre vetores.

2. Distância entre Pontos

`restart:with(linalg):`

Sejam $P = (x_1, y_1, z_1)$ e $Q = (x_2, y_2, z_2)$ dois pontos. A distância entre ele é dada por:

$$d(P,Q) = \sqrt{|x_1 - x_2|^2 + |y_1 - y_2|^2 + |z_1 - z_2|^2}.$$

O Maple tem um comando para determinar a distância entre dois pontos:
norm(Q-P,2);

Vejamos alguns exemplos:

```
P:=[a,b,c];Q:=[0,0,0];
norm(Q-P,2);
P:=[x[1],y[1],z[1]];Q:=[x[2],y[2],z[2]];
d(P,Q):=norm(Q-P,2);
```

Podemos escrever um procedimento para calcular a distância entre dois pontos P e Q. É o que apresentamos a seguir.

```
Distancia:=proc(P,Q) local v; v:=evalm(P-Q);print
(norm(P-Q,2));end;
Distancia(P,Q);
```

$$\sqrt{|x_1 - x_2|^2 + |y_1 - y_2|^2 + |z_1 - z_2|^2}$$

```
P:=[1,2,3];Q:=[4,1,1];
Distancia(P,Q);
```

$$\sqrt{14}$$

```
P:=[-1,1,-1];Q:=[-1,1,1];
Distancia(P,Q);
```

3. Distância entre Ponto e Plano Dado em Coordenadas Cartesianas

Dado um plano π de coordenadas cartesianas $ax + by + cz + d = 0$ e um ponto $P = (x_0, y_0, z_0)$, a distância do ponto P ao plano π é dada por:

$$d(P,\pi) = \frac{|ax_0 + by_0 + cz_0 + d|}{\sqrt{a^2 + b^2 + c^2}}.$$

Vejamos um exemplo:

```
alpha:=1*x-2*y+3*z+5=0; P:=[1,-1,2];
'd(P,alpha)'= abs(1*1+(-2)*(-1)+3*2+5)/sqrt(1^2+
(-2)^2+3^2);
```

$$d(P,\alpha) = \sqrt{14}$$

Determine o ponto $P = (x,x,x)$ que está distante do plano α dado anteriormente uma unidade de comprimento. Devemos ter $d(P,\alpha)$, logo,

```
P:=([x,x,x]);
abs(1*x+(-2)*(x)+3*x+5)/sqrt(1^2+(-2)^2+3^2)=1;
```

$$\frac{1}{14}|2x+5|\sqrt{14} = 1$$

Agora é só resolver a equação para obter $x = -\dfrac{5}{2} - \dfrac{14^{\frac{1}{2}}}{2}$ ou $x = -\dfrac{5}{2} + \dfrac{14^{\frac{1}{2}}}{2}$

```
solve(abs(2*x+5)=14/sqrt(14));
```

4. Distância entre Ponto e Plano Dado pela sua Equação Vetorial

Consideremos o plano α dado por $X = A + tu + sv$, onde A é um ponto do plano e u e v são vetores paralelos (diretores) do plano.

```
restart:with(linalg):
Distancia:= proc(P, A,u,v) local w; w:= crossprod(u,v);
abs(dotprod(P-A, w))/sqrt(dotprod(w,w));
end:
```

Exemplo 5 Considere o plano dado por $X = A + tu + sv$ e o ponto P dados abaixo, determine a distância entre o ponto e o plano.

```
P:=[1,2,3]:A:= [-1,1,2]:u:=[1,-1,1]:v:=[1,-2,2]:
Distancia(P,A,u,v);
```

5. Ângulo entre dois Planos

```
with(linalg):
```

Como vimos na Seção 2.3, se o plano α é dado por $a_1 x + a_2 y + a_3 z = c$ e o plano β é dado por $b_1 x + b_2 y + b_3 z = d$, então o ângulo entre os dois planos é dado por:

$$\cos(\alpha,\beta) = \dfrac{|a_1 b_1 + a_2 b_2 + a_3 b_3|}{\sqrt{a_1^2 + a_2^2 + a_3^2}\sqrt{b_1^2 + b_2^2 + b_3^2}}.$$

Exemplo 6 Como no Exemplo 2.6, determine o ângulo entre os planos $x + y + z = 0$ e $x - y - z = 0$:

```
a:=vector([1,1,1]);
b:=vector([1,-1,-1]);
cos(alpha,beta):=abs(dotprod(a,b))/(sqrt(dotprod(a,a))*
sqrt(dotprod(b,b)));
```

$$\cos(\alpha,\beta) = \dfrac{1}{3}$$

```
arccos(%);
```

$$arc\cos\left(\dfrac{1}{3}\right)$$

```
evalf(%);
```

$$1.230959417$$

Exercício 1 Determine o ângulo entre os planos:

$$-y + 1 = 0 \text{ e } y - z + 2 = 0.$$

```
a:=vector([0,-1,0]);
b:=vector([0,1,-1]);
cos(alpha,beta):=abs(dotprod(a,b))/(sqrt(dotprod(a,a))*
sqrt(dotprod(b,b)));
arccos(%);
```

6. Ângulo entre duas Retas

```
restart:with(linalg):
```

Para determinar o ângulo entre duas retas, utilizamos vetores paralelos (diretores). Sejam r_1 e r_2 duas retas com vetores paralelos u e v, respectivamente, sendo $u = [a_1, a_2, a_3]$ e $v = [b_1, b_2, b_3]$, então o ângulo entre r_1 e r_2 é dado por:

$$\cos(r_2, r_2) = \frac{|a_1 b_1 + a_2 b_2 + a_3 b_3|}{\sqrt{a_1^2 + a_2^2 + a_3^2} \sqrt{b_1^2 + b_2^2 + b_3^2}}.$$

Exemplo 7 Como visto no Exemplo 2.13, o vetor $u = [0,1,1]$ é paralelo à reta r e o vetor $u = [2,-1,3]$ é paralelo à reta s. Então, o ângulo é dado por:

```
u := vector([0, 1, 1]);
v := vector([2, -1, 3]);
cos(r,s) := abs(dotprod(u,v))/(sqrt(dotprod(u,u))*sqrt
(dotprod(v,v)));
```

$$\cos(r,s) = \frac{\sqrt{2}\sqrt{14}}{14}$$

```
simplify(%);
```

$$\frac{\sqrt{7}}{7}$$

7. Distância entre Ponto e Reta

Dados um ponto P_0 e uma reta r paralela ao vetor v. A reta perpendicular a r passando por P_0 e cruzando a reta r em um ponto P. A distância entre o ponto e a reta r é dada pelo comprimento entre os pontos P_0 e P.

Na Seção 2.7, mostramos que:

$$d(P_0, r) = \frac{\left\| \overrightarrow{P_0 P} \times v \right\|}{\|v\|}.$$

O seguinte procedimento determina a distância entre um ponto e uma reta.

```
with(linalg):
distanciapontoreta:= proc(v::vector, P0::vector,P1::
vector) local d; d:=norm((crossprod(evalm(P0-P1),v),2))/
norm(v,2); print(`A distancia do ponto P0 a reta é
d`=d); end:
```

Exemplo 8 Como no Exemplo 2.15, calcule a distância do ponto $P0(1, -1, 2)$ à reta dada por:

$$\begin{cases} x = 1 + 2t \\ y = -t \\ z = 2 - 3t \end{cases}$$

A reta passa pelo ponto $P_1(1, 0, 2)$ e é paralela ao vetor $v = (2, -1, -3)$. Vamos fornecer esses dados:

```
v:= vector([2,-1,-3]); P1:= vector([1,0,2]); P0:=vector
([1,-1,2]);
distanciapontoreta(v,P0,P1);
```

$$A \text{ distância do ponto P0 à reta é } d = \frac{\sqrt{13}\sqrt{14}}{14}$$

8. Distância entre duas Retas

Na Seção 2.8, mostramos que dadas duas retas quaisquer r_1 e r_2, existe uma reta r perpendicular a essas duas retas. A reta r cruza a reta r_1 em um ponto A_1 e a reta r_2 em um ponto A_2. A distância entre as retas r_1 e r_2 é a distância entre os pontos A_1 e A_2. Provamos que a distância entre as retas é dada pela igualdade:

$$d(r_1, r_2) = \frac{\left\| \overrightarrow{P_1 P_2} \times (\overrightarrow{v_1} \times \overrightarrow{v_2}) \right\|}{\left\| \overrightarrow{v_1} \times \overrightarrow{v_2} \right\|}.$$

O seguinte procedimento calcula a distância entre duas retas. Para isso, basta fornecer os vetores paralelos às retas, u e v, e pontos (P e Q) pertencentes a cada uma das retas dadas. Note que o procedimento não verifica se as retas são paralelas; nesse caso, o produto vetorial entre os vetores será nulo, causando divisão por zero.

```
with(linalg):
distanciaretas:= proc(u::vector, v::vector, P::vector,
Q::vector) local d,M;
M:= stackmatrix(evalm(Q-P), u,v);d:=abs(det(M))/norm
((crossprod(u,v),2)); print(`A distancia entre as retas
é d`=d); end:
```

Exemplo 9 Como no Exemplo 2.18, considere a reta r_1 dada por r_1: $\dfrac{x+1}{3} = \dfrac{y-1}{2} = z$ e reta r_2 dada por:

$$\begin{cases} x = t \\ y = 2t \\ z = 1-t. \end{cases}$$

As retas são paralelas aos vetores $u = (3, 2, 1)$ e $v = (1, 2, -1)$, respectivamente, sendo o ponto $P(-1, 1, 0)$ um ponto da reta r_1 e $Q(0, 0, 1)$ ponto da reta r_2.

Fornecendo esses dados, podemos determinar:

```
u := vector([3,2,1]); v := vector([1,2,-1]); P:= vector
([-1,1,0]); Q:=vector([0,0,1]);evalm(Q-P);
distanciaretas(u,v,P,Q);
```

$$A\ distância\ entre\ as\ retas\ é\ d = \frac{\sqrt{3}}{3}.$$

9. Interseção de Planos

Vamos ilustrar geometricamente o Exemplo 2.19, em que determinamos a interseção de três planos.

```
restart: with(plots): with(plottools): with(linalg):
with(geom3d):
plane(p1,x+y+z=0,[x,y,z]);
plane(p2,x+2*y+z-1=0,[x,y,z]);
plane(p3,x+y+3*z-2=0,[x,y,z]);
plotp1:=implicitplot3d(Equation(p1),x=-10..10,y=-10..10,
z=-10..10,shading=zgrayscale, lightmodel=light2):
plotp2:=implicitplot3d(Equation(p2),x=-10..10,y=-10..10,
z=-10..10,shading=zgrayscale, lightmodel=light2):
```

```
plotp3:=implicitplot3d(Equation(p3),x=-10..10,y=-10..10,
z=-10..10,shading=zgrayscale, lightmodel=light2):
display3d([plotp1,plotp2,plotp3],style = patchnogrid,
shading=zgrayscale, lightmodel=light2,scaling=
constrained,axes=boxed);
```

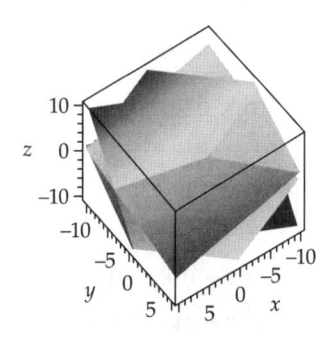

Figura 7.13

10. Regra de Cramer

O determinante desempenha papel fundamental na matemática. Mas, computacionalmente, calcular um determinante utilizando a sua definição pode ser muito trabalhoso, pois, na prática, é comum nos depararmos com matrizes de grande porte. Suponha que desejamos calcular o determinante de uma matriz de ordem 50. Para isso, devemos efetuar 50!–operações. Se um computador realizasse um trilhão de operações por segundo, faria todas em aproximadamente $0,96 \times 10^{45}$ segundos, cerca de quatro vezes a idade da Terra. Por isso, é importante conhecer as propriedades dos determinantes e outros resultados para otimizar os cálculos de determinantes.

O Maple tem rotinas para calcular o determinante de uma matriz. O algoritmo utilizado para o cálculo do determinante usa o método da eliminação de Gauss para triangularizar a matriz. O determinante de uma matriz triangular é o produto dos elementos da diagonal principal.

A regra de Cramer aplica-se apenas a sistemas de equações lineares quadrados e com determinante principal diferente de zero.

Vamos ilustrar o Exemplo 2.19 em que determinamos a interseção de três planos.

```
restart: with(plots): with(plottools): with(linalg):
with(geom3d):
plane(p1,x+y+z=0,[x,y,z]);Equation(p1,[x,y,z]);
plane(p2,x+2*y+z-1=0,[x,y,z]);Equation(p2,[x,y,z]);
plane(p3,x+y+3*z-2=0,[x,y,z]);Equation(p3,[x,y,z]);
```

Para decidir se três planos se cruzam em um ponto, devemos calcular o produto misto entre os vetores normais desses planos. Os seguintes vetores são vetores ortogonais aos planos dados:

```
u := vector([1,1,1]); v := vector([1,2,1]); w:= vector
([1,1,3]);
A:= stackmatrix(u, v, w);
det(A);
```

Como o determinante é não-nulo, os planos se cruzam em um único ponto. Qual é o ponto?

Para responder a essa pergunta, devemos resolver o seguinte sistema de equações lineares:

$$\begin{cases} x+y+z=0 \\ x+2y+z=1 \\ x+y+3z=2, \end{cases}$$

cujas soluções são dada pela regra de Cramer por:

$$x = \frac{\begin{vmatrix} 0 & 1 & 1 \\ 1 & 2 & 1 \\ 2 & 1 & 3 \end{vmatrix}}{\begin{vmatrix} 1 & 1 & 1 \\ 1 & 2 & 1 \\ 1 & 1 & 3 \end{vmatrix}} = -2,\ y = \frac{\begin{vmatrix} 1 & 0 & 1 \\ 1 & 1 & 1 \\ 1 & 2 & 3 \end{vmatrix}}{\begin{vmatrix} 1 & 1 & 1 \\ 1 & 2 & 1 \\ 1 & 1 & 3 \end{vmatrix}} = -1\ e\ z = \frac{\begin{vmatrix} 1 & 1 & 0 \\ 1 & 2 & 1 \\ 1 & 1 & 2 \end{vmatrix}}{\begin{vmatrix} 1 & 1 & 1 \\ 1 & 2 & 1 \\ 1 & 1 & 3 \end{vmatrix}} = 1.$$

Vamos entrar com os dados para realizar as contas com o Maple.

```
u := vector([1,1,1]); v := vector([1,2,1]); w:= vector
([1,1,3]); d:=vector([0,1,2]);
x:=det(stackmatrix(d, v, w))/det((stackmatrix(u, v, w)));
y:=det(stackmatrix(u, d, w))/det((stackmatrix(u, v, w)));
z:=det(stackmatrix(u, v, d))/det((stackmatrix(u, v, w)));
```

Podemos escrever um procedimento para resolver diretamente o sistema de equações lineares. Note que o procedimento não verifica se os planos se cruzam ou não. Se o determinante principal for nulo, o Maple acusará um erro de divisão por zero.

```
interplanos:= proc(u::vector, v::vector, w::vector, d::
vector) local P,p,x,y,z;
P:= stackmatrix(u, v, w);
```

```
p:=det(P); if p = 0 then print(`O determinante principal é
nulo`) else x:=det(stackmatrix(d, v, w))/p: y:=det (snack
matrix(u, d, w))/p:z:=det(stackmatrix(u, v, d))/ p: print
(`Os planos se cruzam no ponto P`,[(x,y,z)]) fi end:
```

Vamos aplicar o procedimento ao Exemplo 2.19.

```
u := vector([1,1,1]); v := vector([1,2,1]); w:= vector
([1,1,3]); d:=vector([0,1,2]);
```

$$u := [1,1,1]$$
$$v := [1,2,1]$$
$$w := [1,1,3]$$
$$d := [0,1,2]$$

```
interplanos(u, v, w,d);
```

Os planos se cruzam no ponto P(–2, 1, 1)

No Exercício 10(a), da Seção 2.9, temos os seguintes vetores normais aos planos dados:

```
u := vector([2,1,1]); v := vector([1,3,1]); w:= vector
([1,1,4]); d:=vector([1,2,3]);
interplanos(u, v, w,d);
```

Os planos se cruzam no ponto $P\left(\dfrac{-1}{17}, \dfrac{8}{17}, \dfrac{11}{17}\right)$.

11. Relembrando Determinantes

Antes de continuar, relembre a Seção 1.9 e o seu Exercício 13. Consideremos um sistema $AX = B$ de equações lineares. Vamos **rever** como calcular o determinante da matriz A de diversas ordens.

```
with(linalg):A:= matrix([ [a11,a12],[a21,a22] ]);
det(A);
B:= matrix([ [a11,a12,a13],
             [a21,a22,a23],[a31,a32,a33] ]);
det(B);
```

Proposição 1 Se uma matriz quadrada $n \times n$ A tem uma linha ou coluna nula, então seu determinante é zero.

```
A0:=matrix([ [a11,a12],
             [0,    ,0]]);
det(A0);
```

Proposição 2 Seja A uma matriz quadrada triangular superior. Então, o seu determinante é o produto dos elementos da diagonal.

```
U:=matrix([   [a11,a12,a13],
              [  0,a22,a23],
              [  0,  0,a33] ]);
det(U);
```

Proposição 3 Se E é uma matriz elementar $n \times n$ e A é uma matriz $n \times n$, então:
$$\det(EA) = \det(E)\det(A).$$

Corolário Sejam A e B matrizes $n \times n$.

(a) Se B é obtida adicionando um múltiplo de uma linha de A à outra linha de A, então:
$$\det(A) = \det(B).$$

(b) Se B é obtida multiplicando uma linha de A por um numero λ, então:
$$\det(B) = \lambda \det(A).$$

(c) Se B é obtida de A permutando duas linhas, então $\det(B) = -\det(A)$.

```
B:=addrow( A,1,2,m);
simplify( det(B)-det(A) );
 B:=mulrow(A, 1, m);
   simplify( det(B)-m*det(A) );
```

Algumas conseqüências do corolário.

Proposição 4 Se A é uma matriz n por n, então $\det(kA) = k^n \det(A)$.

```
simplify( det(k*A)  -  k^2*det(A) );
```

Utilizaremos nesta seção o Exercício 11, da Seção 5.10.

12. O Pacote Student

O pacote *Student* é uma coleção de subpacotes desenvolvidos para facilitar o ensino e a aprendizagem da matemática. É composto pelos subpacotes:

Calculus1	cálculo de uma variável
LinearAlgebra	álgebra linear
MultivariateCalculus	cálculo de várias variáveis
Precalculus	pré-cálculo
VectorCalculus	cálculo vetorial

Vamos usar o subpacote de álgebra linear. Para outras informações, clique no comando descrito a seguir:

```
?Student;
with(Student[LinearAlgebra]):
```

O comando **VectorSumPlot** mostra a soma de uma coleção de vetores. Nas ilustrações a seguir, o vetor em preto é a soma dos vetores.

```
VectorSumPlot(<1,2>,<1,-1>);
```

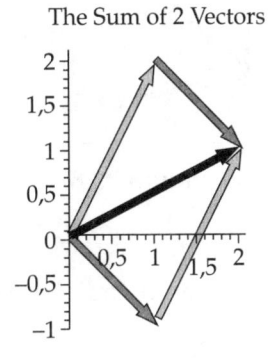

Figura 7.14

```
VectorSumPlot(<3,4>,<2,-2>,<0,6>);
```

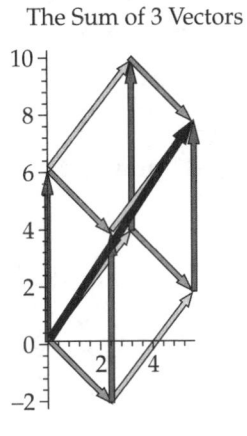

Figura 7.15

No espaço, o vetor em preto ilustra a soma dos vetores.

`VectorSumPlot(<1,0,0>,<0,1,0>,<0,0,1>);`

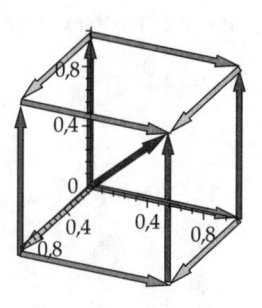

Figura 7.16

Podemos obter uma animação da adição. Veja o exemplo:

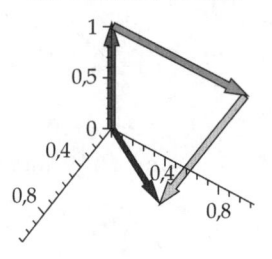

`VectorSumPlot(<1,0,0>,<0,1,0>,<0,0,1>, output=animation);`

Figura 7.17

O pacote **LinearAlgebra** também ilustra o produto vetorial.

`CrossProductPlot( <1,0,0>, <0,1,0);`
`CrossProductPlot( <0,1,0>, <0,0,1);`

Podemos visualizar o plano dado por um de seus pontos e o seu vetor normal. O comando **PlanePlot** faz essa tarefa.

Veja o exemplo: o plano que passa pelo ponto (–1, –1, –1) e tem o vetor normal (–1, 1, 1).

```
PlanePlot( <-1,1,1>, <-1,-1,-1);
```

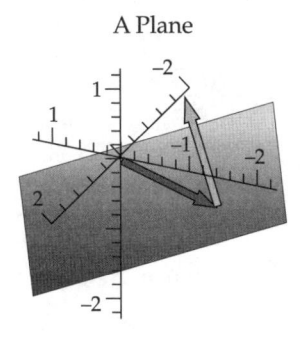

Figura 7.18

Para ver uma base de vetores para o plano, use a opção **showbasis**.

```
PlanePlot( <-1,1,1>, <-1,-1,-1>, showbasis );
```

Obter projeção de vetores sobre retas e planos é uma importante operação que estamos sempre utilizando. Para visualizar a projeção usamos o comando **ProjectionPlot**. Vejamos um exemplo de projeção de vetor sobre uma reta.

```
ProjectionPlot( <1,2>, <-1,3);
```

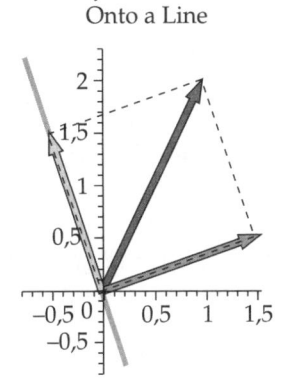

Figura 7.19

Um vetor ou lista de vetores pode ser projetado sobre um plano.

```
ProjectionPlot( <2,-1,3>, {<1,1,1>, <-1,1,1>}, showbasis );
```

The Projection of a Vector
Onto a Plane

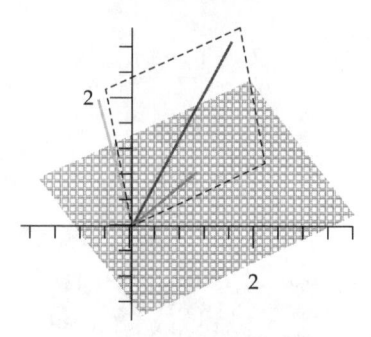

Figura 7.20

7.4 Cônicas e Quádricas

1. Cônicas

Vimos, na Seção 3.1, as definições das cônicas. As cônicas são curvas planas obtidas pela interseção de um cone circular reto, com um único plano. A inclinação do plano com relação ao eixo de simetria do cone determinará os diversos tipos de curvas. Essas curvas são denominadas *cônicas*. São elas: círculo, elipse, parábola e hipérbole.

Nesta seção, vamos visualizar essas interseções de diversas formas. No Maple, clique sobre a figura para movimentá-la.

```
restart:
with(plots):
```

A Elipse

Uma **elipse** é o conjunto dos pontos $P(x, y)$ do plano, tais que a soma das distâncias de P a dois pontos fixos F_1 e F_2 situados no mesmo plano seja constante. Os pontos F_1 e F_2 são os focos da elipse.

Como foi dito antes, a elipse pode ser obtida pela interseção de um cone circular reto com um plano inclinado com relação à base do cone. A elipse é obtida interceptando o cone por um plano que corte o eixo do cone. Primeiro, vamos visualizar um cone duplo.

```
display([cylinderplot( [r,theta,r],r = 0..6, theta=0..2*Pi,
style = patchnogrid), cylinderplot( [r,theta,-r],r =
0..6, theta=0..2*Pi, style =
patchnogrid,shading=zgrayscale, lightmodel=light2)],
orientation = [25,75] , title=`Cone duplo`);
```

Capítulo 7 NOÇÕES DE ÁLGEBRA LINEAR COMPUTACIONAL | 213

Cone duplo

Figura 7.21

O caso mais simples de interseção de um cone com um plano é quando o plano passa através do eixo de simetria do cone. Nesse caso, a interseção assume uma forma especial de elipse que é um par de retas.

```
display([cylinderplot( [r,theta,r],r = 0..6, theta=0..2*Pi,
style = patchnogrid), cylinderplot( [r,theta,-r],r =
0..6, theta=0..2*Pi, style = patchnogrid), spacecurve
([ t,0,  t], t=-6..6, color = red),spacecurve([ t,0, -t],
t=-6..6, color = black), implicitplot3d( y = 0 ,x=-6..6,
y=-6..6, z=-6..6,style=patchnogrid, shading=zgrayscale,
lightmodel=light2)], orientation = [25,75],title=`plano
passando pelo eixo de simetria do cone:duas retas` );
```

Plano passando pelo eixo de simetria

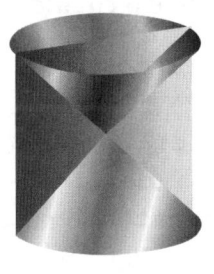

Figura 7.22

Considere um plano inclinado com relação à base de um cone circular. O plano inclinado corta o cone sendo a interseção uma elipse. Se o plano que corta o cone é perpendicular ao eixo de simetria do cone, obtemos um **círculo**.

```
display([ spacecurve( [ (4/sqrt(3))*cos(x),(8/3)*sin(x)
-4/3,2-(1/2)*((8/3)*sin(x)-4/3), x = 0..2*Pi],color =
black,thickness = 3 ), implicitplot3d( z = 2 - (1/2)*y,
x=-5..5, y= -5..3,z=-5..5, style=patchnogrid), cylinderplot
( [r,theta,r],r = 0..5, theta=0..2*Pi,style = patchnogrid,
shading=zgrayscale, lightmodel=light2), cylinderplot
( [r,theta,-r],r = 0..5, theta=0..2*Pi, style = patchnogrid,
shading=zgrayscale, lightmodel=light2) ], orientation =
[29, 47], title=elipse );
```

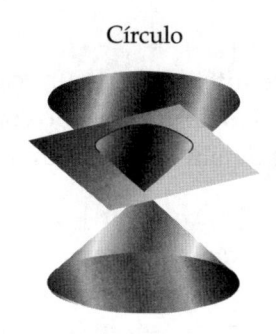

Figura 7.23

O Círculo

Outra maneira de interceptar o cone com um plano perpendicular ao eixo de simetria do cone. O resultado é o **círculo**

```
display([ spacecurve([ 3*cos(x), 3*sin(x), 3 ],x=-4..4,
color=black, thickness=2), plot3d( 3, x=-5..5, y= -5..5,
style=patchnogrid, color = COLOR(RGB, 0.9,.5,.1),
lightmodel=light2), cylinderplot( [r,theta,r],r = 0..5,
theta=0..2*Pi, style = patchnogrid,lightmodel=light2),
cylinderplot( [r,theta,-r],r = 0..5, theta=0..2*Pi,
style = patchnogrid,lightmodel=light2)], orientation =
[33,72], title=`Circunferência`);
```

Círculo

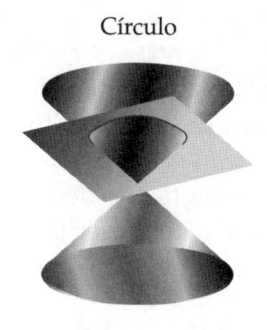

Figura 7.24

A Parábola

Uma **parábola** com diretriz r e foco F é o conjunto dos pontos P(x, y) do plano eqüidistantes de r e de F.

Como já foi dito, a parábola pode ser obtida pela interseção de um cone circular reto com um único plano paralelo à geratriz do cone. Note que, nesse caso, o plano intercepta apenas um dos cones.

```
display([ spacecurve([ x, 1-(x^2)/4, 1+(x^2)/4 ],x=-5..5,
color=blue, thickness=2), plot3d( 2- y, x=-5..5, y= -6..6,
style=patchnogrid, shading=zgrayscale, lightmodel=light2),
cylinderplot( [r,theta,r],r = 0..6, theta=0..2*Pi, style =
patchnogrid), cylinderplot( [r,theta,-r],r = 0..6, theta=
0..2*Pi, style = patchnogrid), spacecurve([ t, 1, 1   ],
t=-6..6,color = COLOR(RGB,.3,.7,  .3)),spacecurve
([ 0, t, 2-t],t=-3..5,color = COLOR(RGB, .3,.7, .3) ) ],
orientation = [25,75], title=`Parábola` );
```

Parábola

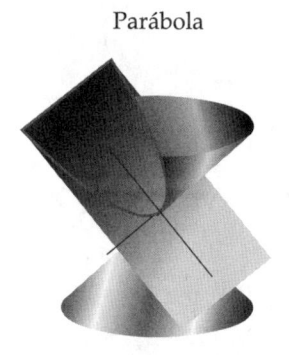

Figura 7.25

A Hipérbole

A **hipérbole** com focos F_1 e F_2 é o conjunto dos pontos $P(x, y)$ do plano tal que a diferença das distâncias de P a dois focos fixos F_1 e F_2 situados no mesmo plano seja constante.

A hipérbole é obtida pela interseção de um plano com um cone circular reto, sendo o plano paralelo ao eixo de simetria do cone. Quando o plano passa pelo eixo de simetria do cone, obtemos um par de retas que se cruzam.

```
display([ implicitplot3d( y = 2 ,x=-5..5,y=-5..5,
z=-5..5, style=patchnogrid, shading=zgrayscale,
lightmodel=light2),   cylinderplot( [r,theta,r],r =
0..5, theta=0..2*Pi, style = patchnogrid), cylinderplot
( [r,theta,-r],r = 0..5, theta=0..2*Pi, style =
patchnogrid,shading=zgrayscale, lightmodel=light2) ],
orientation = [150,70], title=hipérbole );
```

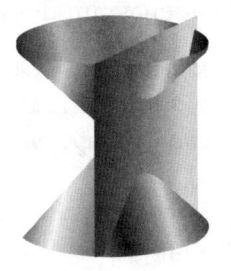

Figura 7.26

Exemplo 10

```
with(plots):
```

a) Desenhar a elipse $\left(\dfrac{x}{6}\right)^2 + \left(\dfrac{y}{3}\right)^2 = 1$

```
implicitplot( (x/6)^2 + (y/3)^2 = 1, x = -6..6, y = -3..3,
'thickness = 3','color = black','scaling = constrained');
```

b) Desenhar a elipse $\left(\dfrac{x}{3}\right)^2 + \left(\dfrac{y}{6}\right)^2 = 1$

```
implicitplot( (x/3)^2 + (y/6)^2 = 1, x = -3..3, y = -6..6,
'thickness = 3','color = black','scaling = constrained');
```

Aumentando o eixo *a*.

```
animate( [a*cos(t),(4)*sin(t),t=-Pi..Pi],a=1..8,view=
[-8..8,-8..8],'thickness = 4','color = COLOR
(RGB, .1,.2,.3)', title= "aumentando a");
```

Mudando o centro.

```
animate( [a+5*cos(t),a+2*sin(t),t=-Pi..Pi],a=0..3,view=
[-8..8,-8..8],'thickness = 4', title= "mudando o centro");
```

c) Desenhar a hipérbole $x^2 - y^2 = 1$

```
implicitplot( (x)^2 - (y)^2 = 1, x = -4..4, y = -4..4,
'thickness = 3','scaling = constrained');
```

d) Desenhar a hipérbole $x^2 - y^2 = 0$

```
implicitplot( (x)^2 - (y)^2 = 0, x = -4..4, y = -4..4,
'thickness = 1','scaling = constrained');
```

e) Desenhar as hipérboles $\left(\dfrac{x}{7}\right)^2 - \left(\dfrac{y}{5}\right)^2 = 1$ e $\left(\dfrac{x-2}{7}\right)^2 - \left(\dfrac{y-2}{5}\right)^2 = 1$

```
display(implicitplot( ((x-2)/7)^2-((y-2)/5)^2=1,x =-
9..17,y=-15..15,'thickness = 3','color = red'),
        implicitplot( (x/7)^2-(y/5)^2=1,x =-9..17,y=-
15..15,'thickness = 3','color = green','linestyle =
2','scaling = constrained')
);
```

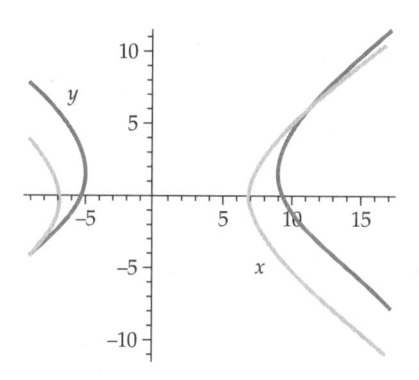

Figura 7.27

2. Quádricas

```
restart:
with(plots):
```

Elipsóide

O **elipsóide** é a superfície ou o lugar geométrico dos pontos do espaço que satisfazem uma equação do tipo:

$$\frac{(x-x_0)^2}{a^2}+\frac{(y-y_0)^2}{b^2}+\frac{(z-z_0)^2}{c^2}=1,$$

com constantes reais x_0, y_0, z_0, a, b e c.

O centro do elipsóide é o ponto (x_0, y_0, z_0), o semi-eixo paralelo ao eixo dos X tem comprimento a. O semi-eixo paralelo ao eixo dos Y tem comprimento b e o semi-eixo paralelo ao eixo dos Z tem comprimento c.

No exemplo em que a equação é:

$$\frac{(x-1)^2}{1}+\frac{(y-2)^2}{4}+\frac{(z-3)^2}{9}=1,$$

o elipsóide tem centro no ponto (1, 2, 3) e os semi-eixos respectivos com comprimentos 1, 2 e 3. Sem esses dados não poderemos usar o comando **implicitplot** com eficiência.

```
a:=2: b:= 3: c:= 4:
implicitplot3d( x^2/a^2+ y^2/b^2 + z^2/c^2=1, x=-a..a,
y=-b..b, z=-c..c, scaling=constrained, axes=boxed,
style=patchnogrid,lightmodel=light2,title=`elipsóide`);
implicitplot3d( (x-1)^2/a^2+ (y-2)^2/b^2 + (z-3)^2/c^2=1,
x=-a+1..a+1, y=-b+2..b+2, z=-c+3..c+3, scaling=constrained,
axes=boxed, style=patchnogrid,lightmodel=light2,
title=`elipsóide - centro fora da origem`);
```

Parabolóide Elíptico

O **parabolóide elíptico** é o lugar geométrico dos pontos do $\mathbb{R}^3$ que satisfazem uma equação do tipo:

$$z-z_0=\frac{(x-x_0)^2}{a^2}+\frac{(y-y_0)^2}{b^2} \text{ ou}$$

$$x-x_0=\frac{(z-z_0)^2}{c^2}+\frac{(y-y_0)^2}{b^2} \text{ ou}$$

$$y-y_0=\frac{(x-x_0)^2}{a^2}+\frac{(z-z_0)^2}{c^2}.$$

Seu vértice está no ponto (x_0, y_0, z_0), com constantes reais x_0, y_0, z_0, a, b e c.
No caso particular, cuja equação é $z-1=\dfrac{(x-2)^2}{2}+\dfrac{(y-4)^2}{5}$, podemos ver parte da superfície com o comando descrito a seguir:

```
restart:with(plots):
a:=1; b:= 2;
implicitplot3d( x^2/a^2+y^2/b^2-z=0, x=-a..a,y=-b..b,
z=0..1, orientation=[65,85], style=patchnogrid,
lightmodel=light2,title=`paraboloide eliptico`);
implicitplot3d(z-1=(x+2)^2/2+(y-4)^2/5,x=-8..4,y=-
2..10,z=1..8,scaling=constrained,style=patchcontour,lig
htmodel=light2,axes=boxed,title=`parabolóide eliptico`);
```

Parabolóide elíptico

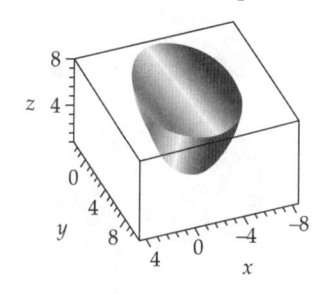

Figura 7.28

O Parabolóide Hiperbólico ou Sela

O **parabolóide hiperbólico ou sela** é a superfície quádrica dada por uma equação do tipo:

$$z-z_0=\frac{(x-x_0)^2}{a^2}-\frac{(y-y_0)^2}{b^2} \text{ ou}$$

$$z-z_0=-\frac{(x-x_0)^2}{a^2}+\frac{(y-y_0)^2}{b^2} \text{ ou}$$

$$x-x_0=\frac{(z-z_0)^2}{c^2}-\frac{(y-y_0)^2}{b^2} \text{ ou}$$

$$x-x_0=-\frac{(z-z_0)^2}{c^2}+\frac{(y-y_0)^2}{b^2}$$

$$y - y_0 = \frac{(x-x_0)^2}{a^2} - \frac{(z-z_0)^2}{c^2}$$

$$y - y_0 = -\frac{(x-x_0)^2}{a^2} + \frac{(z-z_0)^2}{c^2},$$

com seu vértice no ponto (x_0, y_0, z_0) e com constantes reais x_0, y_0, z_0, a, b e c. O parabolóide hiperbólico é gráfico de uma função de duas variáveis; assim, fica mais fácil *plotar* o seu gráfico.

```
restart; with(plots):
a :=1; b:=1;
ph := (x,y,z)->x^2/a^2-y^2/b^2-z;
implicitplot3d(ph(x,y,z)=0,x=-a..a,y=-b..b,z=-1..1,
scaling=constrained, axes=framed, style=patchcontour,
lightmodel=light2, orientation=[60,80],title=
`paraboloide hiperbolico ou sela`);
```

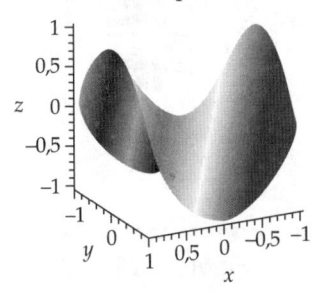

Figura 7.29

O Hiperbolóide de uma Folha

O **hiperbolóide de uma folha** é a superfície quádrica dada por uma equação do tipo:

$$\frac{(x-x_0)^2}{a^2} + \frac{(y-y_0)^2}{b^2} - \frac{(z-z_0)^2}{c^2} = 1 \text{ ou}$$

$$\frac{(x-x_0)^2}{a^2} - \frac{(y-y_0)^2}{b^2} + \frac{(z-z_0)^2}{c^2} = 1 \text{ ou}$$

$$-\frac{(x-x_0)^2}{a^2} + \frac{(y-y_0)^2}{b^2} + \frac{(z-z_0)^2}{c^2} = 1,$$

onde são constantes reais x_0, y_0, z_0, a, b e c.

Hiperbolóide de uma folha, com semi-eixos a, b, c, centrado na origem, tem equações dadas por:

$$\frac{x^2}{a^2} + \frac{y^2}{b^2} - \frac{z^2}{c^2} = 1 \text{ ou}$$

$$\frac{x^2}{a^2} - \frac{y^2}{b^2} + \frac{z^2}{c^2} = 1 \text{ ou}$$

$$-\frac{x^2}{a^2} + \frac{y^2}{b^2} + \frac{z^2}{c^2} = 1.$$

```
restart; with(plots): a:=2; b:= 3; c:= 3;
implicitplot3d( x^2/a^2+ y^2/b^2 - z^2/c^2=1,
x=-3*a..3*a, y=-3*b..3*b, z=-2*c..2*c, scaling=
constrained, axes=boxed, style=patchcontour,lightmodel=
light2,title=`paraboloide de uma folha` );
```

Parabolóide de uma folha

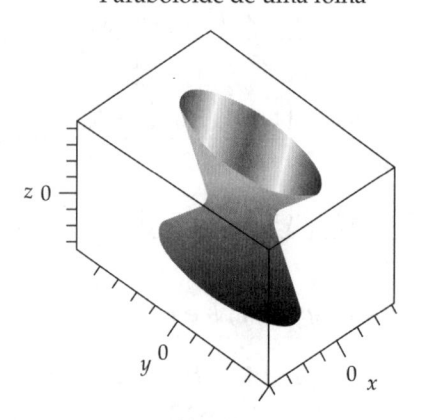

Figura 7.30

```
implicitplot3d( x^2/a^2- y^2/b^2 + z^2/c^2=1, x=-3*a..3*a,
y=-2*b..2*b, z=-3*c..3*c, scaling=constrained, axes=boxed,
style=patchcontour,lightmodel=light2,title=`paraboloide
de uma folha`);
implicitplot3d(-x^2/a^2+ y^2/b^2 + z^2/c^2=1, x=-2*a..2*a,
y=-3*b..3*b, z=-3*c..3*c, scaling=constrained, axes=boxed,
style=patchcontour,lightmodel=light2,title=`parabolóide
de uma folha`);
```

Parabolóide de uma folha

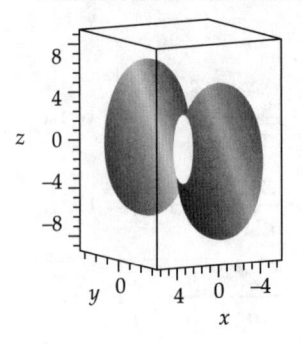

Figura 7.31

O Hiperbolóide de duas Folhas

O **hiperbolóide de duas folhas** é a superfície quádrica dada por uma das equações:

$$\frac{(x-x_0)^2}{a^2} - \frac{(y-y_0)^2}{b^2} - \frac{(z-z_0)^2}{c^2} = 1 \text{ ou}$$

$$-\frac{(x-x_0)^2}{a^2} + \frac{(y-y_0)^2}{b^2} - \frac{(z-z_0)^2}{c^2} = 1 \text{ ou}$$

$$-\frac{(x-x_0)^2}{a^2} - \frac{(y-y_0)^2}{b^2} + \frac{(z-z_0)^2}{c^2} = 1,$$

onde são constantes reais x_0, y_0, z_0, a, b e c.

```
restart; with(plots): a:=2; b:= 2; c:= 4;
implicitplot3d( x^2/a^2- y^2/b^2 - z^2/c^2=1, x=-2*a..2*a,
y=-2*b..2*b, z=-2*c..2*c, axes=boxed,
style=patchcontour,lightmodel=light2, orientation=
[80,45],title=`paraboloide de duas folhas`);
with(plots):
implicitplot3d((x-2)^2/2-(y-4)^2/7-(z-1)^2/3=1,
x=-1..5,y=-2..10,z=-3..5, axes=boxed,
style=patchcontour,lightmodel=light2, orientation=
[80,45],title=`hiperboloide de duas folhas`);
```

Paraboloide de duas folhas

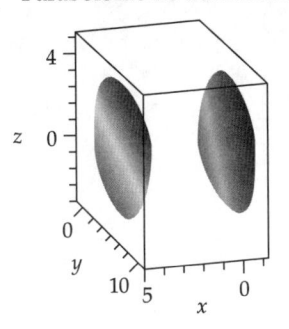

Figura 7.32

O Cone

O **cone** é a superfície quádrica dada pela equação:

$$\frac{(x-x_0)^2}{a^2}+\frac{(y-y_0)^2}{b^2}-\frac{(z-z_0)^2}{c^2}=0 \quad \text{ou}$$

$$\frac{(x-x_0)^2}{a^2}-\frac{(y-y_0)^2}{b^2}+\frac{(z-z_0)^2}{c^2}=0 \quad \text{ou}$$

$$-\frac{(x-x_0)^2}{a^2}+\frac{(y-y_0)^2}{b^2}+\frac{(z-z_0)^2}{c^2}=0,$$

onde são constantes reais x_0, y_0, z_0, a, b e c.

```
restart; with(plots):a:=2: b:=3: c:= 4:
implicitplot3d( x^2/a^2+y^2/b^2-z^2/c^2=0, x=-a..a,
y=-b..b, z=-c..c, orientation=[50,80],style=patchcontour,
lightmodel=light2, scaling=constrained,title=`cone`);
```

```
with(plots):
implicitplot3d((x-2)^2/2+(y-4)^2/7-(z-1)^2/3=0,x=-2..5,
y=0..7,z=-1..3,scaling=constrained,style=patchcontour,
lightmodel=light2,axes=boxed,style=patchcontour,
title=`cone`);
```

7.5 Espaços Euclidianos

1. Produto Interno

Como estudado na Seção 4.2, podemos realizar no Maple os seguintes cálculos:

```
restart:with(linalg):
v[1]:=vector([1,-1,2]);
```

```
v[2]:=vector([1,0,2]);
v[3]:=vector([0,1,-1]);
dotprod(v[1],v[2]);
```

$$5$$

Também

```
v[1]:=<1|-1|2>;
v[2]:=<1|0|2>;
v[3]:=<0|1|-1>;
dotprod(v[1]+v[2],v[3]);
```

$$-5$$

2. Norma de um Vetor

Analogamente, temos:

```
restart:with(linalg):
u:=vector([1,-1,2]);
v:=vector([1,0,2]);
norm(u,2);
```

$$\sqrt{6}$$

```
norm(v,2);
```

$$\sqrt{5}$$

```
norm((crossprod(u,v),2));
```

$$\sqrt{5}$$

Verifique a desigualdade triangular:

```
u:=vector([1,2,3]);
v:=vector([5,6,7]);
norm(u,2);
norm(v,2);
norm(evalm(u+v),2);
evalf(norm(evalm(u+v),2)-norm(u,2)-norm(v,2));
```

3. Retas e Hiperplanos

```
restart:with(linalg):with(plots):
```

Na Seção 4.4 definimos retas e hiperplanos. Estudamos as equações paramétricas $X = P + tv$ da reta que passa pelo ponto P e tem a direção do vetor v.

Assim, o hiperplano que passa pelo ponto P e é normal ao vetor v, é o conjunto dos pontos X tais que $(X-P)\cdot v = 0$.

Vamos ilustrar em $\mathbb{R}^3$ um esboço no Maple:

```
P:=vector([1,0,1]);
v:=vector([1,2,3]);
X:=vector([x,y,z]);
evalm(X-P);
eq:=dotprod(evalm(X-P),v)=0;
```

$$eq := x - 4 + 2y + 3z = 0$$

```
implicitplot3d(dotprod(evalm(X-P),v) = 0,x=-10..10,
y=-10..10,z=-10..10,style = patchnogrid,shading=
zgrayscale, lightmodel=light2,axes=FRAME);
```

4. Dependência Linear

Combinação linear:

```
restart:with(linalg):
v1:= vector( [2,1] );
v2:= vector( [-1,-2] );
b:= vector( [b1,b2] );
```

O vetor b é uma combinação linear de v_1 e v_2, se existem escalares a_1 e a_2 tais que:

$$b = a_1 v_1 + a_2 v_2$$

```
evalm(a[1]*v1 + a[2]*v2) = b;
```

Assim, para fazer isso, tomemos a seguinte matriz A dada e resolvemos o sistema $AX = b$.

```
A:= augment(v1,v2); linsolve(A,b);
```

Faça o mesmo com o vetor $b = (3,5)$. O que encontrou?

Exemplo 11   Decidir se o vetor w é combinação linear dos vetores w_1 e w_2.

```
w1 := vector( [-1,2, -3]); w2 := vector( [4,-5,6]);
w  := vector( [9,-12,15]);
```

Para isso, devemos resolver a equação: $xv_1 + yv_2 = w$.

```
N:=concat(w1,w2);
X :=linsolve(N,w);
```

Considerar se são LI ou LD.
Com as coordenadas dos vetores, podemos analisar facilmente a dependência e independência lineares.

Para resolver essa questão, devemos analisar se determinado sistema de equações lineares admite apenas a solução trivial (caso em que os vetores são LI). Do contrário, os vetores serão LD.

Exemplo 12 Consideremos os vetores $u := ([1, -3, 4])$, $v := [4,9,8]$ e $w := [3,2,0]$.
Vamos decidir se eles são LI ou LD.
Para isso, devemos procurar as soluções da equação $xu + yv + zw = 0$. Essa equação vetorial nos leva ao seguinte sistema de equações:

$$\begin{cases} x + 4y + 3z = 0 \\ -3x + 9y + 2z = 0 \\ 4x + 8y = 0 \end{cases}$$

Que pode ser escrito na forma matricial:

$$\begin{bmatrix} 1 & 4 & 3 \\ -3 & 9 & 2 \\ 4 & 8 & 0 \end{bmatrix} \begin{bmatrix} x \\ y \\ z \end{bmatrix} = \begin{bmatrix} 0 \\ 0 \\ 0 \end{bmatrix}$$

O Maple tem rotinas para resolver sistemas de equações lineares: usamos o comando **linsolve** da biblioteca **linalg**.

```
with(linalg):
u := vector( [1,-3, 4]); v := vector( [4,9,8]);
w := vector( [3,2,0]);
A :=concat(u,v,w); #escreve os vetores em colunas
```

$$A = \begin{bmatrix} 1 & 4 & 3 \\ -3 & 9 & 2 \\ 4 & 8 & 0 \end{bmatrix}$$

```
b := vector([0,0,0]):
linsolve(A,b);
```

$$[0, 0, 0]$$

Como a única solução é a trivial, segue que os vetores são LI.

Consideremos três vetores v_1, v_2 e v_3 e vamos verificar se são LI ou LD.

```
with(linalg):
v1:= vector([2,-3]):
v2:= vector([4,-2]):
v3:= vector([-4,3]):
```

Eles são LI se a equação $c_1v_1 + c_2v_2 + c_3v_3 = 0$. Isso pode ser resolvido como se segue (procure entender o que estamos fazendo):

```
A:= augment( v1,v2,v3 );
```

$$A = \begin{bmatrix} 2 & 4 & -4 \\ -3 & -2 & 3 \end{bmatrix}$$

```
U:= gaussjord( augment(A,vector([0,0])) );
```

$$U := \begin{bmatrix} 1 & 0 & \dfrac{-1}{2} & 0 \\ 0 & 1 & \dfrac{-3}{4} & 0 \end{bmatrix}$$

```
x:= backsub(%);
with(linalg):
```

$$x := \left[\frac{1}{2}t, \frac{3}{4}t, t\right]$$

Assim, os vetores são LD, pois o sistema admite solução não nula.

5. Bases Ortonormais

Método de Gram-Schmidt

Como podemos gerar uma família de vetores ortogonais?

Existe um método da álgebra linear, conhecido como o método de ortogonalização de *Gram-Schmidt*, que gera uma família de vetores ortogonais a partir de uma família de vetores LI. O método é iniciado com um conjunto de vetores linearmente independentes:

$$V = \{v_1, v_2, v_3, ..., v_n\}.$$

Então, o método de ortogonalização de *Gram-Schmidt* gera uma família de vetores ortogonais $\{\theta_1, \theta_2, \theta_3, ..., \theta_n\}$.

Essa família tem as seguintes propriedades:

a) Para cada n, a geração de $\{\theta_1, \theta_2, \theta_3, ..., \theta_n\}$ usa os vetores $v_1, v_2, v_3, ..., v_n$.

b) Para cada n, a coleção $\{\theta_1, \theta_2, \theta_3, ..., \theta_n\}$ gera exatamente o mesmo subespaço que os vetores $v_1, v_2, v_3, ..., v_n$ geram.

Exemplo 13 Tome θ_1 como sendo $\theta_1 = v_1$.
Construa θ_2 a partir de v_2 e θ_1 por meio da expressão

$$\theta_2 = v_2 - \frac{<v_2, \theta_1>}{<\theta_1, \theta_1>}\theta_1.$$

Construa θ_3 a partir de v_3, θ_1 e θ_2 por meio da expressão:

$$\theta_3 = v_3 - \frac{<v_3,\theta_1>}{<\theta_1,\theta_1>}\theta_1 - \frac{<v_3,\theta_2>}{<\theta_2,\theta_2>}\theta_2 .$$

Continuando o processo, em geral, temos:

$$\theta_n = v_n - \frac{<v_n,\theta_1>}{<\theta_1,\theta_1>}\theta_1 - \frac{<v_n,\theta_2>}{<\theta_n,\theta_2>}\theta_2 - ... - \frac{<v_n,\theta_{n-1}>}{<\theta_n,\theta_{n-1}>}\theta_2.$$

Para ilustrar essas idéias, resolva no espaço vetorial $\mathbb{R}^3$, sendo os vetores LI dados por:

```
restart:with(linalg):
v[1]:=vector([1,-1,2]);
v[2]:=vector([1,0,2]);
v[3]:=vector([0,1,-1]);
w[1]:=evalm(v[1]);dotprod(v[1],v[2]);
w[2]:=evalm(v[2]-(dotprod(v[2],w[1])/dotprod(w[1],w[1]))
*w[1]);
w[3]:=evalm(v[3]-(dotprod(v[3],w[1])/dotprod(w[1],w[1]))
*w[1]-(dotprod(v[3],w[2])/dotprod(w[2],w[2]))*w[2]);
dotprod(w[1],w[2]);dotprod(w[1],w[3]);dotprod(w[2],w[3]);
```

Podemos escrever um procedimento que retorna os vetores ortogonais obtidos pelo processo de ortogonalização de *Gram-Schmidt*.

```
gramSchmidt:= proc(v1::vector, v2::vector, v3::vector)
local w1,w2,w3,w; w[1]:=evalm(v[1]);       w[2]:=evalm
(v2-(dotprod(v2,w[1])/dotprod(w[1],w[1]))*w[1]):
w[3]:=evalm(v3-(dotprod(v3,w[1])/dotprod(w[1],w[1]))
*w[1]-(dotprod(v3,w[2])/dotprod(w[2],w[2]))*w[2]):print
(`a base ortogonal é`=  w[1],w[2],w[3]); end:
v[1]:=vector([1,0,0]);
v[2]:=vector([0,1,0]);
v[3]:=vector([0,0,1]);
gramSchmidt(v[1],v[2],v[3]);
restart:with(linalg):
```

O seguinte procedimento gera aleatoriamente um conjunto de vetores do $\mathbb{R}^5$ e, em seguida, utiliza o processo de *Gram-Schmidt* para determinar uma base ortogonal.

```
for i from 1 to 5 do
vec[i] := randvector(5,entries=rand(-6..6)); od;
A:=concat( vec[1],vec[2],vec[3],vec[4],vec[5]):
if det(A)=0 then print(`Erro os vetores são LD`) else
gramSchmidt([seq(vec[k],k=1..5)]); fi;
```

Utilizando o processo de ortogonalização de *Gram-Schmidt*, para obter uma base **ortonormal**, basta tomar os vetores da base ortogonal e dividir pelas suas normas. O procedimento a seguir faz essa tarefa no $\mathbb{R}^3$.

```
restart:with(linalg):
Ortonormal:= proc(v1::vector, v2::vector, v3::vector)
local w1,w2,w3,w,u;
w[1]:=evalm(v[1]): u[1]:=evalm(w[1])/norm(w[1],2);
w[2]:=evalm(v2-(dotprod(v2,w[1])/dotprod(w[1],w[1]))
*w[1]): u[2]:=evalm(w[2])/norm(w[2],2); w[3]:=
evalm(v3-(dotprod(v3,w[1])/dotprod(w[1],w[1]))*w[1]-
(dotprod(v3,w[2])/dotprod(w[2],w[2]))*w[2]):u[3]:=evalm
(w[3])/norm(w[3],2);print(`a base ortonormal é`=
u[1],u[2],u[3]); end:
v[1]:=vector([1,0,0]);
v[2]:=vector([1,1,0]);
v[3]:=vector([0,3,1]);
Ortonormal(v[1],v[2],v[3]);
```

A base ortogonal é = w_1, [0, 1, 0], [0, 0, 1].

```
restart:with(linalg):
```

O procedimento anterior pode ser adaptado para o $\mathbb{R}^4$.

```
Ortonormal4:= proc(v1::vector, v2::vector,
v3::vector,v4::vector) local w1,w2,w3,w4,w,u;
w[1]:=evalm(v[1]): u[1]:=evalm(w[1])/norm(w[1],2);
w[2]:=evalm(v2-(dotprod(v2,w[1])/dotprod(w[1],w[1]))
*w[1]): u[2]:=evalm(w[2])/norm(w[2],2);
w[3]:=evalm(v3-(dotprod(v3,w[1])/dotprod(w[1],w[1]))
*w[1]-(dotprod(v3,w[2])/dotprod(w[2],w[2]))*w[2])
:u[3]:=evalm(w[3])/norm(w[3],2); w[4]:=evalm(v4-
(dotprod(v4,w[1])/dotprod(w[1],w[1]))*w[1]-
(dotprod(v4,w[2])/dotprod(w[2],w[2]))*w[2]-
(dotprod(v4,w[3])/dotprod(w[3],w[3]))*w[3]):u[4]:=evalm
(w[4])/norm(w[4],2); print(`a base ortonormal é`=
u[1],u[2],u[3],u[4]); end:
```

Exemplo 14 Dados os vetores LI do $\mathbb{R}^4$, determine uma base ortonormal a partir dos vetores:

```
v[1]:=vector([0,1,1,1]);
v[2]:=vector([1,0,0,0]);
v[3]:=vector([1,1,0,1]);
```

```
v[4]:=vector([0,0,0,1]);
Ortonormal4(v[1],v[2],v[3],v[4]);
```

A base ortonormal é = $\frac{1}{3}[0,1,1,1]\sqrt{3}, [1,0,0,0], \frac{1}{2}\left[0,\frac{1}{3},\frac{-2}{3},\frac{1}{3}\right]\sqrt{6}, \left[0,\frac{-1}{2},0,\frac{1}{2}\right]\sqrt{2}.$

Na Seção 1.7, vimos coordenadas de um vetor em base ortogonal, tome então uma base do $\mathbb{R}^3$ dada por V1, V2 e V3.

Vamos usar Gram-Schmidt para determinar uma base ortogonal partindo de V1, V2 e V3.

```
restart: with(linalg): with(plots): with(plottools):
V1:=vector(3,[1,1,1]);V2:=vector(3,[1,-2,1]);V3:=vector
(3,[0,1,3]);
B:= GramSchmidt([V1, V2, V3]);
```

Esses vetores são claramente ortogonais:

```
dotprod(B[1],B[2]);
dotprod(B[1],B[3]);
dotprod(B[2],B[3]);
```

Graficamente, podemos visualizar os três vetores ortogonais:

```
B11 := line([0,0,0],convert(B[1],list),color=blue,
thickness=3):
B21 := line([0,0,0],convert(B[2],list),color=red,
thickness=3):
B31 := line([0,0,0],convert(B[3],list),color=green,
thickness=3):
display([B11,B21,B31],scaling=constrained,axes=normal);
```

As coordenadas de qualquer vetor podem ser determinadas facilmente utilizando-se o produto interno.

Vamos determinar as coordenadas do vetor v = (1, 2, 3):

```
v:=vector(3,[1,2,3]);
vB1 := dotprod(v,B[1])/dotprod(B[1],B[1]);
vB2 := dotprod(v,B[2])/dotprod(B[2],B[2]);
vB3 := dotprod(v,B[3])/dotprod(B[3],B[3]);
```

Assim, v= 2*B[1]+0*B[2]+ (2/3)*B[3]. Vamos verificar?

```
v= 2*B[1]+0*B[2]+ (2/3)*B[3];
```

No caso geral:

```
v:=vector(3,[a,b,c]);
vB1 := dotprod(v,B[1])/dotprod(B[1],B[1]);
vB2 := dotprod(v,B[2])/dotprod(B[2],B[2]);
vB3 := dotprod(v,B[3])/dotprod(B[3],B[3]);
```

Assim, v= 2B1+0B2+(2/3)B3. Vamos verificar?

```
v= 2*B[1]+0*B[2]+ (2/3)*B[3];
```

6. Matriz Mudança de Coordenadas

Seja V um espaço vetorial de dimensão n com bases ordenadas β e β'.

Dado um vetor v de V, as suas coordenadas com relação à base β são dadas pela matriz coluna $[v]_\beta$ e na base β' pela matriz $[v]_{\beta'}$. Qual é a relação entre essas duas matrizes? Esse é o objeto de estudo nesta seção.

Sejam $\beta = \{V_1, V_2, ..., V_n\}$ e $\beta' = \{V'_1, V'_2, ..., V'_n\}$ bases de V. Vamos estudar agora, do ponto de vista computacional, a matriz P que tem como colunas as coordenadas de cada vetor V'_j na base β. A matriz P é chamada *matriz de mudança de coordenadas*.

```
restart: with(linalg): with(plots):
```

Exemplo 15 Em um caso particular, considere o espaço euclidiano P^3 e as bases ordenadas: $\beta = \{(1,1,1), (1,1,0)\}, (1,0,0)$ e $\beta' = \{(1,0,0), (0,1,0), (0,0,1)\}$. Vamos determinar a matriz P de mudança de coordenadas.
As bases ordenadas β e β' do P^3 são $\beta = \{V_1, V_2, V_3\}$ e $\beta' = \{E_1, E_2, E_3\}$, onde:

```
V1:=vector(3,[1,1,1]);V2:=vector(3,[1,1,0]);V3:=vector
(3,[1,0,0]);
E1:=vector(3,[1,0,0]);E2:=vector(3,[0,1,0]);E3:=vector
(3,[0,0,1]);
```

Então, vamos escrever cada um dos vetores E_1, E_2, E_3 como combinação linear dos vetores V_1, V_2, V_3. Para isso, devemos resolver os seguintes sistemas lineares $Ax = E_i$, $i = 1, 2, 3$, onde A é matriz cujas colunas são os vetores V_1, V_2, V_3.

```
A:=concat(V1,V2,V3);
```

Resolvendo os sistemas:

```
u1:=linsolve(A,E1);E1=evalm(u1[1]*V1+u1[2]*V2+u1[3]*V3);
u2:=linsolve(A,E2);E2=evalm(u2[1]*V1+u2[2]*V2+u2[3]*V3);
u3:=linsolve(A,E3);E3=evalm(u3[1]*V1+u3[2]*V2+u3[3]*V3);
```

Segue que a matriz mudança de coordenadas é dada por:

```
P:=concat(u1,u2,u3);
```

$$P = \begin{bmatrix} 0 & 0 & 1 \\ 0 & 1 & -1 \\ 1 & -1 & 0 \end{bmatrix}.$$

Agora, vamos verificar que de fato essa matriz P funciona. Isto é, ela toma um vetor do $\mathbb{R}^3$ com coordenadas na base β' e retorna as coordenadas do vetor na base β.

Dado um vetor do $\mathbb{R}^3$, $v = (x, y, z)$, as suas coordenadas na base β são os coeficientes da combinação linear $aV_1 + bV_2 + cV_3 = v$. Vamos calcular então suas coordenadas na base β. Para isso, devemos resolver um sistema de equações lineares do tipo $Nw = b$, onde N é a matriz cujas colunas são os vetores V_1, V_2, V_3.

Resolvendo o sistema:

```
N:=concat(V1,V2,V3);v:=vector(3,[x,y,z]);
w:=linsolve(N,v);
```

$$w := [z, -z+y, -y+x]$$

Essas são as coordenadas do vetor v na base β, as componentes de w. Para verificar, basta efetuar o produto.

Sabemos que as coordenadas do vetor $v = (x, y, z)$ na base β' são precisamente x, y e z. Logo,

```
'w'=evalm(P&*v);
```

$$w := [z, -z+y, -y+x]$$

Essas são as coordenadas do vetor v na base β.

Exemplo 16
```
restart: with(linalg): with(plots):
```

Consideremos $\mathbb{R}^4$ com as bases ordenadas: $\beta = \{(1,1,1,1);(1,1,1,0);(1,1,0,0);(1,0,0,0)\}$ e $\beta' = \{(1,0,0,0);(0,1,0,0);(0,0,1,0);(0,0,0,1)\}$. Vamos determinar a matriz P mudança de bases. Entrando com os vetores das duas bases, temos:

```
V1:=vector(4,[1,1,1,1]);  V2:=vector(4,[1,1,1,0]);
V3:=vector(4,[1,1,0,0]);  V4:=vector(4,[1,0,0,0]);
E1:=vector(4,[1,0,0,0]);  E2:=vector(4,[0,1,0,0]);
E3:=vector(4,[0,0,1,0]);  E4:=vector(4,[0,0,0,1]);
```

Agora, vamos escrever cada um dos vetores E1, E2, E3 e E4, como combinação linear dos vetores V1, V2, V3 e V4. Para isso, devemos resolver os seguintes sistemas lineares $Ax = E_i$, $i = 1, 2, 3, 4$, onde A é matriz cujas colunas são os vetores V1, V2, V3 e V4.

```
A:=concat(V1,V2,V3,V4);
u1:=linsolve(A,E1);        E1=evalm(u1[1]*V1+u1[2]*V2+u1
[3]*V3+u1[4]*V4);
u2:=linsolve(A,E2);
E2=evalm(u2[1]*V1+u2[2]*V2+u2[3]*V3+u2[4]*V4);
u3:=linsolve(A,E3);
E3=evalm(u3[1]*V1+u3[2]*V2+u3[3]*V3+u3[4]*V4);
u4:=linsolve(A,E4);
E4=evalm(u4[1]*V1+u4[2]*V2+u4[3]*V3+u4[4]*V4);
```

Segue que a matriz mudança de coordenadas é dada por:

```
P:=concat(u1,u2,u3,u4);
```

$$P = \begin{bmatrix} 0 & 0 & 0 & 1 \\ 0 & 0 & 1 & -1 \\ 0 & 1 & -1 & 0 \\ 1 & -1 & 0 & 0 \end{bmatrix}.$$

Deixamos a verificação desse fato para o leitor.

7. Subespaços

Núcleo de uma Matriz

Vamos estudar, agora, o núcleo de uma matriz ou o seu *kernel*. Encontrar o núcleo de uma transformação linear ou de sua matriz A é o mesmo que resolver o sistema homogêneo de equações lineares $AX = 0$, como a seguir:

```
A:= matrix( [[0, 0, 1, -4],
             [2,-4,-1, -2],
             [4,-8, 0,-12]] );
I3:= diag(1,1,1):
```

O comando **nullspace(A)** mostra os vetores que formam uma base para o núcleo da matriz A ou o kernel de A.

```
nullspace(I3);
nullspace(A);

U:= gaussjord(A):
nullspace(U);
```

```
with(linalg):
A:= matrix( [[a11,a12,a12],
             [a21,a22,a22]] ):
nullspace(A);
rowspace(A);
colspace(A);
rank(A);
```

Encontre uma base para o subespaço gerado por vetores dados.

```
with(linalg):
v1:= vector( [2,-3,  4, 1, 2] ):    v2:= vector( [  4,-6,
5, 3,-4] ):
v3:= vector( [-10,15,-14, 3, 7] ):  v4:= vector( [ -8,12,
-10, 4, 9] ):
A:= matrix( [v1, v2, v3, v4] );
rowspace(A);
U:= gaussjord(A);
rowspace(U);
```

7.6 Matrizes e Sistemas de Equações Lineares

1. Matrizes e Operações

```
restart: with(linalg): with(plots): with(plottools):
```

O Maple tem uma rotina para gerar matrizes aleatoriamente. Vamos gerar duas matrizes e realizar algumas operações com elas.

```
A := randmatrix(3,3,entries=rand(-5..5));
B := randmatrix(3,3,entries=rand(-5..5));
```

Multiplicação por um escalar e soma de duas matrizes:

```
`2*B`=evalm(2*B);S:=evalm(A+5*B);
`A+5*B`=evalm(A+5*B);
```

Vamos gerar duas outras matrizes quadradas de ordem 4:

```
A := randmatrix(4,4,entries=rand(-5..5));
B := randmatrix(4,4,entries=rand(-5..5));
`A+B`=evalm(A+B);
```

O produto AB de duas matrizes é solicitado ao Maple pelo comando **evalm(A&*B)**. Para indicar a não comutatividade do produto de matrizes, utiliza-se o símbolo **&***.

Note que, em geral, **AB é diferente de BA**; verifique esse fato com os produtos *AB* e *BA*.

```
P:=evalm(A&*B);
Q:=evalm(B&*A);
```

Vamos gerar, agora, duas matrizes *A* e *B* de ordens diferentes e realizar o produto *AB* e *BA*. Verifique as ordens das matrizes produto.

```
A := randmatrix(4,3,entries=rand(-5..5));
B := randmatrix(3,4,entries=rand(-5..5));
evalm(B&*A);evalm(A&*B);
```

Exemplo 17 Produto impossível:

```
A := randmatrix(3,3,entries=rand(-5..5));B :=
randmatrix(4,3,entries=rand(-5..5));
evalm(A&*B);##Ops!
```

Podemos calcular potências de matrizes facilmente:

```
`A^2`=evalm(A^2);  `A^3`=evalm(A^3);`A^4`=evalm(A^4);
`soma`=evalm(evalm(A^0)+ evalm(A^1)+evalm(A^2)+
evalm(A^3));
```

O Maple também tem uma rotina para determinar a transposta de uma matriz:

```
transpose(A);
```

Podemos multiplicar uma matriz por vetor:

```
M:= matrix(3,4,[[-1, -2, 1, 4], [3, 1, 0, 1],[ 5, 2,
1, 0]]);
v:= vector(4, [1, -1, 3, 5]);
w:= evalm(M &* v);
```

2. Interpretação Geométrica para Sistemas

A interpretação geométrica para sistemas de equações lineares é a interseção entre retas ou entre planos. Vejamos alguns exemplos para ilustrar essa idéia.

```
with(Student[LinearAlgebra]):
```

Um sistema de duas equações e duas incógnitas quando tem solução: é o ponto de interseção das duas retas.

```
LinearSystemPlot({3*x+3*y=4,  2*x+3*y=1})  ;
```

A System of Linear Equations

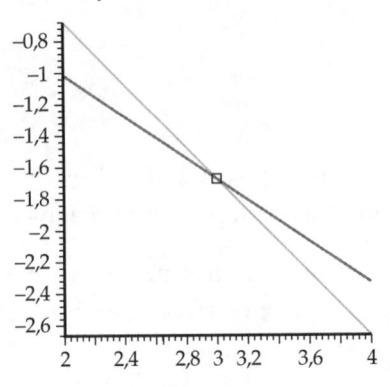

Figura 7.33

No exemplo a seguir as duas retas são paralelas (coincidentes):

`LinearSystemPlot({3*x+3*y=6,  x+y=2})  ;`

No exemplo a seguir as duas retas não se interceptam:

`LinearSystemPlot({3*x+3*y=6,  x+y=1});`

O seguinte comando ilustra a solução de um sistema de equações lineares com planos:

`LinearSystemPlot({3*x+3*y-z=4, 2*x+3*y+2*z=1, x-y-z=0})  ;`

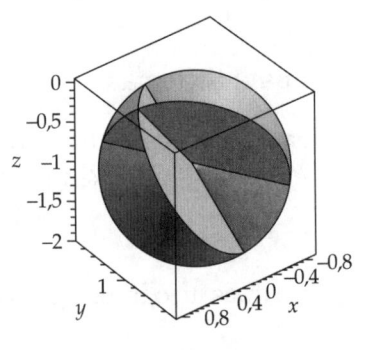

A System of Linear Equations

Figura 7.34

3. Sistemas de Equações Lineares

Matriz dos Coeficientes e Matriz Ampliada

```
restart: with(linalg):
```

O Maple tem uma rotina para escrever diretamente um sistema de equações lineares na sua forma matricial. É claro que você sempre pode entrar diretamente com a matriz. Como exemplo, entramos com as equações e criamos uma lista de equações e de variáveis.

```
equacao1 :=    -x +    y + 3*z -     w = 2;
equacao2 := 2*x -  3*y +   2*z + 5*  w = 1;
equacao3 := 2*x -  4*y + 5*z + 7*w = 4;
eqlist := [equacao1, equacao2, equacao3];
varlist := [x, y, z, w];
```

O comando **genmatrix** gera a matriz dos coeficientes ou a matriz ampliada do sistema. A opção *flag* gera a matriz ampliada do sistema.

```
M := genmatrix(eqlist, varlist);
Ma := genmatrix(eqlist, varlist, `flag`);
```

$$M = \begin{bmatrix} -1 & 1 & 3 & -1 \\ 2 & -3 & 2 & 5 \\ 2 & -4 & 5 & 7 \end{bmatrix}$$

$$Ma = \begin{bmatrix} -1 & 1 & 3 & -1 & 2 \\ 2 & -3 & 2 & 5 & 1 \\ 2 & -4 & 5 & 7 & 4 \end{bmatrix}$$

4. Operações Elementares sobre Linhas e Matrizes Elementares

As operações elementares sobre linhas de matrizes são:

- **a)** a permutação de linhas;
- **b)** multiplicação de uma linha por uma constante não-nula;
- **c)** substituição de uma linha i por k vezes linha j mais a linha i.

Todas as operações feitas sobre linhas podem ser realizadas sobre as colunas. O que não é permitido é misturar os dois processos.

Matrizes elementares são matrizes obtidas da matriz identidade por uma operação elementar. Como vimos na Seção 5.9, realizar uma operação elementar sobre as linhas de uma matriz é equivalente a multiplicar à esquerda a matriz por uma matriz elementar. Vamos verificar essa propriedade com alguns exemplos.

```
restart:with(linalg):
```

Vamos ilustrar a permutação de linhas com a seguinte matriz. Permutação da linha 1 com a linha 2.

```
M:=matrix([[1, -1, 2], [3, 0, 2], [1, -3, 4]]);
```

$$M = \begin{bmatrix} 1 & -1 & 2 \\ 3 & 0 & 2 \\ 1 & -3 & 4 \end{bmatrix}$$

```
M1:=swaprow(M,1,2);
```

$$M1 = \begin{bmatrix} 3 & 0 & 2 \\ 1 & -1 & 2 \\ 1 & -3 & 4 \end{bmatrix}$$

Agora, vamos realizar a mesma operação sobre a matriz identidade para obter a matriz elementar correspondente e, em seguida, realizar a multiplicação. Verifique que de fato os resultados coincidem.

```
I3:=matrix([[1, 0,0], [0,1,0], [0,0,1]]);
```

$$I3 = \begin{bmatrix} 1 & 0 & 0 \\ 0 & 1 & 0 \\ 0 & 0 & 1 \end{bmatrix}$$

```
E1:=swaprow(I3,1,2);
```

$$E1 := \begin{bmatrix} 0 & 1 & 0 \\ 1 & 0 & 0 \\ 0 & 0 & 1 \end{bmatrix}$$

```
`M1`=evalm(E1&*M);
```

$$M1 = \begin{bmatrix} 3 & 0 & 2 \\ 1 & -1 & 2 \\ 1 & -3 & 4 \end{bmatrix}$$

Vamos exemplificar a multiplicação de uma linha por uma constante não-nula. Escolhemos a constate $k = \dfrac{1}{2}$. Verifique que de fato os resultados coincidem.

```
M2:=mulrow(M,1,1/2);E2:=mulrow(I3,1,1/2);
`M2`=evalm(E2&*M);
```

Substituindo a linha 2 pela linha 2 mais (–3) vezes a linha 1.

```
'M3'= addrow(M,1,2,-3);E3:=addrow(I3,1,2,-3);
'M3'= evalm(E3&*M);
```

Verifique que de fato os resultados coincidem.

5. Matriz Escalonada

Na Seção 5.7, aprendemos sobre as matrizes escalonadas. Vimos, no Teorema 5.9, que toda matriz é equivalente por linhas a uma matriz escalonada.

O comando *ReducedRowEchelonForm* transforma uma matriz qualquer em outra matriz equivalente por linhas e na forma escalonada.

```
restart:
with(LinearAlgebra):
A := <<2,1,-3,-2>|<2,-4,0,-1>|<-1,3,0,1>|<-1,4,-3,-2>>;
A := Matrix(%id = 145774436);
ReducedRowEchelonForm(A);
```

$$\begin{bmatrix} 1 & 0 & 0 & 1 \\ 0 & 1 & 0 & -3 \\ 0 & 0 & 1 & -3 \\ 0 & 0 & 0 & 0 \end{bmatrix}$$

Note que o comando **GaussElimination** transforma apenas em uma matriz equivalente na forma triangular superior.

```
GaussianElimination(A);
```

$$\begin{bmatrix} 2 & 2 & -1 & -1 \\ 0 & -5 & \dfrac{7}{2} & \dfrac{9}{2} \\ 0 & 0 & \dfrac{3}{5} & -\dfrac{9}{5} \\ 0 & 0 & 0 & 0 \end{bmatrix}$$

6. Sistemas Homogêneos

```
restart:
with(linalg):
```

Podemos obter a solução de um sistema homogêneo de equações facilmente, escalonando a matriz dos coeficientes. Veja exemplos utilizando as ferramentas do Maple.

Vamos entrar com a matriz dos coeficientes e utilizar o comando: **ReducedRowEchelonForm**.

```
A := <<1,1,-1,-2>|<1,-2,0,-1>|<-1,2,0,1>|<-1,1,-3,-2>>;
ReducedRowEchelonForm(<A>);
```

Assim, a solução do sistema homogêneo é dada pelos vetores do $\mathbb{R}^4$ da forma: $v = (0, y, -y, 0)$, onde y é real.

Os mesmos comandos podem ser utilizados para sistemas não homogêneos. Consideremos o sistema $Ax = b$, onde A e b são dados a seguir:

```
A := <<1,1,-1,-2>|<1,-2,0,-1>|<-1,2,0,1>|<-1,1,-3,-2>>;b := <4,0,-8,-5>;
ReducedRowEchelonForm(<A|b>);
```

Segue que o sistema não admite solução, pois $0w = 1$.

Exemplo 18 Considere a matriz ampliada M de um sistema, obtemos a solução do sistema utilizando o comando **gassjord** que é sinônimo de reduzida por linha na forma escada.

```
M:=matrix([ [2,4,3,2,-4], [-2,7,3,5,3] , [3,0,1,2,-1],
[3,3,3,3,3] ]);
```

$$M := \begin{bmatrix} 2 & 4 & 3 & 2 & -4 \\ -2 & 7 & 3 & 5 & 3 \\ 3 & 0 & 1 & 1 & -1 \\ 3 & 3 & 3 & 3 & 3 \end{bmatrix}$$

```
gaussjord(M);
```

$$\begin{bmatrix} 1 & 0 & 0 & 0 & -9 \\ 0 & 1 & 0 & 0 & \dfrac{-77}{6} \\ 0 & 0 & 1 & 0 & \dfrac{59}{3} \\ 0 & 0 & 0 & 1 & \dfrac{19}{6} \end{bmatrix}$$

7. Eliminação de Gauss

Resolvendo um sistema por eliminação de Gauss passo a passo.

Nesta seção de trabalho vamos usar diversas vezes os comandos:

AddRow(A, i, j, k) substitui a linha i da matriz A por linha i + k vezes a linha j;

MultiplyRow(A, i, k), comando que substitui a linha **i** da matriz **A**, por **k** vezes a linha **i**;

O comando **SwapRow(A, i, j)** permuta a linha **i** pela **linha j**.

```
restart: # para zerar a memória
with(linalg):# para chamar o pacote de álgebra linear
```

Consideremos o sistema de equações lineares:

$$\begin{bmatrix} 1 & -1 & 2 & 1 \\ 2 & 0 & 2 & -1 \\ 1 & -3 & 4 & -1 \end{bmatrix} \begin{bmatrix} x \\ y \\ z \\ w \end{bmatrix} = \begin{bmatrix} 2 \\ 1 \\ 0 \end{bmatrix}$$

Vamos entrar com a matriz do sistema de equações lineares

```
A:=matrix([[1, -1, 2, 1,2], [2, 0, 2, -1,1], [1, -3,
4, -1,0]]);
```

$$A := \begin{bmatrix} 1 & -1 & 2 & 1 & 2 \\ 2 & 0 & 2 & -1 & 1 \\ 1 & -3 & 4 & -1 & 0 \end{bmatrix}$$

Primeiramente, permutamos a linha 1 com a linha 2.

```
A1:=swaprow(A,1,2);
```

Agora, vamos realizar operações adequadas de modo a eliminar os elementos que estão abaixo dos elementos $a_{1,1}$.

As operações são: substituir a linha 2 por $-\frac{1}{2}$ vezes a linha 1 mais a linha 2. Isso eliminará o elemento $a_{1,2} = 1$.

A mesma operação também serve para eliminar o elemento $a_{1,3} = 1$: substituir a linha 3 por $-\frac{1}{2}$ vezes a linha 1 mais a linha 3. Isso eliminará o elemento $a_{1,3} = 1$.

Os seguintes comandos realizam essas operações:

```
A2:=addrow(A1,1,2,-1/2); A3:=addrow(A2,1,3,-1/2);
```

Então, multiplicando a linha 1 por $\frac{1}{2}$ e a linha 2 por -1, obtemos:

```
A4:=mulrow(A3,1,1/2);
A5:=mulrow(A4,2,-1);
```

Substituindo a linha 3 por 3 vezes a linha 2 mais a linha 3. Fazemos isso com o seguinte comando:

```
A6:=addrow(A5,2,3,3);
A7:=mulrow(A6,3,-1/5);
```

Já estamos com o sistema triangularizado:

$$\begin{bmatrix} 1 & 0 & 1 & -\frac{1}{2} \\ 0 & 1 & -1 & -\frac{3}{2} \\ 0 & 0 & 0 & 1 \end{bmatrix} \begin{bmatrix} x \\ y \\ z \\ w \end{bmatrix} = \begin{bmatrix} \frac{1}{2} \\ -\frac{3}{2} \\ 1 \end{bmatrix}$$

$$\begin{bmatrix} 1 & 0 & 1 & -\frac{1}{2} \\ 0 & 1 & -1 & -\frac{3}{2} \\ 0 & 0 & 0 & 1 \end{bmatrix} \begin{bmatrix} x \\ y \\ z \\ w \end{bmatrix} = \begin{bmatrix} \frac{1}{2} \\ -\frac{3}{2} \\ 1 \end{bmatrix}.$$

Agora é só obter a solução por substituição inversa. Observe que da última equação obtém-se que $w = 1$, da segunda equação que $y = z$ e da primeira equação $x = -z$.

A solução do sistema é dada por:

$$S = \{(x, -x, -x, 1); \text{ tal que } x \text{ é real}\}$$

Continuando o processo, podemos colocar a matriz ampliada do sistema na forma escalonada. Para isso, vamos agora substituir a linha 3 por (3/2) vezes a linha 3 mais a linha 2. Em seguida substituir a linha 1 por (1/2) vezes a linha 3 mais a linha 1. Fazemos isso com os seguintes comandos:

```
A8:=addrow(A7,3,2,3/2);  A9:=addrow(A8,3,1,1/2);
```

Dessa forma, a solução do sistema é mais imediata.
O Maple tem um comando para obter a matriz reduzida por linha e escalonada: é o comando **rref(A)** que retorna a única matriz reduzida por linha e escalonada que é equivalente por linha à matriz A. Um sinônimo para esse comando é **gaussjord(A)**.

```
rref(A);gaussjord(A);
```

O Maple também possui um comando para obter a matriz reduzida por linha:

```
gausselim(A);
```

Sistemas Triangulares

Um sistema linear de n equações a n incógnitas x_j é chamado *triangular superior estritamente*, se os coeficientes $a_{ij} = 0$ sempre que $j < i$. Um exemplo típico é:

$$\begin{cases} a_{11}x_1 + a_{12}x_2 + & \cdots & + a_{1n}x_n = b_1 \\ a_{22}x_2 + & \cdots & + a_{2n}x_n = b_2 \\ & (\ldots) & \\ & & + a_{nn}x_n = b_n \end{cases}$$

O algoritmo clássico para resolver esse tipo de sistema é a **substituição inversa**. Determina-se x_n a partir da última equação. Uma vez calculado x_n, substitui-se esse valor na penúltima equação, obteremos então x_{n-1}. Continuando com essas substituições teremos todos os x_j. Observe que as divisões por a_{ij} são permitidas porque, se o sistema for do tipo *possível* e *determinado*, o determinante da matriz A dos coeficientes será diferente de zero. Nesse caso, o determinante é dado por:

$$\det(A) = a_{11}a_{22}\ldots a_{nn}.$$

Portanto, todos os coeficientes a_{ij} serão diferentes de zero.
O programa seguinte resolve um sistema triangular superior. A sintaxe é:

```
subinv(A),
```

onde A é a matriz aumentada (também chamada completa) n por $n + 1$, associada ao sistema. A coluna $n + 1$ é justamente a coluna dos termos independentes b_j. Usamos aqui o "pacote" **linalg** para trabalhar com matrizes. Observe que o programa consegue testar se o sistema é ou não triangular.

```
restart:
with(linalg):
SubInv:=proc(a)
local n, x, i, j, t, soma:
n:=rowdim(a): # dimensão do espaço linhas.
# Teste para sistema triangular.
   for i from 2 to n do
     for j from 1 to i-1 do
       if a[i,j]<>0 then ERROR(`Este sistema não é triangular superior`) fi
     od:
   od:
# Substituição inversa.
   x[n]:=a[n,n+1]/a[n,n]:
     for j from 1 to n-1 do
```

```
        soma:=0:
          for t from n-j+1 to n do
            soma:=soma+a[n-j,t]*x[t]:
          od:
        x[n-j]:=(a[n-j,n+1]-soma)/a[n-j,n-j]:
    od:
# Escrevendo vetor solução.
vector( [seq(x[s], s=1..n)] ):
end:
```

Exemplo 19

a) Considere o seguinte sistema triangular superior dado por:

$$\begin{bmatrix} 2 & 1 & 3 \\ 0 & 3 & -5 \\ 0 & 0 & 2 \end{bmatrix} \begin{bmatrix} x \\ y \\ z \end{bmatrix} = \begin{bmatrix} 2 \\ 8 \\ -2 \end{bmatrix}$$

Vamos usar o método da substituição inversa para determinar a sua solução.

Entramos com a matriz ampliada do sistema e vamos usar o procedimento **SubInv** dado.

```
A1:=matrix([ [2,1,3,2], [0,3,-5,8] , [0,0,2,-2] ]);
SubInv(A1);
```

$$[2, 1, -1]$$

b) Considere o seguinte sistema triangular superior dado por

$$\begin{bmatrix} 5 & 1 & 3 \\ 0 & 3 & 1 \\ 0 & 0 & 1 \end{bmatrix} \begin{bmatrix} x \\ y \\ z \end{bmatrix} = \begin{bmatrix} 1 \\ 1 \\ -1 \end{bmatrix}$$

Vamos usar o método da substituição inversa para determinar a sua solução.

Entramos com a matriz ampliada do sistema e vamos usar o procedimento **SubInv** dado.

```
A:=matrix([ [5,1,3,1], [0,3,1,1] , [0,0,1,-1] ]);
SubInv(A);
```

Método de Eliminação de Gauss

Veremos agora o algoritmo de eliminação de Gauss. A idéia é transformar um sistema linear (não triangular superior) em um sistema triangular superior equivalente, por meio de operações elementares. O processo é feito através da matriz aumentada e utiliza a noção de pivô e dos chamados multiplicadores m_{ij}, $i = 1, 2, 3, ..., n$ e $j = 1, 2, 3, ..., n$.

A técnica de "pivoteamento" parcial consiste em tomar para "pivot" o maior elemento em módulo da coluna, dentre os elementos que ainda atuam no processo, para efetuar as operações elementares necessárias. É claro que usamos permutações de linhas para obter esse "pivot" conveniente. Podemos provar que utilizando o "pivoteamento" diminuem-se os erros.

O programa, que apresentaremos a seguir, triangulariza o sistema e opcionalmente fornece a solução. A sintaxe é:

eliminaGauss(A),

onde A é a matriz aumentada n por $n + 1$ associada ao sistema. Como de costume, a coluna $n + 1$ é justamente a coluna dos termos independentes b_j.

```
eliminaGauss:=proc(a)
local n, pivot, soma, antigo, i, j, k, p, s, x, m:
n:=rowdim(a);
for k from 1 to n-1 do
 # Escolhendo o pivot da etapa k
   pivot:=0:
   for i from k to n do
     if abs(pivot) < abs(a[i,k]) then
     pivot:=a[i,k]: p:=i: fi
   od:
 # Trocando a linha k pela linha p
     if k<>p then
       for s from k to n+1 do
         antigo:=a[k,s]:
         a[k,s]:=a[p,s]:
         a[p,s]:=antigo:
       od:
     fi:
 # Escalonado a coluna k
   for i from k+1 to n do
    m:=a[i,k]/pivot:
    a[i,k]:=0:
      for j from k+1 to n+1 do
        a[i,j]:=(a[i,j]-m*a[k,j]):
      od:
   od:
od:
```

```
# Escrevendo o sistema triangular
op(a):
    # Rotina para substituição inversa (opcional)
    x[n]:=(a[n,n+1]/a[n,n]):
    for j from 1 to n-1 do
        soma:=0:
            for s from n-j+1 to n do
              soma:=(soma+a[n-j,s]*x[s])
            od:
        x[n-j]:=((a[n-j,n+1]-soma)/a[n-j,n-j])
    od:print(`a matrix triangular superior é`,a);
    # Escrevendo a solução do sistema
    print(` a solução é `);vector( [ seq(x[j],
j=1..n) ] ):
end:
```

Exemplo 20 Vamos resolver, utilizando o método de eliminação de Gauss, o sistema de equações lineares dado pela matriz ampliada:

$$\begin{bmatrix} 2 & 4 & 3 & 2 & -4 \\ -2 & 7 & 3 & 5 & 3 \\ 3 & 0 & 1 & 2 & -1 \\ 3 & 3 & 3 & 3 & 3 \end{bmatrix}$$

```
M:=matrix([ [2,4,3,2,-4], [-2,7,3,5,3] , [3,0,1,2,-1],
[3,3,3,3,3] ]);
eliminaGauss(M);
```

A matriz triangular superior é: $\begin{bmatrix} 3 & 0 & 1 & 2 & -1 \\ 0 & 7 & \dfrac{11}{3} & \dfrac{19}{3} & \dfrac{7}{3} \\ 0 & 0 & \dfrac{3}{7} & \dfrac{-12}{7} & 3 \\ 0 & 0 & 0 & -2 & \dfrac{-19}{3} \end{bmatrix}$

A solução é: $\left[-9, \dfrac{-77}{6}, \dfrac{59}{3}, \dfrac{19}{6} \right]$

Exemplo 21
```
N:=matrix([ [10,5,-1,1,1], [2,10,-2,-1,-26] , [-1,-
2,10,2,20], [1,3,2,10,-25] ]);
eliminaGauss(N);
```

$$\begin{bmatrix} \dfrac{5414}{2799} & \dfrac{-2609}{933} & \dfrac{5846}{2799} & \dfrac{-2120}{933} \end{bmatrix}$$

Agora, resolva:

```
P:=matrix([ [2,-4,1,1], [4,2,-1,-3] , [1,0,2,1] ]);
eliminaGauss(P);
```

8. Matrizes Invertíveis

Vimos, na Seção 5.10, que matrizes invertíveis são produto de matrizes elementares. Vimos também que, efetuando operações elementares sobre as linhas de uma matriz invertível M, é possível reduzi-la à matriz identidade. Simultaneamente, se efetuarmos as mesmas operações elementares sobre as linhas da identidade, obteremos a matriz inversa de M. Vamos ilustrar esse fato.

```
restart:with(linalg):
```

Vamos considerar uma matriz M a identidade de mesma ordem e MI sendo a matriz justaposta de M com I.

```
M:=matrix([[1, -1, 2], [3, 0, 2], [1, -3, 4]]);
Id:=diag(1,1,1);
M3:=extend(M, 0, 3, 0 );
MI:=copyinto( Id, M3 ,1, 4 );
```

$$MI = \begin{bmatrix} 1 & -1 & 2 & 1 & 0 & 0 \\ 3 & 0 & 2 & 0 & 1 & 0 \\ 1 & -3 & 4 & 0 & 0 & 1 \end{bmatrix}$$

```
gaussjord(MI);
```

$$MI = \begin{bmatrix} 1 & 0 & 0 & -3 & 1 & 1 \\ 0 & 1 & 0 & 5 & -1 & -2 \\ 0 & 0 & 0 & \dfrac{9}{2} & -1 & \dfrac{-3}{2} \end{bmatrix}$$

Assim, a matriz inversa de M é:

$$M^{(-1)} = \begin{bmatrix} -3 & 1 & 1 \\ 5 & -1 & -2 \\ \dfrac{9}{2} & -1 & -\dfrac{3}{2} \end{bmatrix}$$

Verifique se confere a matriz inversa pelos comandos:

```
N:=matrix([[-3, 1, 1], [5, -1, -2], [9/2, -1, -3/2]]);
evalm(M&*N);
```

7.7 Funções Lineares

1. Funções

`with(linalg):with(plots):`

A função $f : x \mapsto x^2$ não é linear. Veja o seu gráfico:

`f:=x->x^2; plot(f(x),x=-3..3);`

A função ax é função linear. Veja o seu gráfico:

`g:=x->a*x; a:=4:plot(g(x),x=-3..3);`

Influência do coeficiente a no gráfico da reta:

```
with(plots):
animate( t*x,x=-10..10,t=-2..2,frames=50);
```

2. Transformação Linear

Uma função T de um espaço vetorial V com valores em espaço vetorial W, $T : V \to W$, é chamada uma *transformação linear* se satisfaz as seguintes condições:

$$T(u+v) = Tu + Tv$$

$$T(ku) = kTu,$$

para quaisquer que sejam u, v em V e qualquer escalar k real.

Em todo o texto estamos utilizando as palavras, função, transformação ou aplicação como sinônimas, de acordo com o contexto.

Exemplo 22
Mostre que a transformação induzida pela matriz A dada por:
$$A := \begin{bmatrix} a11 & a12 & a13 \\ a21 & a22 & a23 \end{bmatrix}$$
é linear, isto é, a aplicação dada por $Tu = A \cdot u$ é linear.

```
A:= matrix( [[a11,a12,a13],
             [a21,a22,a23]] );
u:= vector( [u1,u2,u3] );
v:= vector( [v1,v2,v3] );
evalm(A&*(u+v) - (A&*u+A&*v));
simplify(%);
evalm( A&*(r*u) - r*A&*u );
```

Conclusão, a transformação é linear.

Exemplo 23
Faça o mesmo exercício com a matriz B dada a seguir:

```
B:= matrix( [[1,2,3],[0,-1,1],[1,1,1]]);
u:= vector( [u1,u2,u3] ):
v:= vector( [v1,v2,v3] ):
simplify(evalm(B&*(u+v) - (B&*u+B&*v)));
evalm( B&*(r*u) - r*B&*u );
```

Conclusão, a transformação é linear.

Exemplo 24
Verifique que a transformação T dada por $T(x,y) = (2x - 5y, 4x + y)$ é linear. O comando **matadd** calcula a soma de vetores ou matrizes.

```
T:= proc(v) vector([ 2*v[1]-5*v[2], 4*v[1]+1*v[2] ]) end;
```

Essa transformação pode ser escrita como $Tu = R \cdot u$, onde R é a matriz dada por
$$R = \begin{bmatrix} 2 & -5 \\ 4 & 1 \end{bmatrix}$$
Isto é, $T(x,y) = \begin{bmatrix} 2 & -5 \\ 4 & 1 \end{bmatrix} \cdot \begin{bmatrix} x \\ y \end{bmatrix}$ é linear:

```
v[1]:=x:  v[2]:=y:
T(vector([ x, y ]));
matadd(vector([ x, y ]), vector([ a, b ]));
T(matadd(vector([ x, y ]), vector([ a, b ])));
evalm( T(matadd(u,v))- matadd(T(u),T(v)));
evalm( T&*(r*u) - r*T&*u );
```

Portanto, a aplicação é linear.

Exemplo 25
Seja T a transformação dada por $T(x,y) = (x-y, x+y)$. Verifique que é linear.

```
T:= proc(v) vector([ v[1]-v[2], v[1]+v[2] ]) end:
T(vector([ x, y ]));
u:= vector( [x,y] );
v:= vector( [a,b] );
evalm( T(matadd(u,v))- matadd(T(u),T(v)));
evalm( T&*(r*u)  -  r*T&*u );
```

3. Matriz de uma Aplicação Linear

```
restart: with(linalg): with(plots):
```

Exemplo 26
Considere a seguinte transformação linear $L: \mathbb{R}^3 \to \mathbb{R}^3$:

```
L:= proc(v) vector([ 2*v[1]+1*v[2]-v[3], 1*v[1]-2*v[2],
v[3]-v[1] ]) end;
X:= vector( [x,y,z] );
L(X);
E1:= vector( [1,0,0] );E2:= vector( [0,1,0] );E3:= vector
( [0,0,1] );
L(E1)=2*V1+1*V2-1*V3;
L(E2)=1*V1-2*V2+0*V3;
L(E3)=-1*V1+0*V2+1*V3;
```

Assim, a matriz da transformação linear na base $B = \{E1, E2, E3\}$ é dada por

```
A:=transpose(matrix([[2,1,-1],[1,-2,0],[-1,0,1]]));
X:= vector( [x,y,z] ); evalm(A&*X);
```

Podemos observar que de fato $AX = L(X)$.
O seguinte comando facilita na representação da matriz da transformação linear:

```
concat(L(E1),L(E2),L(E3));
restart: with(linalg): with(plots):
```

Exemplo 27
Se $B = \{V1, V2,..., Vn\}$ e $B' = \{W1, W2, ..., Wm\}$ são bases ordenadas do $\mathbb{R}^n$ e do $\mathbb{R}^m$, respectivamente, então a matriz da aplicação linear $T: \mathbb{R}^n \to \mathbb{R}^m$, com relação a essas bases, é a matriz A obtida expressando cada $T(Vi)$ como combinação linear dos vetores de B' na coluna i. Vejamos um exemplo para ilustrar o Teorema 6.1:

```
T:= proc(v) vector([2*v[1]+1*v[2]-v[3],1*v[1]+2*v[2],
v[3]-v[1]]) end;
v:=vector(3,[x,y,z]);T(v);
```

A base ordenada do $\mathbb{R}^3$ é $B = \{ V1, V2, V3 \}$ dados por:

```
V1:=vector(3,[1,1,1]);V2:=vector(3,[1,-2,1]);V3:=vector
(3,[0,1,3]);
```

A base ordenada do $\mathbb{R}^3$ é $B' = \{ W1, W2, W3\}$ dados por:

```
W1:=vector(3,[1,1,1]);W2:=vector(3,[-1,0,1]);W3:=vector
(3,[1,1,0]);
```

Para obter a matriz de T com relação às bases B e B', devemos conhecer os vetores $T(V1)$, $T(V2)$ e $T(V3)$.

```
v1:=T(V1);v2:=T(V2);v3:=T(V3);
```

Agora, vamos escrever cada um dos vetores $v1$, $v2$ e $v3$, como combinação linear dos vetores $W1$, $W2$ e $W3$.

Para isso, devemos resolver os seguintes sistemas lineares $Ax = vi$, $i = 1, 2, 3$, onde A é matriz cujas colunas são os vetores $W1$, $W2$ e $W3$.

```
A:=concat(W1,W2,W3);
u1:=linsolve(A,v1);v1=evalm(-1*W1+1*W2+4*W3);
u2:=linsolve(A,v2);v2=evalm(2*W1-2*W2-5*W3);
u3:=linsolve(A,v3);v3=evalm(-1*W1+4*W2+3*W3);
```

Segue que a matriz da aplicação linear com relação às bases B e B' é dada por:

```
A:=concat(u1,u2,u3);
```

As coordenadas do vetor $v = (x, y, z)$ na base B são os coeficientes da combinação linear $aV1 + bV2 + cV3 = v$.

Vamos resolver esse sistema linear para determinar as coordenadas de v na base B.

```
N:=concat(V1,V2,V3);b:=vector(3,[x,y,z]);
X:=linsolve(N,b);
```

Essas são as coordenadas do vetor v na base B, as componentes do vetor X.

Agora, vamos determinar as coordenadas do vetor $T(v)$ na base B'. Isto é, vamos determinar coeficientes:

α, β, γ tais que $\alpha W1 + \beta W2 + \gamma W3 = L(v)$.

```
M:=concat(W1,W2,W3);v:=vector(3,[x,y,z]);b:=T(v);
Y:=linsolve(M,b);
```

Assim, as coordenadas de $T(v)$ na base B' são as componentes do vetor Y.

Agora, vamos multiplicar a matriz de T relativamente às bases B e B' pelo vetor das coordenadas de v na base B. Isto é, AX.

```
multiply(A,X);
```

$$[2x+y-z, \quad x-2y, \quad -x+z]$$

Note que essa expressão coincide com as coordenadas de T(v) na base B', apresentadas em Y. Em caso de dúvida, volte ao Teorema 6.1 e repita o procedimento anterior com outros exemplos.

4. Rotações

Uma matriz de rotação (no sentido anti-horário) é da forma

```
R:=theta->matrix([[cos(theta),-sin(theta)],[sin(theta),
cos(theta)]]);
```

$$R:\ \theta \mapsto \begin{bmatrix} \cos(\theta) & -\text{sen}(\theta) \\ \text{sen}(\theta) & \cos(\theta) \end{bmatrix}$$

5. Uma rotação de 90 graus

```
R1:=R(Pi/2);
A:=matrix([[4],[1]]);
A2:=evalm( R1 &* A );
S:=(k,theta)-matrix([[k*cos(theta),-
k*sin(theta)],[k*sin(theta),k*cos(theta)]]);
A3:=evalm(S(3,Pi) &* A);
```

Vamos *plotar* vetores. Para isso, criamos um procedimento com a função **plottools[arrow]**.

```
vectorplot:=proc(point::matrix,t1,t2,t3)
     local l;
     l:=[point[1,1],point[2,1]];
     plottools[arrow]([0,0],l,t1,t2,t3,args[5..nargs]);
     end:
l1 := vectorplot(A,  .2,  .5,  .1, color=red):
l2 := vectorplot(A2, .2,  .5,  .1, color=green):
l3 := vectorplot(A3, .2,  .5,  .1, color=blue):
```

Vamos *plotar* o resultado do nosso procedimento:

```
plots[display]([l1,l2,l3],scaling=constrained);
```

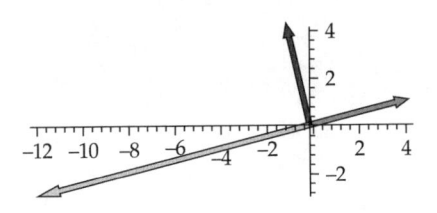

Figura 7.35

Agora vamos girar um vetor em torno de um ponto fixo, no sentido anti-horário:

```
plots[display](seq(vectorplot(evalm(R(0.1*i*Pi)&*A),.2,
.5,.1,color=red),I = 1..8),insequence=true);
```

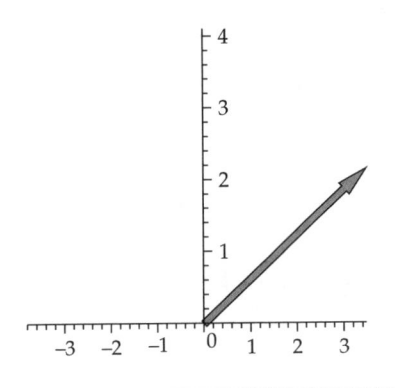

Figura 7.36

6. Teorema do Posto e da Nulidade

Núcleo de Aplicação Linear

O núcleo de uma aplicação linear $T: V \to W$ é um subespaço vetorial S de V tal que:

$$T(v) = 0 \text{ para todo } v \text{ em } S.$$

Considere a aplicação linear a seguir e vamos determinar o seu núcleo.

```
restart: with(linalg):
T:= proc(v) vector([ 2*v[1]-5*v[2], 4*v[1]+1*v[2] ]) end;
V:=T(vector([ x, y ]));
solve({V[1]=0, V[2]=0},[x,y]);
```

Isso mostra que o núcleo de T contém apenas o vetor nulo.

Outro exemplo

```
T:= proc(v) vector([ 1*v[1]+2*v[2], 2*v[1]+4*v[2],
1*v[1]+2*v[2]+v[3]]) end;
V:=T(vector([ x, y,z ]));
solve({V[1]=0, V[2]=0, V[3]=0},[x,y,z]);
```

Assim, o núcleo de T é o subespaço dos vetores $(-2y, y, 0)$, com y real e a dimensão do núcleo é 1.

Mais um exemplo

```
L:= proc(v) vector([ 1*v[1]-2*v[2]+v[3], 2*v[1]+4*v[2]+v[3]
- v[4],1*v[1]+2*v[2]+v[3]-v[4],1*v[1]+2*v[2]-v[3]]) end;
V:=L(vector([ x, y,z,w ]));
solve({V[1]=0, V[2]=0, V[3]=0,V[4]},[x,y,z,w]);
```

Dessa forma, o núcleo dessa aplicação linear é o vetor nulo.

Imagem

Agora, vamos discutir se um vetor dado pertence à imagem de uma aplicação linear.

Considere uma aplicação $T: \mathbb{R}^6 \to \mathbb{R}^4$ cuja matriz na base canônica é dada por uma matriz A.

```
restart:   with(linalg):
```

Dada a matriz A da transformação linear, perguntamos se o vetor $b = (1, 2, 3, 4)$ pertence à imagem da aplicação.

```
A := matrix([[1, 4, 0, -4, 5, -2], [0, -1, 5, -5, 2, -
1], [4, 5, -4, -4, -2, 2], [5, 8, -9, 1, 4, 5]]);
b:=vector(4,[1,2,3,4]);
```

Para responder a essa pergunta, devemos resolver o sistema linear $Ax = b$ para obter x. O comando **linsolve** apresenta a solução desse sistema.

```
X:=linsolve(A,b);
```

Como podemos ver, existem infinitas soluções para esse sistema. É fácil verificar que a resposta é de fato solução utilizando o comando **multiply**.

```
multiply(A,X);
```

Assim, o vetor b pertence à imagem da aplicação linear.

Base para o Espaço Linha

Uma base para o espaço linha de uma matriz pode ser obtida escalonando a matriz.

As linhas não-nulas formam uma base para o espaço linha.

```
gaussjord(A);
```

Os comandos seguintes são rotinas do Maple que apresentam bases para o espaço linha e o espaço coluna. Note que o espaço coluna é a imagem da aplicação linear.

```
rowspace(A);
colspace(A);
```

Segue que a dimensão da imagem é 4.

O núcleo da aplicação linear é a solução de $Ax = 0$.

```
A := matrix([[1, 4, 0, -4, 5, -2], [0, -1, 5, -5, 2, -
1], [4, 5, -4, -4, -2, 2], [5, 8, -9, 1, 4, 5]]);
b:=vector(4,[0,0,0,0]);X:=linsolve(A,b);
```

Assim, a dimensão do núcleo é 2.

Note que a dimensão do núcleo (chamada nulidade) e a dimensão da imagem (denominada posto) estão relacionadas pela igualdade 2 + 4 = 6. Essa propriedade importante é dada pelo teorema do posto e da nulidade. Veja o Teorema 6.3. Esse teorema afirma que a dimensão do posto somada com a dimensão do núcleo é igual à dimensão do espaço domínio da aplicação.

7. Autovalores e Autovetores

Na Seção 6.6, estudamos autovalores e autovetores. Um número real k é dito um autovalor da aplicação linear L, se existe um vetor não-nulo v tal que $L(v) = kv$. O vetor v é chamado autovetor associado ao autovalor k.

```
restart: with(linalg): with(plots): with(plottools):
```

O Maple tem rotinas para determinar os autovalores e os autovetores de uma aplicação linear. Para isso, devemos introduzir a matriz da aplicação linear em qualquer base.

Podemos calcular assim o polinômio característico e, em seguida, determinar suas raízes. Isso é possível, pelo menos para matriz de ordem "pequena". Depois, devemos resolver os sistemas lineares correspondentes $(A - \lambda I) \cdot X = 0$.

```
A := matrix(3,3,[1,-2,1,-1,2,0,1,1,0]);
p:=x->charpoly(A,x); `p(x)`=charpoly(A,x);
solve(p(x),x);
```

```
lambda1:=-1;lambda2:=1; lambda3:=3;
J := matrix(3,3,[1,0,0,0,1,0,0,0,1]);b:= <0,0,0;
V1:=linsolve(A-(lambda1*J),b);
v1:=subs(_t[1]=1,op(V1));
V2:=linsolve(A-(lambda2*J),b);
v2:=subs(_t[1]=1,op(V2));
V3:=linsolve(A-(lambda3*J),b);
v3:=subs(_t[1]=1,op(V3));
```

Os vetores *V1*, *V2* e *V3* são os autovetores de *A*. Podemos obter essas informações diretamente.

```
eigenvalues(A); eigenvectors(A);
restart: with(linalg): with(plots): with(plottools):
```

Uma propriedade importante é que o polinômio característico de uma matriz se anula na matriz. Vamos ilustrar esse fato. Tomando a matriz *A* seguinte e o seu polinômio característico *p*, então *p(A)* = 0. Acione o comando e conclua esse fato.

```
A := matrix(3,3,[1,-2,1,-1,2,0,1,1,0]);
p:=x-charpoly(A,x); `p(x)`=charpoly(A,x);
evalm(p(A));
A := matrix(2,2,[a,b,c,d]);
p:=x->charpoly(A,x); `p(x)`=charpoly(A,x);
```

Note que o polinômio característico nesse caso é $p(x) = x^2 - traço(A) + \det(A)$.

```
evalm(p(A));
```

Teorema Espectral

```
restart:with(linalg):
```

Vimos, na Seção 6.7, o teorema espectral que afirma que toda transformação linear auto-adjunta possui uma base ortonormal de autovetores. Em linguagem de matrizes, esse teorema afirma que, para toda matriz simétrica *A*, existe uma matriz ortogonal *P* tal que $^tPAP = D$, onde *D* é diagonal.

Exemplo 6.28 Considere a matriz simétrica $A = \begin{bmatrix} 1 & 2 & 0 \\ 2 & 1 & 0 \\ 0 & 0 & 3 \end{bmatrix}$.

Os autovalores de A são as raízes de seu polinômio característico.

```
A:=matrix([[1, 2, 0], [2, 1, 0], [0,0,3]]);
p:=charpoly(A, lambda);   # Polinomio característico
```

$$p := \lambda^3 - 5\lambda^2 + 3\lambda + 9$$

```
solve(p, lambda);#determina as raízes de p
```

$$-1, 3 \text{ e } 3$$

Outra forma é determinar diretamente, usando o comando **eigenvals**:

```
autovalores := eigenvals(A);
```

$$\textit{Autovalores} := -1, 3, 3$$

```
autovetores := [eigenvects(A)];
```

Autovetores := [[3, 1, {[−1, 1, 0]}], [−1, 1, {[3, 1, −4]}],[1, 1, {[1, 1, 2]}]]

Tendo os autovetores, podemos determinar a matriz ortogonal P cujas colunas são os autovetores normalizados:

```
u[1]:=vector([1,1,0])/norm( array([1,1,0]), 2 );
u[2]:=vector([0,0,1])/norm( array([0,0,1]), 2 );
u[3]:=vector([-1,1,0])/norm( array([-1,1,0]), 2 );
P := concat(u[1],u[2],u[3]);
```

$$P = \begin{bmatrix} \dfrac{\sqrt{2}}{2} & 0 & -\dfrac{\sqrt{2}}{2} \\ \dfrac{\sqrt{2}}{2} & 0 & \dfrac{\sqrt{2}}{2} \\ 0 & 1 & 0 \end{bmatrix}$$

Agora, vamos efetuar o produto ^tPAP:

```
R:=transpose(P);
Diagonal:=evalm(R &* A&*P);
```

$$\textit{Diagonal} := \begin{bmatrix} 3 & 0 & 0 \\ 0 & 3 & 0 \\ 0 & 0 & -1 \end{bmatrix}$$

Diagonalização de Formas Quádricas

Na Seção 6.7, estudamos o teorema espectral. Agora, daremos alguns exemplos de aplicações lineares auto-adjuntas.

Por definição, uma transformação linear $L: \mathbb{R}^n \to \mathbb{R}^m$ é auto-adjunta se:

$$<Lx, y> = <x, Ly>.$$

```
restart: with(linalg): with(plots): with(plottools):
assume(x,real);assume(y,real);assume(z,real);assume
(w,real);assume(r,real);assume(s,real);assume(t,real);
assume(x1,real);assume(x2,real);assume(y1,real);assume
(y2,real);
L:= proc(v) vector([ 2*v[1]+1*v[2], 1*v[1]+2*v[2] ]) end;
X:= vector( [x,y] );
Y:= vector( [z,w] );
L(X);
L(Y);
dotprod(L(X),Y);
dotprod(X,L(Y));
simplify(dotprod(L(X),Y)-dotprod(X,L(Y)));
```

Conclui-se assim que a transformação linear dada é auto-adjunta. Observe que a matriz dessa aplicação na base canônica é simétrica.

Agora, consideremos o seguinte:

```
L:= proc(v) vector([ 3*v[1]+1*v[2], -3*v[1]+2*v[2] ]) end;
X:= vector( [x,y] );
Y:= vector( [z,w] );
L(X);
L(Y);
dotprod(L(X),Y);
dotprod(X,L(Y));
simplify(dotprod(L(X),Y)-dotprod(X,L(Y)));
```

Segue que essa aplicação linear não é auto-adjunta. Veja que a matriz dessa aplicação na base canônica é não simétrica.

```
L:= proc(v) vector([ 1*v[1]+2*v[2]+0*v[3], 2*v[1]+1*v[2],
3*v[3] ]) end;
X:= vector( [x,y,z] );
Y:= vector( [r,s,t] );
L(X);
L(Y);
dotprod(L(X),Y);
dotprod(X,L(Y));
simplify(dotprod(L(X),Y)-dotprod(X,L(Y)));
```

Portanto, essa aplicação linear é auto-adjunta. Observe que a matriz dessa aplicação na base canônica é simétrica; possui, portanto, autovalores reais.

```
A:= matrix( [[1,2,0],[2,1,0],[0,0,3]]);
eigenvalues(A);
eigenvectors(A);
```

A matriz P que diagonaliza a matriz A (matriz da aplicação linear auto-adjunta) tem como colunas os autovetores normalizados.

```
v[1]:=vector([1, 1, 0]); v[2]:=vector([0, 0, 1]);
v[3]:= vector([-1, 1, 0]);
u1:=evalm(v[1]/norm(v[1],2));
u2:=evalm(v[2]/norm(v[2],2));
u3:=evalm(v[3]/norm(v[3],2));
P:= transpose(matrix(3,3, [u1,u2,u3]));
DD:=evalm(transpose(P)&*A&*P);
```

Aplicações de Diagonalização de Formas Quadráticas

Uma das aplicações da diagonalização de operadores lineares é a classificação de cônicas e de superfícies quadráticas.

Vejamos um exemplo. Identificar a cônica $3x^2 + 2xy + 3y^2 = 4$.

Primeiramente, escrevemos a igualdade na forma matricial:

$$[x \ y]\begin{bmatrix} 3 & 1 \\ 1 & 3 \end{bmatrix}\begin{bmatrix} x \\ y \end{bmatrix} = 4$$

Os autovalores de matriz são 2 e 4.

```
restart: with(linalg): with(plots): with(plottools):
A:=matrix([[3, 1], [1, 3]]);
```

$$A = \begin{bmatrix} 3 & 1 \\ 1 & 3 \end{bmatrix}$$

```
eigenvalues(A); eigenvectors(A);
```

$$4 \ e \ 2$$
$$[4, 1, \{[1, 1]\}], [2, 1, \{[-1, 1]\}]$$

```
v[1]:=vector([1, -1]); v[2]:=vector([1, 1]);
```

$$v_1 := [1, \ -1]$$
$$v_2 := [1, \ +1]$$

```
u1:=evalm(v[1]/norm(v[1],2));
u2:=evalm(v[2]/norm(v[2],2));
```

$$u1 := \left[\frac{\sqrt{2}}{2}, -\frac{\sqrt{2}}{2}\right]$$

$$u2 := \left[\frac{\sqrt{2}}{2}, \frac{\sqrt{2}}{2}\right]$$

```
P:= transpose(matrix(2,2, [u1,u2]));
```

$$P := \begin{bmatrix} \frac{\sqrt{2}}{2} & \frac{\sqrt{2}}{2} \\ -\frac{\sqrt{2}}{2} & \frac{\sqrt{2}}{2} \end{bmatrix}$$

```
DD:=evalm(transpose(P)&*A&*P);
```

$$DD := \begin{bmatrix} 2 & 0 \\ 0 & 4 \end{bmatrix}$$

```
(1/4)*simplify(evalm(matrix([[x, y]])&*DD&*matrix([[x],
[y]]))) = 1;
```

$$\frac{1}{4}\left[2x^2 + 4y^2\right] = 1$$

Constatamos claramente que a cônica é uma elipse.

Resolvendo o Exemplo 6.19

Identificar a quádrica $x^2 + y^2 + 3z^2 + 4xy = 3$.

A matriz da quádrica é: $\begin{bmatrix} 1 & 2 & 0 \\ 2 & 1 & 0 \\ 0 & 0 & 3 \end{bmatrix}$

```
restart: with(linalg): with(plots): with(plottools):
A:= matrix( [[1,2,0],[2,1,0],[0,0,3]]);
eigenvalues(A);
```

$$-1, 3, 3$$

```
eigenvectors(A);
```

$$[3, 2, \{[1, 1, 0], [0, 0, 1]\}], [-1, 1, \{[-1, 1, 0]\}]$$

A matriz P que diagonaliza a matriz A, matriz da aplicação linear autoadjunta, tem como colunas os autovetores normalizados.

```
v[1]:=vector([1, 1, 0]); v[2]:=vector([0, 0, 1]);
v[3]:= vector([-1, 1, 0]);
u1:=evalm(v[1]/norm(v[1],2));
u2:=evalm(v[2]/norm(v[2],2));
u3:=evalm(v[3]/norm(v[3],2));
P:= transpose(matrix(3,3, [u1,u2,u3]));
```

$$P := \begin{bmatrix} \dfrac{\sqrt{2}}{2} & 0 & -\dfrac{\sqrt{2}}{2} \\ \dfrac{\sqrt{2}}{2} & 0 & \dfrac{\sqrt{2}}{2} \\ 0 & 1 & 0 \end{bmatrix}$$

```
DD:=evalm(transpose(P)&*A&*P);
```

$$DD := \begin{bmatrix} 3 & 0 & 0 \\ 0 & 3 & 0 \\ 0 & 0 & -1 \end{bmatrix}$$

```
simplify((1/3)*evalm(matrix([[x, y,z]])&*DD&*matrix
([[x], [y],[z]]))) = 1;
```

$$\frac{1}{3}\left[3x^2 + 3y^2 - z^2\right] = 1$$

Vemos claramente que é um hiperbolóide de uma folha.

```
restart: with(linalg): with(plots): with(plottools):
```

Resolvendo o Exercício 2 (c) do Capítulo 6

Identificar a quádrica $2x^2 + 2y^2 + 2z^2 + 2xy + 2xz + 2yz = 3$
Encontrando a matriz A da forma quadrática:

```
A := matrix(3,3,[[2,1,1],[1,2,1],[1,1,2]]);
```

$$A := \begin{bmatrix} 2 & 1 & 1 \\ 1 & 2 & 1 \\ 1 & 1 & 2 \end{bmatrix}$$

```
simplify(evalm(transpose([x,y,z]) &* A&* [x,y,z]))=3;
```

$$2x^2 + 2y^2 + 2z^2 + 2xy + 2xz + 2yz = 3$$

```
implicitplot3d(2*x^2+2*y^2+2*z^2+2*x*y+2*x*z+2*y*z - 3=0,
x=-5..5,y=-5..5,z=-5..5,axes=normal,grid=[10,10,10]);
```

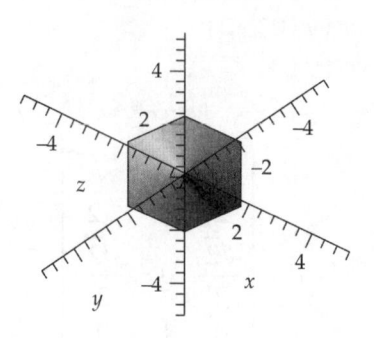

Figura 7.37

Determinado os autovalores e autovetores de A e normalizando os autovetores:

```
autovalores := eigenvals(A);
autovetores := [eigenvects(A)];
```

Autovalores := 4, 1, 1

Autovetores := [[1, 2, {[−1, 0, 1], [−1, 1, 0]}], [4, 1, {[1, 1, 1]}]]

```
evA := [eigenvectors(A)];
```

Como os autovetores associados ao autovalor 1 não são ortogonais, precisamos ortonormalizar a base formada por eles. Vamos utilizar a rotina que escrevemos anteriormente.

```
Ortonormal:= proc(v1::vector, v2::vector) local
w1,w2,w3,w,u;
w[1]:=evalm(v[1]): u[1]:=evalm(w[1])/norm(w[1],2); w[2]:
=evalm(v2-(dotprod(v2,w[1])/dotprod(w[1],w[1]))*w[1]):
u[2]:=evalm(w[2])/norm(w[2],2); ;print(`a base ortonormal
é`= u[1],u[2]); end:
v[1]:=vector([-1,1,0]);
v[2]:=vector([-1,0,1]);
Ortonormal(v[1],v[2]);
```

$$A \text{ base ortonormal é} = \frac{1}{2}[-1, 1, 0]\sqrt{2}, \frac{1}{3}[-\frac{1}{2}, -\frac{1}{2}, 1])\sqrt{6}$$

Agora, os vetores $u1 = \dfrac{\sqrt{2}}{2}[-1, 1, 0]$ e $u2 = \dfrac{\sqrt{6}}{3}[-\dfrac{1}{2}, -\dfrac{1}{2}, 1])$ são autovetores ortonormais.

```
v1:=vector([-1, 1, 0]); v2:=vector([-sqrt(6)/6, -sqrt(6)/6,
sqrt(6)/3]); v3:=vector([1, 1, 1]);
u1 := normalize(v1);
u2 := normalize(v2);
u3 := normalize(v3);
```

Construindo a matriz P que diagonaliza a matriz A.

```
P:= transpose(matrix(3,3, [u1,u2,u3]));
```

$$P := \begin{bmatrix} -\dfrac{\sqrt{2}}{2} & -\dfrac{\sqrt{6}}{6} & \dfrac{\sqrt{3}}{3} \\ \dfrac{\sqrt{2}}{2} & -\dfrac{\sqrt{6}}{6} & \dfrac{\sqrt{3}}{3} \\ 0 & \dfrac{\sqrt{6}}{3} & \dfrac{\sqrt{3}}{3} \end{bmatrix}$$

```
evalm(transpose(P)&*A&*P);
```

$$\begin{bmatrix} 1 & 0 & 0 \\ 0 & 1 & 0 \\ 0 & 0 & 4 \end{bmatrix}$$

Calculando a matriz diagonal tal que $D = {}^tPAP$.

```
DD:=evalm(transpose(P)&*A&*P);
simplify(evalm(transpose([x,y,z]) &* DD&* [x,y,z]))=3;
```

$$x^2 + y^2 + 4z^2 = 3$$

Agora, vamos solicitar ao Maple que calcule superfície rotacionada:

```
LHS:=simplify((1/3)*evalm(transpose([x,y,z]) &* DD&*
[x, y, z]))-1=0;
```

$$LHS := \dfrac{x^2}{3} + \dfrac{y}{3} + \dfrac{4z}{3} - 1 = 0$$

A equação $LHS = 0$ é um elipsóide.
Vamos *plotar* o seu gráfico com novos eixos.

```
implicitplot3d(1/3*x^2+1/3*y^2+4/3*z^2-1=0,x=-5..5,
y=-5..5,z=-5..5,axes=normal,scaling=constrained,
grid=[20,20,20]);
```

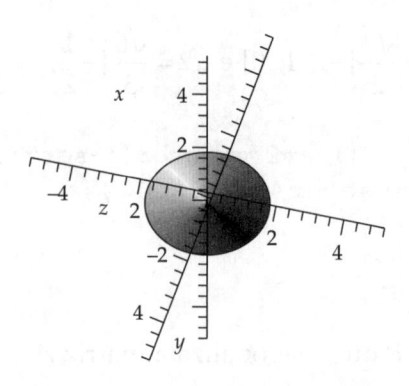

Figura 7.38

Os autovetores formam uma base, foram aumentados para visualizar melhor. Vamos *plotar* a superfície com os novos eixos.

```
u13 := evalm(3*u1); u23 := evalm(3*u2); u33 :=
evalm(3*u3);
u1g := line([0,0,0], convert(u13,list), color=blue,
thickness = 4):
u2g := line([0,0,0], convert(u23,list), color=blue,
thickness=4):
u3g := line([0,0,0], convert(u33,list) ,color = blue,
thickness = 4):
quadrica := implicitplot3d(2*x^2 + 2*y^2+2*z^2 + 2*x*y
+ 2*x*z + 2*y*z - 3=0, x=-5..5,y=-5..5,z=-5..5, axes =
normal,gris = [10,10,10]):
display([u1g,u2g,u3g,quadrica], scaling=constrained);
```

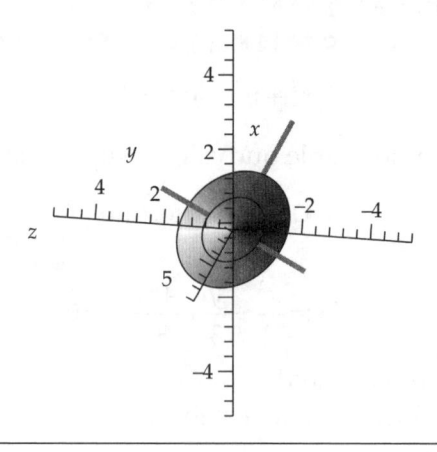

Figura 7.39

Vemos claramente que é um elipsóide.

8

$$\begin{bmatrix} \cos\theta & -\sin\theta & 0 \\ \sin\theta & \cos\theta & 0 \\ 0 & 0 & \lambda \end{bmatrix}$$

Exercícios Suplementares

Capítulo 1

1. Dados $\vec{a} = 3\vec{i} + 5\vec{j} + \vec{k}$; $\vec{b} = 2\vec{i} + 4\vec{k}$ e $\vec{c} = \vec{i} + x\vec{j} + 3\vec{k}$, determine x tal que $\vec{a}$, $\vec{b}$ e $\vec{c}$ sejam linearmente dependentes.

2. Ache um vetor $\vec{v} = x\vec{i} + y\vec{j} + z\vec{k}$ tal que $\vec{v} \cdot (2\vec{i} + 3\vec{j}) = 6$ e $\vec{v} \times (2\vec{i} + 3\vec{j}) = 2\vec{k}$.

3. Sejam A, B, C e O pontos do espaço tais que existem números reais não todos nulos x, y e z satisfazendo às equações
$$x\overrightarrow{OA} + y\overrightarrow{OB} + z\overrightarrow{OC} = \vec{O} \text{ e } x + y + z = 0.$$
Mostre que os pontos A, B e C estão sobre uma mesma reta.

4. Dados os vetores $\vec{u} = \vec{i} - 2\vec{j} + 3\vec{k}$ e $\vec{v} = 3\vec{i} + \vec{j} + 2\vec{k}$, determinar um vetor $\vec{w}$ pertencente ao plano gerado por $\vec{u}$ e $\vec{v}$ e perpendicular ao vetor $\vec{i}$.

5. Sejam $\vec{a}$, $\vec{b}$ e $\vec{c}$ vetores não-nulos tais que $\vec{a} \cdot \vec{b} = \vec{a} \cdot \vec{c} = \vec{b} \cdot \vec{c} = 0$. Mostre que $\{\vec{a}, \vec{b}, \vec{c}\}$ é uma base.

6. Sejam $\vec{a}$ e $\vec{b}$ vetores e $\vec{b} \neq \vec{0}$. Considere o escalar $x = \dfrac{\vec{a} \cdot \vec{b}}{\vec{b} \cdot \vec{b}}$. Demonstre que $\vec{a} - x\vec{b}$ é ortogonal ao vetor $\vec{b}$. Dê uma interpretação geométrica para o vetor $x\vec{b}$.

7. Considere os vetores $\vec{u} = x\vec{i} + y\vec{j}$ e $\vec{v} = z\vec{i} + w\vec{j}$. Qual a condição que os escalares x, y, z e w devem satisfazer para que $\vec{u}$ e $\vec{v}$ sejam linearmente independentes?

8. Demonstre que quatro vetores quaisquer $\vec{a}$, $\vec{b}$, $\vec{c}$ e $\vec{d}$ do espaço são sempre linearmente dependentes.

9. Demonstre que dois vetores $\vec{u}$ e $\vec{v}$ são ortogonais se, e somente se, $\|\vec{u} + \vec{v}\| = \|\vec{u} - \vec{v}\|$.

10. Considere os vetores $\vec{a} = -x\vec{i} + 2x\vec{j} + \vec{k}$ e $\vec{b} = x\vec{i} + 4\vec{j} - 7\vec{k}$.
    a) Para que valores de x o produto interno $\vec{a} \cdot \vec{b}$ é máximo?
    b) Se $\vec{a} \cdot \vec{b}$ é máximo, qual é o ângulo entre $\vec{a}$ e $\vec{b}$?

11. Se $x = [\vec{a}+\vec{b}, \vec{b}+\vec{c}, \vec{a}+\vec{c}]$. Mostre que $x = 2[\vec{a},\vec{b},\vec{c}]$.

12. Demonstre que $(\vec{a} \times \vec{b}) \cdot (x\vec{a} + y\vec{b}) = 0$ quaisquer que sejam os escalares x e y.

13. Sejam $\vec{a}$ e $\vec{b}$ vetores tais que $\vec{a}+\vec{b}$ é ortogonal a $\vec{a}-\vec{b}$. Mostre que $\|\vec{a}\| = \|\vec{b}\|$.

14. Demonstre que os vetores $\vec{a}$ e $\vec{b}$ são linearmente dependentes se, e somente se, $|\vec{a} \cdot \vec{b}| = \|\vec{a}\|\|\vec{b}\|$.

15. Sejam $\vec{a}$, $\vec{b}$, $\vec{u}$ e $\vec{v}$ vetores tais que $\vec{u} = x\vec{a} + y\vec{b}$ e $\vec{v} = z\vec{a} + w\vec{b}$. Mostre $\vec{u} \times \vec{v} = (xw - yz)\vec{a} \times \vec{b}$.

16. Seja $\{\vec{a},\vec{b},\vec{c}\}$ base ortonormal. Mostre que $[\vec{a},\vec{b},\vec{c}] = 1$ ou $[\vec{a},\vec{b},\vec{c}] = -1$, conforme a base é positiva ou negativa.

17. Demonstre que
$$(\vec{a} \times \vec{b}) \times \vec{c} + (\vec{c} \times \vec{a}) \times \vec{b} + (\vec{b} \times \vec{c}) \times \vec{a} = \vec{0}$$

Quaisquer que sejam os vetores $\vec{a}$, $\vec{b}$ e $\vec{c}$.

Capítulo 2

1. Ache a equação da reta que passa pelo ponto $A(1,-1,0)$ e é paralela aos planos $3x + 2y + z + 1 = 0$ e $x + y - z = 0$.

2. Determine a equação do plano que passa pela reta $\dfrac{x+1}{2} = \dfrac{y}{3} = -z$ e é perpendicular ao plano $3x - 4y - 2z = 1$.

3. Calcule a distância do ponto $P(0,-2,3)$ à interseção da reta
$$r : \begin{cases} x = 1 - t \\ y = -2 + t \\ z = 2t \end{cases} \text{ com o plano } x + y + z - 1 = 0.$$

4. Quantos pontos existem no plano xy que são eqüidistantes dos pontos $A(2,-1,4)$ e $B(3,2,-1)$? Quais são esses pontos?

5. Considere os pontos $A(1,2,0)$, $B(-5,3,1)$ e $C(4,-1,1)$. Ache a equação da reta que passa pelos pontos médios dos segmentos AB e AC.

6. Escreva as equações paramétricas da reta interseção dos planos $x + y - 2z = 3$ e $3x - 2y + z = 6$.

7. Escreva a equação do plano perpendicular à reta $x = 1-t$, $y = 2+3t$, $z = 1+t$ e passando pelo ponto $(2,1,3)$.

8. Defina ângulo entre uma reta τ e um plano π. Se τ é dada pelas equações paramétricas $x = a_1 + tb_1$, $y = a_2 + tb_2$, $z = a_3 + tb_3$ e π é dado por $ax + by + cz = d$. Calcule o ângulo entre τ e π.

9. Encontre a equação do plano que contém a reta r dada pelas equações
$$3x - y + z = 0, \quad x + 3y - z = 0$$
e passa pelo ponto $A(1,3,1)$.

10. Encontre o ângulo e a distância entre as retas
$\dfrac{x-2}{3} = \dfrac{y+2}{2} = \dfrac{z}{3}$ e $\dfrac{x+3}{2} = \dfrac{y-1}{2} = \dfrac{z-3}{2}$.

11. Calcule a distância entre as retas
$\dfrac{x+1}{2} = \dfrac{y-1}{3} = z$ e $x = 2t, y = t, z = 2-t$.

12. Calcule a distância entre a interseção dos planos $x+y-z=-2$, $2x-y+z=5$, $x+y-2z=-4$ e a reta cujas equações paramétricas são $x=1+2t$, $y=-t$, $z=2-3t$.

13. Considere os pontos $A(1,2,1)$, $B(2,1,1)$ e $C(1,0,3)$.
    a) Escreva as equações das medianas do triângulo ABC.
    b) Escreva as equações das alturas do triângulo ABC.
    c) Calcule a área do triângulo ABC.

14. Considere o triângulo ABC do exercício anterior.
    a) Mostre que existe um único quadrado $DEFG$ cujos vértices D e E estão sobre o lado AB, o vértice F está sobre o lado BC e o vértice G sobre o lado AC.
    b) Calcule a área do quadrado $DEFG$.

15. Deduza uma fórmula que dá a área do triângulo cujos vértices são $A(x_1, y_1, z_1)$, $B(x_2, y_2, z_2)$ e $C(x_3, y_3, z_3)$.

Capítulo 3

1. Considere o cone $x^2 + y^2 = z^2$ e o plano $ax + by + cz = d$. Descreva as seções cônicas obtidas quando a, b, c e d variam.

2. Mostre que os números α e β do Exercício 3 são as raízes da equação
$$\begin{vmatrix} a-x & b \\ b & c-x \end{vmatrix} = 0.$$

Capítulos 4 e 5

Os exercícios a seguir envolvem o conhecimento dos Capítulos 4 e 5.

1. Verifique se o vetor $(3,-1,0,-1)$ está no subespaço do $\mathbb{R}^4$ gerado pelos vetores $(2,-1,3,2)$, $(-1,1,1,-3)$ e $(1,1,9,-5)$.

2. Mostre que os vetores $A_1 = (1,1,0,0)$, $A_2 = (0,1,1,0)$, $A_3 = (0,0,1,1)$ e $A_4 = (0,0,0,1)$ formam uma base para o $\mathbb{R}^4$.

3. Ache uma base para o subespaço do $\mathbb{R}^4$ gerado pelos vetores $(1,1,2,4)$, $(2,-1,-5,2)$, $(1,-1,-4,0)$ e $(2,1,1,6)$.

4. Mostre que os vetores (a,b) e (c,d) do $\mathbb{R}^4$ são linearmente independentes se, e somente se, $ad - bc \neq 0$.

5. Seja S o subespaço do $\mathbb{R}^2$ gerado pelos vetores $(-1,4,3)$, $(2,0,1)$, $(1,4,4)$ e $(-2,8,6)$. Ache uma base para S.

6. Ache uma base para o espaço das soluções do sistema homogêneo
$$2x_1 + x_2 + x_3 - x_4 = 0$$
$$x_1 - 2x_2 - x_3 + x_4 = 0.$$

7. Ache uma base ortonormal para o subespaço do $\mathbb{R}^4$ gerado pelos vetores $(1,2,3,-1)$, $(0,0,1,1)$ e $(1,2,4,0)$.

8. Ache uma base ortonormal para o espaço das soluções do sistema homogêneo
$$2x_1 + 3x_3 = 0$$
$$x_4 - x_5 = 0.$$

9. Verifique se os pontos $(1,0,2,0,1)$, $(1,2,3,1,0)$, $(0,2,1,1,0)$, $(2,1,0,0,1)$ e $(1,1,1,0,2)$ determinam um hiperplano no $\mathbb{R}^5$.

10. Calcule a distância da origem ao hiperplano $2x_1 + x_2 - 2x_3 + x_4 = 1$ do $\mathbb{R}^4$.

11. Escreva a equação do hiperplano do $\mathbb{R}^5$ que passa pela origem e pelos pontos $(1,0,0,-1,0)$, $(1,-1,0,2,0)$, $(0,-1,1,0,0)$ e $(0,0,0,0,1)$.

12. Demonstre que os vetores $A_1,...,A_r$ do $\mathbb{R}^n$ são linearmente independentes se, e somente se, a matriz A, $r \times r$, com elementos $A_{ij} = A_i \cdot A_j$, $i,j = 1,...,r$ for invertível.

13. Sejam $A_1,...,A_r$ vetores não-nulos do $\mathbb{R}^n$ tais que $A_i \cdot A_j = 0$ para $i,j = 1,...,r$. Mostre que $r \leq n$.

14. a) Defina o ângulo entre dois hiperplanos do $\mathbb{R}^n$.
    b) Calcule o ângulo entre os hiperplanos $x_1 + x_2 + x_3 + x_4 = 1$ e $2x_1 - x_2 + x_3 - x_4 = 2$ do $\mathbb{R}^4$.

15. Mostre que, se $A = \begin{bmatrix} x & 1 \\ 0 & x \end{bmatrix}$, então $A^n = \begin{bmatrix} x^n & nx^{n-1} \\ 0 & x^n \end{bmatrix}$, para qualquer n em $\mathbb{Z}$.

16. Sejam A e B matrizes quadradas anti-simétricas, $n \times n$. Demonstre que AB é simétrica se, e somente se, $AB = BA$.

17. Verifique se as seguintes matrizes são invertíveis e, em caso afirmativo, calcule suas inversas.

a) $\begin{bmatrix} 1 & 3 & 3 \\ 1 & 4 & 3 \\ 1 & 3 & 4 \end{bmatrix}$
b) $\begin{bmatrix} 1 & 1 & 1 & 1 \\ 2 & 4 & 3 & 3 \\ 1 & 2 & 3 & 1 \\ 1 & 3 & 3 & 2 \end{bmatrix}$
c) $\begin{bmatrix} 1 & 0 & 1 & 1 \\ 0 & 1 & 0 & 1 \\ 2 & 3 & 0 & 2 \\ 1 & 2 & 2 & 2 \end{bmatrix}$

18. Escreva duas matrizes 3×3 A e B não-nulas tais que $AB = 0$.

19. Ache uma base para o espaço das soluções do sistema homogêneo
$$x_1 + x_2 + x_3 + x_4 = 0$$
$$2x_1 + x_3 - x_4 = 0$$
$$x_1 + 3x_2 + 2x_3 + 4x_4 = 0.$$

20. Um *grupo* de matrizes é um conjunto G de matrizes quadradas $n \times n$ satisfazendo às seguintes propriedades:
   1. G contém a matriz identidade;
   2. se A e B pertencem a G, então AB pertence a G;
   3. se A pertence a G, então A é invertível e A^{-1} pertence a G.
   a) Mostre que o conjunto G das matrizes invertíveis é um grupo (denominado *grupo linear*).
   b) Mostre que o conjunto G das matrizes A tais que $A^{-1} = {}^tA$ é um grupo (denominado *grupo ortogonal*).

21. Demonstre que toda matriz quadrada A pode ser decomposta de maneira única como $A = B + C$, onde B é simétrica e C é anti-simétrica.

22. Sejam A e B matrizes quadradas $n \times n$ tais que AB é invertível. Mostre que A e B são invertíveis.

23. Uma matriz quadrada A é *nilpotente*, se existir inteiro positivo n tal que $A^n = 0$. Mostre que as matrizes nilpotentes não são invertíveis.

24. Para cada número real θ, considere a matriz $A_\theta = \begin{bmatrix} \cos\theta, & -\text{sen}\theta \\ \text{sen}\theta, & \cos\theta \end{bmatrix}$.
   a) Demonstre que $A_{\theta_1 + \theta_2} = A_{\theta_1} A_{\theta_2} = A_{\theta_2} A_{\theta_1}$.
   b) $A_\theta{}^n = A_{n\theta}$.
   c) $A_0 = I$.
   d) O conjunto G das matrizes A_θ é um grupo (veja o Exercício 20 dado anteriormente).

25. Uma matriz A é *idempotente* se $A^2 = A$.
   a) Mostre que se A é idempotente, então ou $A = I$ ou A não é invertível.
   b) Mostre que se $AB = A$ e $BA = B$, então A e B são idempotentes.

26. Sejam A e P matrizes quadradas $n \times n$.
   a) Mostre que se A é simétrica, então ${}^tPAP$ é simétrica.
   b) Mostre que se A é anti-simétrica, então ${}^tPAP$ é anti-simétrica.

27. As matrizes $A_1, ..., A_r$ quadradas $n \times n$ são *linearmente independentes* se a equação $x_1 A_1 + ... + x_r A_r = 0$ possui somente a solução nula $x_1 = x_2 = ... = x_r = 0$.
   a) Mostre que se $A_1, ..., A_r$ são linearmente independentes, então $r \leq n^2$.
   b) Escreva um conjunto de n^2 matrizes quadradas $n \times n$ linearmente independentes.

28. Mostre que se A é uma matriz quadrada $n \times n$, então existe um polinômio $p(x)$ de grau menor ou igual a n^2 tal que $p(A) = 0$.
Sugestão: Utilize o Exercício 27.

29. Demonstre que

$$\left(\sum_{i=1}^{n} x_i y_i\right)^2 \le \left(\sum_{i=1}^{n} x_i^2\right)\left(\sum_{i=1}^{n} y_i^2\right)$$

Quaisquer que sejam os números reais $x_i, y_i, i = 1, \dots, n$.

30. Seja A uma matriz quadrada $n \times n$ tal que $AB = BA$ qualquer que seja a matriz quadrada B. Mostre que $A = cI$ para algum escalar c.

31. Demonstre que os pontos $P_1, \dots, P_n$ do $\mathbb{R}^n$ determinam um hiperplano se, e somente se, os vetores $P_1 - P_2, \dots, P_1 - P_n$ são linearmente independentes.

32. Seja H o hiperplano do $\mathbb{R}^n$ de equação $a_1 x_1 + \dots + a_n x_n + d = 0$ e $P_0 \in \mathbb{R}^n$. Deduza a fórmula que dá a distância entre P_0 e H.

33. Sejam S_1 e S_2 subespaços vetoriais do $\mathbb{R}^n$.

a) Demonstre que $S_1 \cap S_2$ é também um subespaço vetorial do $\mathbb{R}^n$.

b) Dê um exemplo mostrando que $S_1 \cup S_2$ pode não ser um subespaço vetorial do $\mathbb{R}^n$.

Capítulo 6

1. Seja $L: \mathbb{R}^3 \to \mathbb{R}^3$ o operador linear cuja matriz na base canônica do $\mathbb{R}^3$ é

$$A = \begin{bmatrix} 5 & -6 & -6 \\ -1 & 4 & 2 \\ 3 & -6 & -4 \end{bmatrix}.$$

a) Mostre que L é diagonalizável.

b) Ache uma matriz invertível P tal que $P^{-1}AP = D$, onde D é diagonal.

2. Ache uma matriz ortogonal P tal que ${}^t PAP = D$, onde D é diagonal e

$$A = \begin{bmatrix} 1 & 2 & 2 \\ 2 & 3 & 5 \\ 2 & 5 & 5 \end{bmatrix}.$$

3. Um operador linear $L: \mathbb{R}^3 \to \mathbb{R}^3$ é uma isometria se $\|L(X)\| = \|X\|$ qualquer que seja $X \in \mathbb{R}^3$.

a) Mostre que a matriz de L na base canônica é ortogonal.

b) Mostre que existe uma base ortonormal B tal que

$$[L]_B = \begin{bmatrix} \pm 1 & 0 & 0 \\ 0 & \cos\theta & -\sin\theta \\ 0 & \sin\theta & \cos\theta \end{bmatrix}.$$

4. Enuncie e demonstre o teorema espectral para operadores auto-adjuntos $L: \mathbb{R}^4 \to \mathbb{R}^4$.

5. Sejam A e B matrizes reais simétricas 3×3 tais que $AB = BA$. Mostre que existe uma matriz ortogonal P tal que ${}^t PAP$ e ${}^t PBP$ são diagonais.

6. Seja A matriz real simétrica $n \times n$, $1 \leq n \leq 3$. Mostre que existe uma matriz invertível P tal que ${}^t PAP = D$, onde D_{ii} é o, +1 ou −1.

7. Sejam $A = \begin{bmatrix} 1 & 1 \\ 1 & 1 \end{bmatrix}$ e $B = \begin{bmatrix} 1 & a \\ a & 1 \end{bmatrix}$. Ache uma matriz invertível P tal que $P^{-1} AP$ e $P^{-1} BP$ são diagonais.

$$\begin{bmatrix} \cos\theta & -\sin\theta & 0 \\ \sin\theta & \cos\theta & 0 \\ 0 & 0 & \lambda \end{bmatrix}$$

Sugestões, Respostas e Soluções dos Exercícios

Capítulo 1

Seção 1.5

1. $\overrightarrow{PC} = \left(1 - \dfrac{m}{m+n}\right)\overrightarrow{PA} + \dfrac{m}{m+n}\overrightarrow{PB}$.

2. Sejam $ABCD$ o paralelogramo e E o ponto médio de AC. Assim, $\overrightarrow{BE} = \overrightarrow{BA} + \dfrac{1}{2}\overrightarrow{AC}$ e $\overrightarrow{BD} = \overrightarrow{BA} + \overrightarrow{AC} + \overrightarrow{CD} = 2\overrightarrow{BA} + \overrightarrow{AC}$. Portanto, $\overrightarrow{BD} = 2\overrightarrow{BE}$.

5. Mostre que $\overrightarrow{AD} + \overrightarrow{BE} + \overrightarrow{CF} = (\overrightarrow{AB} + \overrightarrow{BC} + \overrightarrow{CA}) + (\overrightarrow{BD} + \overrightarrow{CE} + \overrightarrow{AF}) = \dfrac{3}{2}(\overrightarrow{AB} + \overrightarrow{BC} + \overrightarrow{CA})$. Utilize o Exemplo 1.1, para concluir as demonstrações de (a) e (b).

Seção 1.7

1. **b)** $\overrightarrow{BC}^2 = \overrightarrow{AC}^2 + \overrightarrow{AB}^2 - 2\overrightarrow{AC} \cdot \overrightarrow{AB}$. Portanto, $a^2 = b^2 + c^2 - 2bc\cos(\hat{A})$.

2. **a)** A equação $x\vec{a} + y\vec{b} + z\vec{c} = \vec{0}$ nos dá o sistema $2x + y = 0$, $3x + z = 0$ e $y + 2z = 0$ que só possui a solução $x = y = z = 0$.

   b) Resolva o sistema $2x + y = 1$, $3x + z = 1$ e $y + 2z = 1$.

8. $\overrightarrow{AB} = (3-2)\vec{i} + (6-1)\vec{j} + (2-5)\vec{k} = \vec{i} + 5\vec{j} - 3\vec{k}$; $\|\overrightarrow{AB}\| = \sqrt{35}$.

10. Sejam $\vec{a} = 2\vec{i} + 3\vec{j} + \vec{k}$ e $\vec{b} = 3\vec{i} + 2\vec{j} - 3\vec{k}$. O vetor $\vec{v} = \dfrac{\vec{a}}{\|\vec{a}\|} + \dfrac{\vec{b}}{\|\vec{b}\|}$ é paralelo à bissetriz. Portanto, $\vec{u} = \dfrac{\vec{v}}{\|\vec{v}\|}$ é o vetor pedido.

12. $(x\vec{i} + 2\vec{j} + 4\vec{k}) \cdot (x\vec{i} - 2\vec{j} + 3\vec{k}) = x^2 + 8 = 0$ não possui raiz real.

17. $\vec{v} = (\vec{v} \cdot \vec{i})\vec{i} + (\vec{v} \cdot \vec{j})\vec{j} + (\vec{v} \cdot \vec{k})\vec{k}$. Portanto, $\|\vec{v}\|^2 = \|\vec{v}\|^2(\cos^2\alpha + \cos^2\beta + \cos^2\lambda)$.

18. $\|\vec{a} + \vec{b}\|^2 = \|\vec{a}\|^2 + \|\vec{b}\|^2 + 2\vec{a} \cdot \vec{b}$ \hfill (1)

    $\|\vec{a} - \vec{b}\|^2 = \|\vec{a}\|^2 + \|\vec{b}\|^2 - 2\vec{a} \cdot \vec{b}$ \hfill (2)

    Somando (1) e (2), obtemos (b). Subtraindo (2) de (1), temos (a).

19. a) $|\vec{a}\cdot\vec{b}| = \|\vec{a}\|\|\vec{b}\||\cos(\vec{a},\vec{b})| \leq \|\vec{a}\|\|\vec{b}\|$

b) $\|\vec{a}+\vec{b}\|^2 = (\vec{a}+\vec{b})^2 = \|\vec{a}\|^2 + 2\vec{a}\cdot\vec{b} + \|\vec{b}\|^2 \leq \|\vec{a}\|^2 + 2|\vec{a}\cdot\vec{b}| + \|\vec{b}\|^2$
$\leq \|\vec{a}\|^2 + 2\|\vec{a}\|\|\vec{b}\| + \|\vec{b}\|^2 = (\|\vec{a}\| + \|\vec{b}\|)^2$ [por (a)]

c) $\vec{a} = (\vec{a}-\vec{b}) + \vec{b}$ e $\vec{b} = (\vec{b}-\vec{a}) + \vec{a}$, utilizando (b), obtemos $\|\vec{a}\| - \|\vec{b}\| \leq \|\vec{a}-\vec{b}\|$
e $\|\vec{b}\| - \|\vec{a}\| \leq \|\vec{a}-\vec{b}\|$. Portanto, $\|\vec{a}\| - \|\vec{b}\| \leq \|\vec{a}-\vec{b}\|$.

Seção 1.9

1. a) Observe que $\|\vec{a}\times\vec{b}\| = \|\vec{b}\times\vec{a}\|$ e que os ternos $(\vec{a}, \vec{b}, \vec{a}\times\vec{b})$ e $(\vec{b}, \vec{a}, -(\vec{a}\times\vec{b}))$ são positivos.

b) Note que $\|x(\vec{a}\times\vec{b})\| = |x|\|\vec{a}\|\cdot\|\vec{b}\|\cdot|\text{sen}(\vec{a},\vec{b})| = \|x\vec{a}\|\cdot\|\vec{b}\|\cdot|\text{sen}(x\vec{a},\vec{b})|$. Além disso, se $x \neq 0$, então $(x\vec{a}, \vec{b}, x(\vec{a}\times\vec{b}))$ é positivo.

2. Escreva $\vec{a}, \vec{b}, \vec{c}$ e $\vec{d}$ como combinações lineares de $\vec{i}, \vec{j}, \vec{k}$ e faça os cálculos.

4. O volume é $\|\overline{AB}, \overline{AC}, \overline{AD}\|$.

6. A área é $\|\overline{AC}\times\overline{AC}\| = 0$.

8. A área do triângulo é $\frac{1}{2}\|\overline{AB}\times\overline{AC}\| = \frac{1}{2}\sqrt{101}$.

13. Considere os vetores $\vec{a} = a_1\vec{i} + a_2\vec{j} + a_3\vec{k}$, $\vec{b} = b_1\vec{i} + b_2\vec{j} + b_3\vec{k}$ e $\vec{c} = c_1\vec{i} + c_2\vec{j} + c_3\vec{k}$.

a) Resulta de $[x\vec{a}, \vec{b}, \vec{c}] = x[\vec{a}, \vec{b}, \vec{c}]$.

b) Resulta de $[\vec{a}+\vec{a}', \vec{b}, \vec{c}] = [\vec{a}, \vec{b}, \vec{c}] + [\vec{a}', \vec{b}, \vec{c}]$.

15. Não, como nos mostra o seguinte exemplo:
$(\vec{i}\times\vec{j})\times\vec{j} = \vec{k}\times\vec{j}$ e $\vec{i}\times(\vec{j}\times\vec{j}) = \vec{i}\times\vec{0} = \vec{0}$.

19. Utilize a observação que segue o Exemplo 1.4 pondo $\vec{u} = \vec{0}$.

Capítulo 2

Seção 2.2

2. Utilize o Exercício 19 (b) da Seção 1.7, observando que $\overrightarrow{P_1P_2} = \overrightarrow{P_1P_3} + \overrightarrow{P_3P_2}$.

4. $\overrightarrow{P_1P_2} \times \overrightarrow{P_1P_3} = 3(\vec{i}-\vec{j}-\vec{k}) \neq \vec{0}$, mostrando que P_1, P_2 e P_3 determinam um plano. O plano passa por P_1 e é normal ao vetor $\vec{i}-\vec{j}-\vec{k}$, a equação é, portanto, $(\vec{i}-\vec{j}-\vec{k})\overrightarrow{P_1P} = x - y - z + 2 = 0$, onde $P(x,y,z)$ é um ponto qualquer do plano.

7. $\vec{u} = \frac{1}{2}(\vec{i}-\vec{j}+\sqrt{2}\vec{k})$.

Sugestões, Respostas e Soluções dos Exercícios | 275

10. a) $\overrightarrow{P_1P_2} \times \overrightarrow{P_1P_3} = -2\vec{k} \neq \vec{0}$, portanto os pontos não são colineares. $\left[\overrightarrow{P_1P}, \overrightarrow{P_1P_2}, \overrightarrow{P_1P_3}\right] = 0$, logo os pontos são coplanares.

   b) A equação $\overrightarrow{P_1P} = x\overrightarrow{P_1P_2} + y\overrightarrow{P_1P_3}$ nos dá $x = 2$ e $y = 1$.

12. $2x - y + 5z - 12 = 0$.

14. A projeção é $(\vec{a} \cdot \vec{u})\vec{u}$, onde $\vec{u} = \dfrac{\vec{b} \times \vec{c}}{\|\vec{b} \times \vec{c}\|}$.

16. O plano passa por A(2,1,0) e é perpendicular ao vetor $\vec{a} \times \vec{b}$, onde $\vec{a} = \vec{i} + 2\vec{j} - 3\vec{k}$, $\vec{b} = 2\vec{i} - \vec{j} + 4\vec{k}$.

18. a) $\left(-\dfrac{d}{a}, 0, 0\right)$, $\left(0, -\dfrac{d}{b}, 0\right)$ e $\left(0, 0, -\dfrac{d}{c}\right)$.

   b) Divida $ax + by + cz + d = 0$ por $-d \neq 0$, obtendo
   $$\dfrac{x}{-d/a} + \dfrac{y}{-d/b} + \dfrac{z}{-d/c} = 1.$$

   c) $\left(\dfrac{3}{2}, 0, 0\right)$; (0,3,0) e (0,0,–3).

   d) $\dfrac{x}{1} + \dfrac{y}{2} + \dfrac{z}{3} = 1$.

Seção 2.3

2. α é normal ao vetor $\vec{a} = \overrightarrow{AB} \times \overrightarrow{AC} = \vec{i}$ e β é normal ao vetor $\vec{b} = \overrightarrow{QP} \times (\vec{i} + \vec{j}) = -\vec{i} + \vec{j}$. Assim, $\cos(\alpha, \beta) = \dfrac{1}{\sqrt{2}}$.

4. $\cos(\alpha, \beta) = \dfrac{11}{14}$.

6. Seja α o plano diagonal que passa por OB e β o plano diagonal que passa por AC; α é normal ao vetor $\vec{a} = \overrightarrow{OB} \times (\overrightarrow{OA} + \overrightarrow{OC}) = \vec{i} - \vec{j}$ e β é normal ao vetor $\vec{b} = \overrightarrow{OB} \times (\overrightarrow{OC} - \overrightarrow{OA}) = \vec{i} - \vec{j} + 2\vec{k}$. Portanto, $\cos(\alpha, \beta) = \dfrac{1}{\sqrt{3}}$.

Seção 2.4

1. a) Sim. b) Não.

3. Seja P(x,y,z) o ponto. Então, $\overrightarrow{AP} = \dfrac{3}{4}\overrightarrow{AB}$, onde $(x-1)\vec{i} + y\vec{j} + (z-2)\vec{k} = \dfrac{3}{4}(\vec{i} + \vec{j} - 2\vec{k})$. Portanto, $x = \dfrac{7}{4}$, $y = \dfrac{3}{4}$, $z = \dfrac{1}{2}$.

5. As equações paramétricas são $x = 1 + t$, $y = 2 + t$ e $z = 3 + t$.

7. A reta passa por Q(1, 2, 1) e é paralela ao vetor $\vec{a} = \vec{i} - \vec{j} + 2\vec{k}$. As equações paramétricas são $x = 1 + t$, $y = 2 - t$, $z = 1 + 2t$.

9. Utilizando o Exemplo 2.12, encontramos $3x + 2z - 1 = 0$.

Seções 2.5 a 2.9

1. a) A reta r é paralela ao vetor $\vec{a} = (2\vec{i} - \vec{j} + \vec{k}) \times (\vec{i} + 2\vec{j} - \vec{k}) = -\vec{i} + 3\vec{j} + 5\vec{k} \neq 0$.
   b) Seja $P_0(x_0, y_0, z_0)$ o ponto em que a reta intercepta r. Desse modo, pelo Exemplo 2.14, obtemos o sistema $2x_0 - y_0 + z_0 = 0$, $x_0 + 2y_0 - z_0 = 1$ e $\overrightarrow{AP_0} \cdot \vec{a} = -x_0 + 3y_0 + 5z_0 = 4$ cuja solução é dada pela regra de Cramer.

4. A reta r_1 é paralela ao vetor $\vec{v_1} = 2\vec{i} - \vec{j} + \vec{k}$ e a r_2 é paralela ao vetor $\vec{v_2} = (\vec{i} + \vec{j} + \vec{k}) \times (2\vec{i} - \vec{j} + 2\vec{k}) = 3(\vec{i} - \vec{k})$. Assim, $\cos(r_1, r_2) = |\cos(v_1, v_2)| = \dfrac{1}{2\sqrt{3}}$.
O ponto $P_1(0,1,2)$ pertence a r_1 e r_2 passa pela origem $\overrightarrow{OP_1} = \vec{j} + 2\vec{k}$. Logo,
$$d(r_1, r_2) = \frac{\left|\overrightarrow{OP_1} \cdot (\vec{v_1} \times \vec{v_2})\right|}{\|\vec{v_1} \times \vec{v_2}\|} = \frac{4}{\sqrt{11}}.$$

5. A distância é $\dfrac{|1 + 0 - 2|}{\sqrt{1 + 1 + 1}} = \dfrac{1}{\sqrt{3}}$.

6. $d(C, r) = \dfrac{\|\overrightarrow{CB} \times \overrightarrow{AB}\|}{\|\overrightarrow{AB}\|} = \sqrt{3}$.

8. Análogo aos Exemplos 2.19 e 2.20.

Capítulo 3

Seção 3.1

1. a) $C(0,0)$, $r = 4$; b) $C(-2,0)$, $r = 2$; c) $C(-3,4)$, $r = 5$;
   d) $C(0,3)$, $r = 3$.

3. a) Existem dois círculos nessas condições. Os centros C e C' estão sobre a reta r que passa pelo ponto médio M de AB e é perpendicular a AB. Além disso, $\|\overrightarrow{CM}\|^2 = 64 - \|\overrightarrow{BM}\|^2$.
   b) As retas r_1 e r_2, perpendiculares a AB e BC e passando pelos pontos médios desses segmentos se interceptam no centro do círculo.
   c) O centro é o ponto médio M de AB.
   d) O centro é a interseção da reta $x - 2y = 6$ com a reta perpendicular a AB e passando por seu ponto médio.

4. a) $a^2 x^2 + (a^2 - c^2) y^2 = a^2 (a^2 - c^2)$.
   b) $5x^2 - 10x + 9y^2 - 36y = 4$.

5. Faça a translação de eixos $u = x - p$, $v = y - q$.

6. Veja a solução do Exercício 13.

7. a) $(c^2-a^2)y^2-a^2x^2=a^2(c^2-a^2)$.
   b) $2xy=1$.
9. Veja a solução do Exercício 13.
10. Observe que $y=\pm\dfrac{bx}{a}\sqrt{1-\dfrac{a^2}{x^2}}$ e se $|x|\to\infty$, então $y\to\pm\dfrac{b}{a}x$.
11. c) $x^2+12y=0$; d) Utilize a Seção 2.7, na qual r é $x=2-t$, $y=t$, $z=0$, pondo $d(P,r)=\|\overrightarrow{OP}\|$, obtendo $x^2+y^2-2xy+4x+4y=4$.
13. Escolha r como o eixo dos y e seja o eixo dos x a reta perpendicular a r passando pelo foco F. Sejam $P(x,y)$ e $F(c,0)$. A equação $\|\overrightarrow{PF}\|=e\|\overrightarrow{PD}\|$ nos dá
$$\sqrt{(x-c)^2+y^2}=e|x| \text{ ou seja, } x^2-2cx+c^2+y^2=e^2x^2.\qquad(3)$$
   a) Se $0<e<1$, então $1-e^2>0$ e (3) pode ser escrita como
$$\left(x-\dfrac{c}{1-e^2}\right)^2+\dfrac{y^2}{1-e^2}=\dfrac{c^2e^2}{(1-e^2)^2},\text{ pondo } a=\dfrac{ce}{1-e^2},$$
$b^2=a^2(1-e^2)$ e fazendo a translação $v=x+\dfrac{c}{1-e^2}$, $w=0$, temos $\dfrac{v^2}{a^2}+\dfrac{w^2}{b^2}=1$ que é a equação da elipse.
   b) Se $e=1$ (1) nos dá $y^2=2c\left(x-\dfrac{c}{2}\right)$ e após a translação $v=x+\dfrac{c}{2}$, $w^2=2cv$ obtemos $w^2=2cv$ e >1, que é a equação normal de uma parábola.
   c) Se $e>1$, $e^2-1>0$ e (1) nos dá
$$\left(x+\dfrac{c}{e^2-1}\right)^2-\dfrac{y^2}{e^2-1}=\dfrac{c^2e^2}{(e^2-1)^2},\text{ pondo } a=\dfrac{ce}{e^2-1},$$
$b^2=a^2(e^2-1)$ e utilizando a translação $v=x-\dfrac{ce}{e^2-1}$, $w=0$, obtemos a equação normal de uma hipérbole
$$\dfrac{v^2}{a^2}-\dfrac{w^2}{b^2}=1.$$

Seção 3.4

1. a) $y=2x^2$.
   b) $\dfrac{x^2}{2}+\dfrac{y^2}{4}+\dfrac{z^2}{2}=1$.
   c) $x^2+z^2=\left(\dfrac{y-b}{a}\right)^2$.
   d) Sejam r e s as retas dadas, onde s é paralela ao vetor $\vec{v}=-\vec{i}+\vec{j}+2\vec{k}$. Observe que o vértice do cone é a origem e que $P(x,y,z)$ pertence ao cone se, e somente se, $|\cos(r,s)|=|\cos(\overrightarrow{OP},\vec{v})|$, onde obtemos a equação $5x^2-5y^2-11z^2+8xy+12xz-12yz=0$.

3. a) Pela Seção 3.4, após a translação $x = u+1$, $y = v+1$, $z = w+3$, obtemos o elipsóide de revolução $4u^2 + v^2 + 4w^2 = 1$.

   b) Após a translação de eixos $x = u$, $y = v+1$ e $z = w + \dfrac{1}{2}$, obtemos o elipsóide $\dfrac{u^2}{2} + \dfrac{v^2}{1} + \dfrac{w^2}{4} = 1$.

   c) Após a translação $x = u - \dfrac{3}{2}$, $y = v+1$, $z = w+2$, obtemos o hiperbolóide de uma folha $\dfrac{u^2}{4} + \dfrac{v^2}{16} - \dfrac{w^2}{16} = 1$.

   d) É o hiperbolóide de duas folhas
   $$-\dfrac{x^2}{\left(\dfrac{1}{\sqrt{2}}\right)^2} + \dfrac{y^2}{1} - \dfrac{z^2}{\left(\dfrac{1}{\sqrt{3}}\right)^2} = 1.$$

   e) Pela Seção 3.4, 2, de $y^2 + 2x - z = 0$, temos $\dfrac{1}{\sqrt{5}} y^2 + \dfrac{2}{\sqrt{5}} x - \dfrac{1}{\sqrt{5}} z = 0$ que após a rotação de eixos $u = \dfrac{2}{\sqrt{5}} x - \dfrac{1}{\sqrt{5}} z$, $v = y$, $w = -\dfrac{1}{\sqrt{5}} x + \dfrac{2}{\sqrt{5}} z$

   nos dá o cilindro parabólico $v^2 = -\sqrt{5}u$.

4. Observe que $\dfrac{x^2}{a^2} - \dfrac{y^2}{b^2} = \left(\dfrac{x}{a} + \dfrac{y}{b}\right)\left(\dfrac{x}{a} - \dfrac{y}{b}\right) = cz = (ck)\dfrac{z}{k}$ se $k \neq 0$.

5. Observe que o hiperbolóide pode ser escrito sob a forma:
$$\left(\dfrac{x}{a} + \dfrac{z}{c}\right)\left(\dfrac{x}{a} - \dfrac{z}{c}\right) = \left(1 + \dfrac{y}{b}\right)\left(1 - \dfrac{y}{b}\right).$$

Capítulo 4

Seção 4.1

1. a) $A + B = (1, 1)$; $A - B = (1, -1)$; $2A - 5B = (2, -5)$.
   b) $A + B = (0, 1, 1)$; $A - B = (2, -1, 1)$; $2A - 5B = (7, -5, 2)$.
   c) $A + B = \left(1 + \sqrt{2}, 3, 1\right)$; $A - B = \left(\sqrt{2} - 1, -1, 3\right)$; $2A - 5B = \left(2\sqrt{2} - 5, -8, 9\right)$.

Seção 4.2

1. a) $X^2 = 1$, $X \cdot Y = 0$.
   b) $X^2 = 1$, $X \cdot Y = 0$.
   c) $X^2 = 14$, $X \cdot Y = -5$.

4. a) Sim. b) Sim.
   c) Não. d) Sim.

Seção 4.3

1. a) $\|X\|=1$; b) $\|X\|=3$; c) $\|X\|=2\sqrt{6}$.
3. a) $d(A,B)=\|A-B\|\geq 0$.
   b) $d(A,B)=\|A-B\|=0 \Leftrightarrow \|A-B\|=0 \Leftrightarrow A=B$.
   c) Observando que $A-B=(A-C)+(C-B)$, obtemos
   $\|A-B\|\leq\|A-C\|+\|C-B\|$.
4. a) $\cos(X,Y)=\dfrac{X\cdot Y}{\|X\|\cdot\|Y\|}=\dfrac{1}{\sqrt{2}}$.
   b) $\cos(X,Y)=\dfrac{1}{2}$.
5. Observe que $X=(X-Y)+Y$ e $Y=(Y-X)+X$ e utilize a desigualdade triangular, obtendo $\|X\|-\|Y\|\leq\|X-Y\|$ e $\|Y\|-\|X\|\leq\|X-Y\|$.

Seção 4.4

2. $x_1=t$, $x_2=1-t$, $x_3=t$, $x_4=1-t$, $x_5=0$.
4. $X=P+t(Q-P)$, $0\leq t\leq 1$.

Seções 4.6 e 4.7

1. Se X e Y pertencem a S e c é um número real, então temos:
$$A_j\cdot(X+Y) = A_j\cdot X + A_j\cdot Y = 0+0 = 0 \text{ e}$$
$$A_j\cdot(cX) = c\left(A_j\cdot X\right) = c0 = 0 \text{ para todo } 1\leq j\leq n.$$
3. a) Sim.   b) Não.   c) Não.
4. a) Se X e Y pertencem a $S_1\cap S_2$ e $c\in\mathbb{R}$, então X e Y pertencem a S_1 e S_2. Desde que S_1 e S_2 são subespaços vetoriais do $\mathbb{R}^n$, então $X+Y$ e cX pertencem a ambos S_1 e S_2. Portanto, $X+Y$ e cX pertencem a $S_1\cap S_2$, mostrando que $S_1\cap S_2$ é subespaço vetorial.
   b) $S_1=\{(x,0); x\in\mathbb{R}\}$ e $S_2=\{(0,y); y\in\mathbb{R}\}$ são subespaços vetoriais do $\mathbb{R}^2$, mas $S_1\cup S_2$ não é subespaço, pois $(x,0)+(0,y)=(x,y)$ não pertence a $S_1\cup S_2$, se $x,y\neq 0$.
5. Considere uma combinação linear $x_1 A_1+\ldots+x_r A_r+xX=0$. Se X não pertence a S, então $x=0$, pois, caso contrário, X seria uma combinação linear dos A_j e estaria em S. Conseqüentemente, pela independência linear dos A_j, vemos que $x_j=0$ para todo $j=1,2,\ldots,n$. Portanto, $\{A_1,\ldots,A_r,X\}$ é linearmente independente. Reciprocamente, se X pertence a S, então X é uma combinação linear dos A_j e $\{A_1,\ldots,A_r,X\}$ é linearmente dependente.

10. $S^\perp$ contém 0, pois $0 \cdot A = 0$ se A pertence a S; se X e Y pertencem a $S^\perp$, então $(X+Y) \cdot A = X \cdot A + Y \cdot A = 0 + 0 = 0$, portanto $X + Y$ pertence a $S^\perp$. Se c é escalar e X pertence a $S^\perp$, então $(cX) \cdot A = c(X \cdot A) = c \cdot 0 = 0$, portanto cX pertence a $S^\perp$.

12. a) Se X pertence a S e $S^\perp$, então $X \cdot X = 0$, portanto $X = 0$.

b) Escolha pelo processo de ortogonalização de Gram-Schmidt uma base ortonormal $\{A_1, ..., A_r\}$ para o subespaço vetorial S. Se X é um vetor arbitrário de $\mathbb{R}^n$, considere o vetor $Y = (X \cdot A_1)A_1 + ... + (X \cdot A_r)A_r$. Observe que o vetor $Z = X - Y$ pertence a $S^\perp$:

$$Z \cdot A_j = X \cdot A_j - Y \cdot A_j = X \cdot A_j - X \cdot A_j = 0.$$

É fácil ver que a decomposição $X = Y + Z$ com Y em S e Z em $S^\perp$ é única.

c) Realmente, por (b) se X é um vetor qualquer do $\mathbb{R}^n$, então $X = Y + Z$, onde Y pertence a S e Z pertence a $S^\perp$. Portanto, Y se escreve como combinação linear dos A_j e Z como combinação linear B_j. Conseqüentemente, X se escreve como combinação linear dos A_j e dos B_j e, além disso, a união dos A_j com os B_j é linearmente independente por (a).

Capítulo 5

Seção 5.1

1. $\left(a + b\sqrt{2}\right) + \left(c + d\sqrt{2}\right) = (a+c) + (b+d)\sqrt{2}$
$\left(a + b\sqrt{2}\right)\left(c + d\sqrt{2}\right) = (ac + 2bd) + (ad + bc)\sqrt{2}$.
Se $a + b\sqrt{2} \neq 0$, então $a^2 - 2b^2 \neq 0$, portanto,

$$\frac{1}{a + b\sqrt{2}} = \frac{a - b\sqrt{2}}{a^2 - 2b^2} = \frac{a}{a^2 - 2b^2} - \frac{b}{a^2 - 2b^2}\sqrt{2}.$$

3. Se w é racional, então $\mathbb{Q}$ é o conjunto dos números da forma $a + bw$, onde a e b são racionais. Se w não é racional, proceda como no Exercício 1 dado anteriormente.

5. $\mathbb{K}$ contém 0 e 1, portanto contém $\mathbb{N}$ pois n é a soma de n parcelas iguais a 1. $\mathbb{K}$ contendo $\mathbb{N}$ contém $\mathbb{Z}$, pois se n pertence a $\mathbb{K}$, $-n$ também pertence a $\mathbb{K}$. $\mathbb{K}$ contendo $\mathbb{Z}$, contém $\mathbb{Q}$, pois se $m, n \in \mathbb{K}$ e $n \neq 0$, então $\dfrac{m}{n}$ pertence a $\mathbb{K}$.

Seção 5.3

2. a) ${}^t(A+B)_{ij} = (A+B)_{ji} = A_{ji} + B_{ji} = {}^tA_{ij} + {}^tB_{ij}$.
b) ${}^t(xA)_{ij} = (xA)_{ji} = xA_{ji} = x\,{}^tA_{ij}$
c) ${}^t\left({}^tA\right)_{ij} = {}^tA_{ji} = A_{ij}$.

3. $^t A = A$ e $^t A = -A$, então $2\,^t A = 0$. Portanto, $A = 0$.
4. a) Pelo Exercício 2 (b) dado anteriormente, obtemos:
$$^t\left(A + {}^t A\right) = {}^t A + A = A + {}^t A \text{ e } {}^t\left(A - {}^t A\right) = {}^t A - A = -\left(A - {}^t A\right).$$
   b) $A = \dfrac{1}{2}\left(A + {}^t A\right) + \dfrac{1}{2}\left(A - {}^t A\right)$. Se $A = B + C = D + E$, onde B e D são simétricas e C e E anti-simétricas, então $B - D = E - C$ com $B - D$ simétrica e $E - C$ anti-simétrica. Pelo Exercício 3 dado anteriormente, $B = D$ e $E = C$.

Seção 5.4

3. a) Indução sobre n. Para $n = 1$ é trivial. Se $(A+B)^n = \sum_{k=0}^{n}\binom{n}{k}A^k B^{n-k}$, então
$$(A+B)^{n+1} = \sum_{k=0}^{n-1}\left[\binom{n}{k} + \binom{n}{k+1}\right]A^{k+1}B^{(n+1)-(k+1)} + A^{n+1} + B^{(n+1)}.$$
Observando que $\binom{n}{k} + \binom{n}{k+1} = \binom{n+1}{k+1}$, obtemos
$$(A+B)^{n+1} = \sum_{k=0}^{n+1}\binom{n+1}{k}A^k B^{(n+1)-k}.$$
   b) Se $AB \neq BA$, então (a) é falso. Veja o contra-exemplo:
$$A = \begin{bmatrix} 0 & 0 \\ 0 & 1 \end{bmatrix} \text{ e } B = \begin{bmatrix} 0 & 0 \\ 1 & 0 \end{bmatrix} \text{ sendo } (A+B)^2 = A + B \neq A^2 + B^2 + 2AB.$$
6. Observe que $(E_i A)_{ij} = E_i \cdot A^j = A_{ij}, j = 1,\ldots,n$ e $(A\,^t E_i)_{ki} = A_k \cdot E_i = A_{ki}, k = 1,\ldots,n$.
8. a) $\langle X, Y \rangle = XS^t Y = (XS^t Y) = Y^t S^t X = YS^t X = \langle Y, X \rangle$; $\langle X + Z, Y \rangle = (X + Z)S^t Y$
   $= XS^t Y + ZS^t Y = \langle X, Y \rangle + \langle Z, Y \rangle$ e $\langle cX, Y \rangle = (cX)S^t Y = c(XS^t Y) = c\langle X, Y \rangle$.
   b) S é invertível $\Leftrightarrow$ o produto interno é não degenerado. Pois, $\langle X, Y \rangle = 0 = XS^t Y = 0$, para todo Y em $\mathbb{K}^n \Leftrightarrow S^t Y = 0 \Leftrightarrow Y = 0$.
10. $A^n = \begin{bmatrix} 1 & na \\ 0 & 1 \end{bmatrix}$, para todo $n \in \mathbb{Z}$.
12. a) $(A + B)^*_{ij} = \overline{(A+B)_{ji}} = \overline{A_{ji}} + \overline{B_{ji}} = A^*_{ij} + B^*_{ij}$.
    b) $(AB)^*_{ij} = \overline{(AB)_{ji}} = \overline{A_j \cdot B^i} = {}^t\overline{B_i} \cdot {}^t\overline{A^j} = (B^* A^*)_{ij}$.
    c) $(A^*)^*_{ij} = \overline{A^*_{ji}} = \overline{\overline{A_{ij}}} = A_{ij}$.
14. Se A é superiormente triangular $n \times n$ então
$$A = \begin{bmatrix} 0 & & B \\ & 0 & \\ & \vdots & C \\ & 0 & \end{bmatrix},$$

onde B é $1\times(n-1)$ e C é $(n-1) \times (n-1)$ superiormente triangular, e pela hipótese de indução $C^{n-1} = 0$. Observando que

$$A^n = \begin{bmatrix} 0 & BC^{n-1} \\ 0 & \\ \vdots & C^n \\ 0 & \end{bmatrix},$$

obtemos, $A^n = 0$.

16. $I = I - A^{n+1} = (I + A + ... + A^n)(I - A) = (I - A)(I + A + ... + A^n)$.
    Portanto, $(I - A)^{-1} = I + A + ... + A^n$.

19. Se A e B são matrizes $n \times n$ tais que $AB - BA = I$, pelo Exercício 17, temos $0 = tr(AB) - tr(BA) = n$, contradição.

20. Seja r o menor inteiro tal que $A^r = B^r = 0$. Então:
    a) $(AB)^r = A^r B^r = 0$.
    b) $\sum_{k=0}^{m} \binom{m}{k} A^k B^{m-k} = 0$, se $m = 2r$.

Seção 5.5

1. $2x_1 + x_2 = \dfrac{1}{2}(x_1 + x_2) + \dfrac{1}{2}(3x_1 + x_2) = 0$.
   $x_1 + x_2 = 1(x_1 + x_2) + 0(3x_1 + x_2) = 0$.

4. Sejam $AX = 0$ e $BX = 0$ os sistemas, ou seja,
$$\begin{cases} A_1 X = 0 \\ A_2 X = 0 \end{cases} \text{ e } \begin{cases} B_1 X = 0 \\ B_2 X = 0 \end{cases}.$$

Caso 1 O espaço de soluções de ambos os sistemas é uma reta r que passa pela origem e normal ao vetor B_i. Assim, $A_j \cdot X = c_i B_i \cdot X = 0$.

Caso 2 Os sistemas têm apenas a solução nula, $\Leftrightarrow \{A_1, A_2\}$ e $\{B_1, B_2\}$ são linearmente independentes, portanto:
$$A_j = c_j B_1 + d_j B_2 \text{ e } A_j \cdot X = c_j B_1 \cdot X + d_j B_2 \cdot X = 0.$$

Seção 5.6

1. $x_1 = x_2 = x_3 = 0$.
3. Ache as soluções dos sistemas $AX = 0$, $(A - 2I)X = 0$ e $(A - 3I)X = 0$.
5. A primeira matriz é equivalente por linhas à identidade, enquanto a segunda não é.

7. $e_1(A)_j = -A_j$, $e_2(e_1(A))_j = A_i - A_j$
   $e_3(e_2(e_1(A)))_i = A_i - (A_i - A_j) = A_j$
   $e_4(e_3(e_2(e_1(A))))_j = (A_i - A_j) + A_j = A_i$.
9. O sistema é equivalente a $x_1 + x_4 = 0$, $x_2 + x_3 = 0$. É fácil ver que $A_1 = (1, 0, 0, -1)$ e $A_2 = (0, 1, -1, 0)$ formam uma base para o espaço das soluções.
11. Observe que A é equivalente por linhas a uma matriz reduzida por linhas L cujos elementos pertencem a $\mathbb{K}$.

Seção 5.8

4. **a)** O sistema possui solução se $2a - b + c = 0$.
   b) As soluções reais são $\left(\dfrac{a + 2b - 3\lambda}{5}, \dfrac{c + \lambda}{5}, \lambda\right)$, onde λ é um real qualquer.
8. **Caso 1** O espaço das soluções é um plano. Então, $A_2 = B_2 = 0$ e $A_1 = cB_1$, portanto $c = 1$.
   Caso 2 O espaço das soluções é uma reta. As possibilidades para A são
   $\begin{bmatrix} 1 & 0 & a \\ 0 & 1 & b \end{bmatrix}$, $\begin{bmatrix} 1 & a & 0 \\ 0 & 0 & 1 \end{bmatrix}$ e $\begin{bmatrix} 0 & 1 & 0 \\ 0 & 0 & 1 \end{bmatrix}$ e, analogamente, para B. Conclui-se, então, que $A = B$.
11. Utilize a observação da Seção 5.8.

Seção 5.9

1. Se $e_s(e_{s-1}(\ldots e_1(A)\ldots))_i = I$, então $E_j = c_j(I)$, pois $e_1(A) = e_j(IA) = e_j(I)A$ etc.
2. Realmente, $BX = 0$ só possui a solução nula; pelo Teorema 5.10, $CX = 0$ possui solução não-nula X_0. Se $B = AC$, então $BX_0 = A(CX_0) = A0 = 0$, contradição.
3. Utilize os Teoremas 5.12 e 5.13.

Seção 5.10

1. Se $E = e_s(e_{s-1}(\ldots e_1(A)\ldots))$, então $P = E_s E_{s-1} \ldots E_1$, onde $E_j = e_j(I)$, $j = 1, \ldots, s$.
4. Se $c \neq 5$, então $A - cI$ é invertível, portanto $AX = cX \Rightarrow X = 0$. Se $c = 5$, o espaço das soluções de $AX = 5X$ é a reta $X = t(0, 0, 1)$.
6. **a)** $AB = 0 \Rightarrow A^{-1}(AB) = 0 \Rightarrow B = 0$.
   b) Teorema 5.15 $\Rightarrow AX_0 = 0$ com $X_0 \neq 0$. Seja B a matriz cujas colunas são $B^1 = X_0$, $B^j = 0$ se $j \neq 1$. Assim, $(AB)^j = AB^j = 0$.

8. Mostre que $a) \Rightarrow b) \Rightarrow d) \Rightarrow c) \Rightarrow a)$ utilizando o Teorema 5.14, observando que $b) \Leftrightarrow (3)$, $d) \Leftrightarrow (7)$.

9. a) Sejam $B_j = \sum_{i=1}^{r} b_{ij} A_i$, $j = 1,...,l$ com $l > r$. A equação $\sum_{j=1}^{l} x_j B_j = 0$ nos dá

$$\sum_{i=1}^{r} \left(\sum_{j=1}^{l} b_{ij} x_j \right) A_i = 0; \text{ o sistema } \sum_{j=1}^{l} b_{ij} x_j = 0; \ 1 \le i \le r, \ 1 \le j \le l \text{ possui so-}$$

lução não-nula, pois, $l > r$.

b) Sejam $\{A_1,...,A_r\}$ e $\{B_1,...,B_l\}$ bases de S. Por a) como $A_1,...,A_r$ geram S e $B_1,...,B_l$ são linearmente independentes, então $l \le r$. Igualmente, mostra-se que $r \le l$. Assim, $l = r$.

10. Mostre que as linhas não-nulas $E_1,...,E_r$ de E são linearmente independentes. Observe que as linhas de A são combinações lineares das linhas de E.

Capítulo 6

Seção 6.1

1. a) É sobrejetora, mas não é injetora.   b) É injetora, mas não sobrejetora.
   c) É bijetora   d) É bijetora.
3. b) $(g \circ f)(x) = \text{sen } e^x$, $(f \circ g)(x) = e^{\text{sen } x}$.
   c) $(f \circ g)(x_1, x_2) = x_1 + x_2$ e $g \circ f$ não é definida.

Seção 6.2

2. Se $X \in \mathbb{R}^n$, então $X = \sum_{j=1}^{n} x_j V_j$. Defina $L : \mathbb{R}^n \to \mathbb{R}^m$ pondo $L(X) = \sum_{j=1}^{n} x_j A_j$.
3. a) Sim.   b) Sim.   c) Não.   d) Não.
4. $L(0) = L(0X) = 0L(X) = 0$ para todo $X \in \mathbb{R}^n$.
7. Sejam $W_1, W_2 \in \mathbb{R}^n$ e $c \in \mathbb{R}$. Então, existem $V_1, V_2 \in \mathbb{R}^n$ tais que $L(V_1) = W_1$ e $L(V_2) = W_2$. Pela linearidade de L, temos $L(V_1 + V_2) = W_1 + W_2$, portanto $L^{-1}(W_1 + W_2) = V_1 + V_2 = L^{-1}(W_1) + L^{-1}(W_2)$. Além disso, $L(cV_1) = cL(V_1) = cW_1$, mostrando que $L^{-1}(cW_1) = cV_1 = cL^{-1}(W_1)$.

Seções 6.3, 6.4 e 6.5

1. a) $\begin{bmatrix} 1 & 1 & 0 \\ 0 & 1 & -1 \\ 0 & 0 & 3 \end{bmatrix}$.   b) $\begin{bmatrix} 0 & 0 & 1 \\ 0 & 1 & 0 \\ 1 & 0 & 0 \end{bmatrix}$.   c) $\begin{bmatrix} 1 & 1 & 0 \\ 0 & 0 & 1 \\ 1 & 0 & -1 \end{bmatrix}$.

4. Se $L : \mathbb{R}^n \to \mathbb{R}^m$ é injetora, então, $L(X) = 0$ implica $X = 0$, portanto, o núcleo de L é nulo. Suponha que o núcleo de L é nulo e $L(X) = L(Y)$. Então, $L(X - Y) = 0$, portanto, $X = Y$. Logo, L é injetora.

SUGESTÕES, RESPOSTAS E SOLUÇÕES DOS EXERCÍCIOS | 285

6. Desde que $L \neq 0$, existe $V \in \mathbb{R}^2$ tal que $L(V) \neq 0$. Sejam $V_1 = V$ e $V_2 = L(V)$. Verifique que $B = \{V_1, V_2\}$ é base do $\mathbb{R}^2$. Desde que $L(V_1) = V_2$ e $L(V_2) = L^2(V) = 0$, então

a) $[L]_B = \begin{bmatrix} 0 & 0 \\ 1 & 0 \end{bmatrix}$.

b) O núcleo de L é a reta gerada por V_2. Pelo Teorema do Posto e da Nulidade, temos:

$$2 = \text{posto de } L + \text{ nulidade de } L.$$

Desde que a nulidade de L é 1, então o posto de L é também 1.

Seção 6.6

2. a) Sim b) Não c) Não

4. Os autovalores de L são as raízes do polinômio característico $p(t)$ de L. Pelo teorema fundamental da álgebra, existe uma raiz real ou complexa λ de $p(t)$. Se $\lambda \in \mathbb{R}$, existe reta invariante. Se λ não é real, então o Teorema 6.4 garante a existência de um plano invariante.

5. Desde que $L^2 \neq 0$ existe $V \in \mathbb{R}^3$ tal que $L^2(V) \neq 0$. Mostre que $\{V, L(V), L^2(V)\}$ é a base pedida.

Seções 6.7 e 6.8

3. a) Pelo Teorema 6.5, todos os autovalores de A são reais. Se λ é autovalor de A existe $V \in \mathbb{R}^3$, $\|V\| = 1$ tal que $AV = \lambda V$. Assim, $\lambda = \lambda(V \cdot V) = (AV) \cdot V > 0$.

   b) Pelo Teorema 6.9, existe matriz ortogonal P tal que $^tPAP = D$, onde D é diagonal com $\lambda_j = D_{jj} > 0$. Seja $\tilde{D}$ a matriz diagonal tal que $\tilde{D}_{jj} = \sqrt{\lambda_j}$, $1 \leq j \leq m$. Ponha $B = P\tilde{D}{^t}P$ e verifique que $B^2 = A$.

4. A matriz A^tA é positiva. Pelo Exercício 3b), existe matriz positiva P tal que $P^2 = A^tA$. Verifique que a matriz $U = P^{-1}A$ é ortogonal. Para mostrar a unicidade da decomposição, observe que a identidade é a única matriz que é ao mesmo tempo ortogonal e positiva.

5. Pelo Exercício 4, a matriz A de L na base canônica se decompõe como $A = PU$, P é positiva e U ortogonal. Desde que $\|UX\| = \|X\|$ para todo $X \in \mathbb{R}^3$, vemos que U transforma S^2 em S^2. Assim, a imagem de S^2 por A é igual à imagem de S^2 por P. Utilize o Teorema 6.9 para mostrar que P transforma S^2 em um elipsóide.

Bibliografia

[1] BUSH, G. C.; OBREANU, P. E. *Basics concepts of matematics*. Nova York: Holt, Rinehart and Winston, 1965.

[2] BIRKHOFF, G.; MACLANE, S. *A survey of modern algebra*. Nova York: The Macmillan Co., 1941.

[3] GOWERS, T. *Mathematics, a very short introduction*. Oxford: Oxford University Press, 2002.

[4] HOFFMAN, K.; KUNZE, R. *Linear algebra*. Englewood Cliffs: Prentice-Hall, Inc., 1961.

[5] MURDOCH, D. C. *Analytic geometry with an introduction to vectors and matrices*. Nova York: John Wiley & Sons, Inc., 1966.

[6] LANG, S. *Linear algebra*. Reading, MA: Addison-Wesley Publishing Company, Inc., 1966.

Impressão e Acabamento
Bartira
Gráfica
(011) 4393-2911